If you can do it, teach it.

If you can teach it, write about it.

Vorwort

Eine Klarstellung zum Einstieg: Wenn hier von *Beratungstools* die Rede ist, dann sind damit zugleich auch immer *Managementtools* gemeint, denn die Beratungstechniken und -tools richten sich – zumindest in der Managementberatung – an das *Management* nicht nur als *Beratungsadressat*, sondern auch als *Beratungsträger*. Die Tools und Techniken, auf die der Berater (und damit das Management) zurückgreifen kann, sind so zahlreich und so unterschiedlich konzipiert, dass es eine besondere Herausforderung ist, Ordnung in diese Vielfalt zu bringen. Einige Techniken sind sehr einfach, andere wiederum sehr komplex konzipiert. Manche Tools stellen lediglich einen Formalismus, ein Schema dar. Andere Techniken beruhen auf empirischen Studien und haben gesetzesähnlichen Charakter [vgl. BEA/HAAS 2005, S. 50 und 58].

Und noch ein weiteres Wort zur Klarstellung: Bei den hier vorgestellten Verfahren soll kein Unterschied zwischen den Begriffen *Tools* und *Techniken* (und teilweise auch *Methoden*) gemacht werden. Denn auch bei der entsprechenden Namensgebung bestimmter Verfahren wird mal der Begriff *Tool* und mal die Bezeichnung *Technik* angehängt. Als Beispiel dazu sei hier das Tool Szenario*technik* genannt.

Eines der Hauptanliegen dieser Darstellung ist es, die Vielzahl der Tools nicht nur inhaltlich zu erläutern, sondern sie entlang den einzelnen Phasen des Beratungsprozesses zu ordnen und gleichzeitig die entsprechende Einsatzumgebung vorzustellen. Die Phasen des Beratungsprozesses sind: Akquisitionsphase, Analysephase, Problemlösungsphase und Implementierungsphase. Und für die Erstellung dieser extrem vielfältigen Leistungen und den damit verbundenen Problemlösungen steht dem Berater eine Vielzahl von Methoden, Konzepten und ggf. auch Produkten zur Verfügung. Der Leser kann daher folgende Inhalte erwarten:

- Aussagen über die Wirkungsweise von Tools und Techniken im Einsatzgebiet der Informationsbeschaffung und -darstellung
- Aussagen über die Wirkungsweise von Tools und Techniken im Einsatzgebiet der Analyse und Zielsetzung
- Aussagen über die Wirkungsweise von Tools und Techniken im Einsatzgebiet der Problemlösung
- Aussagen über die Wirkungsweise von Tools und Techniken im Einsatzgebiet der Implementierung.

Die Mehrzahl der hier vorgestellten Tools ist meinem Buch „Grundlagen der Unternehmensberatung" entnommen. Besonders bedanken möchte ich mich bei Dr. Stefan Giesen und André Horn, die dieses Projekt verlagsseitig gefördert haben. Außerdem gilt mein Dank Michael Thiedemann und Van Nguyen für ihre Korrekturarbeiten. Zur besseren Lesbarkeit wird für alle Personen das generische Maskulinum verwendet.

Berlin, im Januar 2020   Dirk Lippold

https://doi.org/10.1515/9783110696226-001

Inhaltsverzeichnis

1. Tools – Bausteine der Beratungsleistung

Sicherlich ist kein Erfolgsfaktor im Beratungsgeschäft so schwer zu beschreiben und zu erklären wie die *Beratungsleistung* an sich. Zu unterschiedlich sind die Beratungsinhalte und die Beratungsprozesse. Zu verschieden ist das Zusammenspiel von Leistungspotenzial, Leistungsprozess und Leistungsergebnis von Beratungsauftrag zu Beratungsauftrag. Trotz aller Unterschiedlichkeit sind es aber die **Beratungstools**, die – soweit in der entsprechenden Beratungsumgebung eingesetzt – hier eine wesentliche Konstante darstellen.

1.1 Grundlagen des Beratungsverständnisses

Als Dienstleistung gehört die Beratung zu jenen Angeboten, bei denen Informations- und Unsicherheitsprobleme sowohl auf der Kunden- als auch auf der Lieferantenseite groß sind. Beratungsleistungen sind zunächst einmal *immateriell* und *integrativ*, denn die individuelle Kundenumgebung ist jeweils in die Beratungsleistung mit eingebunden. Daher kann Beratung auch nicht auf Vorrat gefertigt werden. Für den Kunden hat dies zur Folge, dass er kein fertiges, überprüfbares Produkt bestellt, sondern dass die Beauftragung zunächst nur auf der Grundlage eines *Leistungsversprechens* erfolgt [vgl. KAAS 2001, S. 109].

Dennoch setzt sich letztlich die Problemlösung, die das Ziel jeder Beratungsleistung darstellt, aus mehreren Bausteinen zusammen. Dazu zählen Beratungskonzept, Beratungsmethode, Beratungstool, Beratungstechnik, Beratungsprodukt. Allerdings ist die begriffliche Abgrenzung dieser Bausteine keinesfalls trivial. Um diesen begrifflichen Wirrwarr ein wenig aufzulösen, soll zunächst ein begriffliches und sachlich-systematisches Fundament gelegt werden. Doch beginnen wir mit der Problemlösung an sich.

1.1.1 Problemlösung als Kern der Beratungsleistung

Von einer Unternehmensberatung wird erwartet, dass sie ihrem Auftraggeber handlungsorientierte Ratschläge unterbreitet, die zu einer *Problemlösung* im Sinne des Kunden führen. Die Problemlösung ist somit Ziel und Kern der beauftragten Beratungsleistung. Eine befriedigende Problemlösung kann nur dann erzielt werden, wenn das Problem korrekt definiert ist und die Informationen, die zu seiner Lösung erforderlich sind, vorliegen.

Ein *Problem* beruht im betriebswirtschaftlichen Sinne auf einer Abweichung von einem angestrebten Soll- zu einem realisierten Ist-Zustand und gibt ganz allgemein Anlass zum Handeln. Diese Abweichung muss nicht nur negativer, sondern kann durchaus auch positiver Natur sein. Wenn ein Unternehmen beispielsweise ein Umsatzwachstum von 10

https://doi.org/10.1515/9783110696226-002

Prozent geplant hat, tatsächlich jedoch einen Anstieg um 25 oder 30 Prozent realisiert, dann hat es bestenfalls Wachstumsschmerzen und damit eben auch ein Problem, das zum Handeln Anlass geben kann. Wichtig in diesem Zusammenhang ist, dass ein Problem nicht unabhängig von den Personen ist, die es definieren; d. h. ein Problem als solches gibt es nicht. Erst wenn eine Person in einer bestimmten Situation vor dem Hintergrund ihrer individuellen Zielsetzungen einen Handlungsdruck empfindet, wird diese Situation zu ihrem Problem [vgl. FINK 2009a, S. 43 f.].

Da sich in aller Regel beim Kundenunternehmen die *Manager* eines Problems annehmen, sind denn auch die **Managementprobleme** die Objekte der Beratung und die Lösung dieser Probleme das Ziel der Beratungstätigkeit. Allerdings wäre es zu kurz gesprungen, wenn man nur jene Probleme, die in den Verantwortungsbereich der obersten Leitungsebenen eines Unternehmens fallen, als relevant für eine beraterische Unterstützung ansieht. Auch auf unteren Unternehmensebenen wird eine Unterstützung durch den Berater durchaus praktiziert (z. B. bei der Einführungsunterstützung von ERP-Systemen). Daher wird hier im Folgenden auch nicht von Managementproblemen, sondern ganz allgemein von *Problemen*, und im weiteren Verlauf auch nicht von Managementkonzepten, -methoden oder -produkten, sondern von *Beratungskonzepten, -methoden und -produkten* gesprochen.

Wichtig ist zuvor die Unterscheidung zwischen **Problem** und **Aufgabe**. So ist eine schwierige Unternehmenssituation für das Management oder für betroffene Mitarbeiter eines Unternehmens zumeist ein Problem; für den externen Berater dagegen ist sie eine (ggf. schwierige) Aufgabe, das Unternehmen bei der Lösung des Problems zu unterstützen. Bei gleicher Zielsetzung sind also die Probleme eines Kunden nicht unmittelbar auch die Probleme des Beraters. Dieser ist persönlich weniger stark involviert als der Kunde selbst und auch die Problemlösung sieht er schon deshalb nicht als Problem, sondern als lösbare Aufgabe an, weil er über das geeignete methodische Rüstzeug oder über entsprechende Kapazitäten verfügt [vgl. FINK 2009a, S. 46].

Versucht man die verschiedenen Formen und Ausprägungen von Problemen zu systematisieren, so ist die Unterscheidung der folgenden drei **Typen von Problemen** hilfreich [vgl. GOMEZ/PROBST 1999, S. 17 ff.]: einfache, komplizierte und komplexe Probleme.

In Abbildung 1-01 sind die Charakteristika und Lösungstechniken dieser drei Problemtypen dargestellt.

Problemtyp	Charakteristik	Lösungstechniken
Einfache Probleme	• Wenig Einflussfaktoren • Wenig Verknüpfungen • Stabile Beziehungen	„Gesunder Menschenverstand"
Komplizierte Probleme	• Viele Einflussfaktoren • Viele Verknüpfungen • Stabile Beziehungen	z. B. Methoden des Operations Research
Komplexe Probleme	• Viele Einflussfaktoren • Viele Verknüpfungen • Instabile Beziehungen	• Vernetztes Denken • Systemtheorie • Kybernetik

[Quelle: FINK 2009, S. 48 f.]

Abb. 1-01: Charakteristika und Lösungstechniken von Problemtypen

Unabhängig davon, ob es sich um ein *einfaches* oder um ein *kompliziertes* oder um ein *komplexes* Problem handelt, kann das Grundschema eines **idealtypischen Problemlösungsprozesses** als Informationsverarbeitungsprozess verstanden werden, der mit der Gegenüberstellung von Soll- und Ist-Zustand beginnt. Um das aus dieser Diskrepanz resultierende Problem zu lösen, wird die Ist-Situation analysiert und darauf aufbauend Alternativen zur Veränderung der Situation entworfen. Die sich daraus ergebenden Konsequenzen werden ermittelt, bewertet und zeigen Entscheidungen bzw. Handlungen zur Lösung des Problems auf [vgl. BRAUCHLIN 1978, S. 77].

1.1.2 Instrumentell-methodische Perspektive der Beratung

Problemlösungen als Ziel des Beratungsprozesses sind zumeist eingebettet in **Beratungskonzepte**, die *„als allgemeine, theoretisch oder auch empirisch begründete Regeln verstanden werden (und) ... als konditionale normative Denkmodelle ... vornehmlich der Ideologiebildung im Rahmen meinungsbildender Diskurse (dienen)"* [FINK 2009a, S. 7].

Beispiele für erfolgreiche Beratungskonzepte auf Strategieebene sind die Leitgedanken des *Shareholder Value*, die Konzepte des *Portfoliomanagements*, der *Kernkompetenzen* oder der *Mergers & Acquisitions*, das Konzept des *Outgrowing*, die Ideen des *Lean Management* oder des *Business Process Reengineering*. Solche Beratungskonzepte, die aufgrund ihrer Zielpersonen auch als Managementkonzepte bzw. -ansätze bezeichnet werden, haben gerade in den letzten Jahren Hochkonjunktur. In diesem Zusammenhang ist auch von **Managementmoden**, die in der Literatur zum Teil heftig kritisiert werden, die Rede [vgl. JESCHKE 2004, S. 52 f.].

Abbildung 1-02 macht die „inflationäre" Entwicklung der Beratungs- bzw. Managementansätze deutlich.

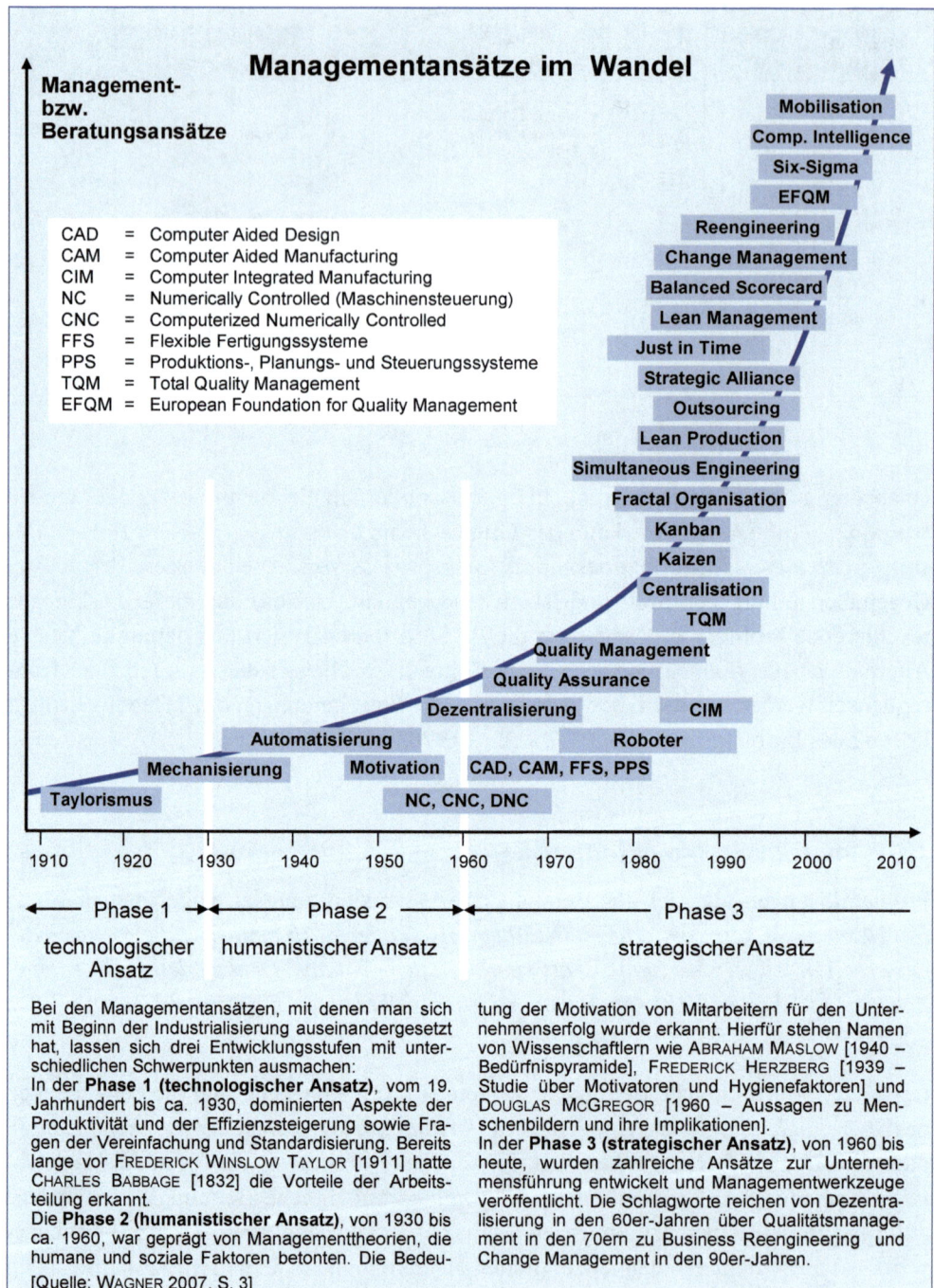

Managementansätze im Wandel

Management- bzw. Beratungsansätze

CAD = Computer Aided Design
CAM = Computer Aided Manufacturing
CIM = Computer Integrated Manufacturing
NC = Numerically Controlled (Maschinensteuerung)
CNC = Computerized Numerically Controlled
FFS = Flexible Fertigungssysteme
PPS = Produktions-, Planungs- und Steuerungssysteme
TQM = Total Quality Management
EFQM = European Foundation for Quality Management

Mobilisation
Comp. Intelligence
Six-Sigma
EFQM
Reengineering
Change Management
Balanced Scorecard
Lean Management
Just in Time
Strategic Alliance
Outsourcing
Lean Production
Simultaneous Engineering
Fractal Organisation
Kanban
Kaizen
Centralisation
TQM
Quality Management
Quality Assurance
Dezentralisierung
CIM
Roboter
Automatisierung
Mechanisierung
Motivation
CAD, CAM, FFS, PPS
Taylorismus
NC, CNC, DNC

1910   1920   1930   1940   1950   1960   1970   1980   1990   2000   2010

◄—— Phase 1 ——►◄——— Phase 2 ———►◄——————— Phase 3 ———————►

technologischer Ansatz   humanistischer Ansatz   strategischer Ansatz

Bei den Managementansätzen, mit denen man sich mit Beginn der Industrialisierung auseinandergesetzt hat, lassen sich drei Entwicklungsstufen mit unterschiedlichen Schwerpunkten ausmachen:
In der **Phase 1 (technologischer Ansatz)**, vom 19. Jahrhundert bis ca. 1930, dominierten Aspekte der Produktivität und der Effizienzsteigerung sowie Fragen der Vereinfachung und Standardisierung. Bereits lange vor FREDERICK WINSLOW TAYLOR [1911] hatte CHARLES BABBAGE [1832] die Vorteile der Arbeitsteilung erkannt.
Die **Phase 2 (humanistischer Ansatz)**, von 1930 bis ca. 1960, war geprägt von Managementtheorien, die humane und soziale Faktoren betonten. Die Bedeu-

tung der Motivation von Mitarbeitern für den Unternehmenserfolg wurde erkannt. Hierfür stehen Namen von Wissenschaftlern wie ABRAHAM MASLOW [1940 – Bedürfnispyramide], FREDERICK HERZBERG [1939 – Studie über Motivatoren und Hygienefaktoren] und DOUGLAS MCGREGOR [1960 – Aussagen zu Menschenbildern und ihre Implikationen].
In der **Phase 3 (strategischer Ansatz)**, von 1960 bis heute, wurden zahlreiche Ansätze zur Unternehmensführung entwickelt und Managementwerkzeuge veröffentlicht. Die Schlagworte reichen von Dezentralisierung in den 60er-Jahren über Qualitätsmanagement in den 70ern zu Business Reengineering und Change Management in den 90er-Jahren.

[Quelle: WAGNER 2007, S. 3]

Abb. 1-02: Managementansätze im Zeitablauf

Obendrein widersprechen sich diese Ansätze zum Teil oder es handelt sich um „alten Wein in neuen Schläuchen". Ideen und Konzepte reichen häufig allerdings nicht aus, um konkrete Aufträge bearbeiten zu können. Hierzu bedarf es spezifischer **Beratungsmethoden**, also bestimmter Verfahren, die dazu geeignet sind, die in den Beratungskonzepten propagierten Ideen zu operationalisieren. Dabei stehen dem Berater grundsätzlich zwei Vorgehensweisen zur Verfügung: Er kann für jeden Kunden einen individuellen Lösungsweg entwickeln oder auf standardisierte Problemlösungsverfahren zurückgreifen. Bei einer individuellen Problemlösung wird – salopp formuliert – das Rad in jedem Projekt aufs Neue erfunden, während bei einer standardisierten Lösung bewährte Aktivitätsfolgen (Routinen) auf ein nächstes Projekt übertragen und genutzt werden. Bei der Standardisierung greift der Berater zur Problemlösung auf ein vorstrukturiertes methodisches Instrumentarium im Sinne eines **Methodenbaukastens** (engl. *Toolbox*) zurück. **Tools** sind standardisierte Analyse-Werkzeuge, die zu teilstandardisierten Beratungsleistungen führen. Beispiele sind die *Wettbewerbsanalyse* nach PORTER, das *Lebenszykluskonzept*, *Portfoliomodelle* oder die *Stärken-/Schwächenanalyse* [vgl. FINK 2009a, S. 7 f.].

Die Vorteile standardisierter Beratungsmethoden liegen zunächst in der Verkürzung der Beratungsdauer und damit in der Senkung der Beratungskosten, ohne dass es zu (nennenswerten) Qualitätseinbußen kommt. Standardisierte Beratungsleistungen weisen zudem eine vergleichsweise geringe Personenbindung auf, so dass neue Mitarbeiter schneller eingearbeitet und kreative Fähigkeiten an anderer Stelle effektiver eingesetzt werden können. Standardisierte Beratungsleistungen lassen sich darüber hinaus leichter positionieren und kommunizieren als individuelle Leistungen. Auf diese Weise ist bei den Beratungsunternehmen eine Vielzahl von standardisierten **Beratungsprodukten** entstanden. Beratungsprodukte sind die ausgeprägteste Form der Standardisierung und ermöglichen es dem Berater, für bestimmte Problemlösungen eine Art „Marke" aufzubauen und sich vom Wettbewerb abzuheben. Beispiele dafür sind die *Gemeinkostenwertanalyse (GWA)* von MCKINSEY, die *4-Felder-Matrix* der BOSTON CONSULTING GROUP oder das *Economic Value Added-Modell* (EVA) von STERN STEWART [vgl. RÜSCHEN 1990, S. 53, SCHADE 2000, S. 254 und FINK 2009a, S. 8].

Die Nachteile standardisierter Beratungsansätze können darin gesehen werden, dass sie zumeist erhebliche Forschungs- und Entwicklungskosten verursachen und zudem Konjunktur- und Modezyklen unterliegen. Beratungsprodukte folgen einem ausgeprägten Lebenszyklus und veralten in aller Regel schneller als eine Beratungsspezialisierung auf Branchen oder Funktionsbereiche [vgl. FINK 2009a, S. 7 f. und SCHADE 2000, S. 263].

Abbildung 1-03 versucht Beratungskonzepte, -methoden und -produkte anhand von Charakteristika und Beispielen voneinander abzugrenzen.

	Beratungskonzept	Beratungsmethode	Beratungsprodukt
Charakteristika	• Gedankengerüst • Konditionales, normatives Denkmodell • Dient der Ideologiebildung	• Beratungsverfahren • Operationalisierung des Beratungskonzeptes • Toolbox	• Standardisierter Beratungsansatz zur Problemlösung • Positionierung als „Marke"
Beispiele	Shareholder Value-Konzept	Finanzwirtschaftliches Instrumentarium zur wertorientierten Unternehmensführung	Economic Value Added (EVA) als eingetragenes Warenzeichen von STERN STEWART
	Portfoliokonzept	• Lebenszyklusmodelle • Portfolio-Matrix • Erfahrungskurve • Ableitung von Normstrategien	• BCG-Matrix (4 Felder) • MCKINSEY-Matrix (9 Felder) • ARTHUR D. LITTLE-MATRIX (20 Felder)

[Quelle: in Anlehnung an FINK 2009a, S. 7 ff.]

Abb. 1-03: Charakteristika/Beispiele für Beratungskonzept, -methode und -produkt

Der Schlüssel zu einem erfolgreichen Wettbewerbskonzept für Unternehmensberater liegt in einem genauen Verständnis des Beratungsprozesses, also der *Dienstleistungsproduktion*. Zu diesem Kernbereich zählen die Entwicklung, Formalisierung, Speicherung, Bereitstellung, der Transfer, aber auch der Schutz von Wissen. Angesprochen sind damit auch die verschiedenen Aspekte des **Managements von Wissen** (engl. *Knowledge Management*) als Grundlage der Leistungserstellung von Beratungsunternehmen [vgl. BAMBERGER/WRONA 2012, S. 21].

Beratungsleistungen sind nicht nur immateriell und integrativ, sondern auch *indeterminiert*, d.h. unbestimmt [vgl. SCHADE 2000, S. 88].

Die *Unbestimmtheit* bezieht sich auf

- den **Beratungsinput** (bestimmte Informationen sind bei Projektbeginn noch nicht bekannt oder liegen nicht vor),

- den **Transformationsprozess** (z.B. Unwägbarkeit der Zusammenarbeit zwischen Kunden- und Beraterteams) und auf

- den **Beratungsoutput** (als Folge der Unbestimmtheit von Input und Transformationsprozess).

Diese Zusammenhänge sind von zentraler Bedeutung für die Gestaltung der Beratungsaufträge und hier insbesondere für die **Problemlösungstechnologie** des Beraters (= Beratungstechnologie) sowie für die vertragliche Ausgestaltung (Dienstvertrag vs. Werkvertrag).

1.1.3 Technologische Perspektive der Beratung

Die technologische Perspektive hat eine hohe Verwandtschaft zur instrumentell-methodischen Perspektive. Auch hier geht es um den Standardisierungsgrad von Beratungsleistungen – diesmal aber nicht um Methoden, sondern um die eingesetzten Technologien.

> Unter **Beratungstechnologie** werden alle Tool- und Know-how-Komponenten zusammengefasst, die Berater nutzen, um ihre Kunden zu beraten. Dies schließt auch das Erfahrungswissen des Beraters mit ein.

Hinsichtlich des *Standardisierungsgrades* lässt sich Beratungstechnologie unterteilen in

- individuelle, flexible Technologie,
- standardisierte Technologie (Tools) und
- starre Technologie (Beratungsprodukte).

(1) Individuelle, flexible Technologie

Die Individualität der Beratungsleistung und die damit unmittelbar verbundene Orientierung des Beraters an der spezifischen Situation des Kunden ist ein wichtiger Baustein erfolgreicher Unternehmensberatung. Eine hohe Individualität, die mit einer situationsspezifischen Arbeitsweise des Beraters einhergeht, lässt sich dann erreichen, wenn das Wissen nicht und nur sehr schwer *kodiert* werden kann. Nicht-kodierbares Wissen bezeichnen Berater auch als „stilles" Wissen, das – wenn überhaupt – nur durch persönliche Kommunikation, Demonstration oder „learning by doing" übertragbar ist [vgl. SCHADE 2000, S. 255 unter Bezugnahme auf TEECE 1986, S. 29].

Zum „stillen" Wissen einer Unternehmensberatung zählen die Erfahrungen, die mit Mitarbeitern eines bestimmten Unternehmens oder in einer bestimmten Branche oder in einem bestimmten Funktionsbereich gemacht worden sind. „Stilles" Wissen ist nicht so leicht kopierbar. Dies stellt im Innenverhältnis zwar einen Nachteil dar, da so neue Mitarbeiter nicht so leicht an die angebotenen Leistungsprogramme herangeführt werden können. Im Außenverhältnis ist dies jedoch ein erheblicher Vorteil, denn die Nicht-Imitierbarkeit führt zu Alleinstellungen und spart Entwicklungskosten (für Produkte und Tools).

Mit dem Einsatz einer flexiblen Technologie sichert sich der Unternehmensberater Handlungsspielräume bei der Auftragsdurchführung. Konkret bedeutet dies, dass es bei Zieldefinitionen, bei der Personaleinsatzplanung, bei Projektfortschrittskontrollen und auch bei den Honorarzahlungen relativ hohe Freiheitsgrade gibt.

„Die Flexibilität einer Beratungstechnologie ist umso wichtiger, je stärker sich Umweltrisiken auf die Ziele des Beratungsprojektes auswirken, je wahrscheinlicher Ände-

rungen der Problemwahrnehmung sind und je geringer die Menge ergänzend einsetzbarer Kliententechnologien innerhalb und außerhalb des Beratungsteams ist " [SCHADE 2000, S. 249].

(2) Standardisierte Technologie (Tools)

Beratungstools sind Werkzeuge, die vornehmlich im Rahmen der Analyse- und Problemlösungsphase zum Einsatz kommen. Dieser „Werkzeugkasten" setzt sich bei den Strategieberatern aus häufig modifizierten oder kombinierten Techniken zusammen. Dazu zählen z.B. die Wettbewerbsanalyse nach PORTER, Stärken-/Schwächenanalyse, Szenariotechnik, Lebenszykluskonzept, Portfoliomodelle und Kreativitätstechniken. Diese Instrumente bestimmen oftmals die Art der Problemlösung mit, indem sie die Aufmerksamkeit auf ganz bestimmte Aspekte richtet. Durch den jeweilig benötigten Informationsbedarf dieser Techniken ist zugleich oftmals auch die Vorgehensweise vorbestimmt. Insofern lässt sich im Zusammenhang mit dem Einsatz von Tools auch von einer **teilstandardisierten Beratungsleistung** sprechen [vgl. SCHADE 2000, S. 254].

(3) Starre Technologie (Beratungsprodukte)

Die ausgeprägteste Form der Standardisierung ist – wie bereits in Abschnitt 126 erläutert – das **Beratungsprodukt**. Ohne kodiertes Wissen, d. h. ohne Tools oder Beratungsprodukte, können Beratungsunternehmen nur sehr schwer wachsen. Insbesondere bei der Suche und Einstellung neuer, noch nicht qualifizierter Berater ist die Übertragung kodierten Wissens nicht so langwierig und schwierig wie bei der Übertragung „stillen" Wissens. Beratungsprodukte sind aufgrund ihres Signalcharakters besser zu kommunizieren (und damit zu vermarkten) als individuelle, weitgehend namenlose Leistungen. Der potentielle Kunde erhält ein konkreteres Bild, als dies bei flexibleren Leistungsangeboten der Fall ist. Auch stellen Beratungsprodukte (sowie auch Zertifizierungen) ein glaubwürdiges Signal für die Qualität der Leistung und des Beratungsunternehmens dar.

Neben **Marketing- und Wachstumsaspekten** hat der Standardisierungsgrad der Beratungstechnologie Auswirkungen auf die **Anreizstruktur**. So sind Zurechnungs- und Anreizprobleme umso geringer, je starrer die Technologie ist. Ein Beratungsprodukt ist in hohem Maße selbstbindend und erzeugt beim Berater eine hohe Identifikation mit dem Produkt. Je starrer die Technologie des Beraters ist, desto leichter sind Zielsetzungen, Personaleinsatzplanungen, Projektfortschrittskontrollen und Ergebniszurechenbarkeiten durchzuführen.

Beratungsprodukte und teilstandardisierte Leistungen erreichen im Allgemeinen eine deutlich höhere **Effizienz** als individuelle, flexible Technologien, die wiederum in aller Regel die Zielsetzung der **Effektivität** besser sicherstellen. Grundsätzlich steigt die **Preisbereitschaft** des Kunden mit der Effizienz der Beratungstechnologie, mit seiner Wertschätzung für diese Beratungsleistung und mit den Opportunitätskosten der eigenen Mitarbeiter. Daher kann man vereinfachend davon ausgehen, dass Unternehmensberater ein umso höheres durchschnittliches Preisniveau erzielen können, je standardisierter ihre Problemlösungstechnologien sind. Individualisierung und Standardisierung müssen sich im Hinblick auf den gewünschten Kundenerfolg nicht unbedingt im Konflikt befinden.

Die wichtigsten Vor- und Nachteile dieser unterschiedlichen Beratungstechnologien *(Technologietypen)* sollen anhand der Kriterien Kommunizierbarkeit, Imitierbarkeit, Handlungsspielraum, Wachstum und Preisniveau kurz dargestellt werden [vgl. SCHADE 2000, S. 256 ff.]:

– **Kommunizierbarkeit.** Beratungsprodukte sind aufgrund ihres Signalcharakters in jedem Fall besser zu kommunizieren als individuelle, weitgehend namenlose Leistungen. Der potentielle Kunde erhält ein konkreteres Bild, als dies bei flexibleren Leistungsangeboten der Fall ist. Auch stellen Beratungsprodukte (sowie auch Zertifizierungen) ein glaubwürdiges Signal für die Qualität der Leistung und des Beratungsunternehmens dar.

– **Imitierbarkeit.** Beratungsprodukte und Tools sind immer besser kopierbar als „stilles" Wissen. Dies stellt im Innenverhältnis einen beträchtlichen Vorteil dar, da so neue Mitarbeiter wesentlich leichter an die angebotenen Leistungsprogramme herangeführt werden können. Im Außenverhältnis ist dies allerdings ein erheblicher Nachteil, denn die Imitierbarkeit führt gemeinsam mit den hohen Entwicklungskosten dazu, die Produkte und Tools intensiv zu nutzen und damit einen hohen Auslastungsgrad der einzelnen Berater zu erreichen.

– **Handlungsspielraum.** Mit dem Einsatz einer starren Technologie (ein Beratungsprodukt) verzichtet der Unternehmensberater freiwillig auf Handlungsspielräume. Konkret bedeutet dies, dass es bei Zieldefinitionen, bei der Personaleinsatzplanung, bei Projektfortschrittskontrollen und auch bei den Honorarzahlungen kaum Freiheitsgrade gibt.

– **Wachstum.** Ohne kodiertes Wissen, d. h. ohne Tools oder Beratungsprodukte, können Beratungsunternehmen nur sehr schwer wachsen. Insbesondere bei der Suche und Einstellung neuer, noch nicht qualifizierter Berater ist die Übertragung kodierten Wissens nicht so langwierig und schwierig wie bei der Übertragung stillen Wissens.

– **Preisniveau.** Grundsätzlich steigt die Preisbereitschaft des Kunden mit der Effizienz der Beratungstechnologie, mit seiner Wertschätzung für diese Beratungsleistung und mit den Opportunitätskosten der eigenen Mitarbeiter. Daher kann man vereinfachend davon ausgehen, dass Unternehmensberater ein umso höheres durchschnittliches Preisniveau erzielen können, je standardisierter ihre Problemlösungstechnologien sind.

In Abbildung 1-04 sind die Konsequenzen dieser drei Technologietypen auf verschiedene Kriterien optisch zusammengefasst.

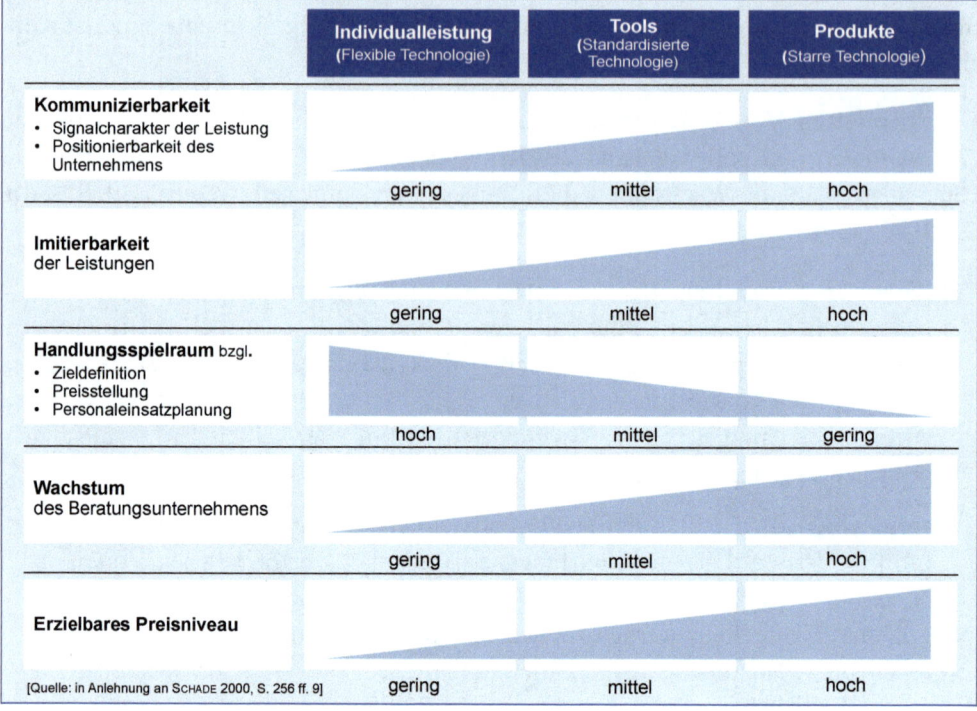

	Individualleistung (Flexible Technologie)	Tools (Standardisierte Technologie)	Produkte (Starre Technologie)
Kommunizierbarkeit • Signalcharakter der Leistung • Positionierbarkeit des Unternehmens	gering	mittel	hoch
Imitierbarkeit der Leistungen	gering	mittel	hoch
Handlungsspielraum bzgl. • Zieldefinition • Preisstellung • Personaleinsatzplanung	hoch	mittel	gering
Wachstum des Beratungsunternehmens	gering	mittel	hoch
Erzielbares Preisniveau [Quelle: in Anlehnung an SCHADE 2000, S. 256 ff. 9]	gering	mittel	hoch

Abb. 1-04:   Konsequenzen unterschiedlicher Beratungstechnologien

Strategieberatungen haben früher damit begonnen, auftragsindividuell entwickelte Vorgehensweisen als **Beratungsprodukte** zu entwickeln und zu vermarkten als IT-Beratungsgesellschaften. Zu solchen Beratungsprodukten zählen – neben den klassischen Beratungs- bzw. Managementansätzen der BCG-Matrix, McKinsey-Matrix und der ADL-Matrix – folgende Beratungsansätze [siehe FINK 2004]:

• **Economic Value Added (EVA)** von STERN STEWART
• **Value Building Growth** von A. T. KEARNEY
• **Business Transformation** von CAPGEMINI Consulting
• **CRM-Value-Map** von DELOITTE Consulting.

Zwischenzeitlich werden aber auch von den **IT-Beratungsgesellschaften** gezielt Beratungsprodukte entwickelt, die aber – mit wenigen Ausnahmen – noch bei weitem nicht den Bekanntheitsgrad und Einfluss erzielt haben wie Produkte der großen Strategieberater. Das bekannteste Beispiel in diesem Bereich ist das Prozessmodellierungstool ARIS der SOFTWARE AG [vgl. NISSEN/KINNE 2008, S. 95 f.].

Die Entwicklung, Speicherung und Diffusion des „Kernrohstoffes" Information bzw. Wissen ist die Grundlage und Voraussetzung der erfolgreichen Beratungsleistung. Um diese Leistung einerseits abzusichern und andererseits – und das ist der entscheidende Punkt – effizienter zu gestalten, setzt der Berater **Tools** ein.

1.2 Systematisierung der Beratungstools

Wenn hier von *Beratungsansätzen* die Rede ist, dann sind damit zugleich auch immer *Managementansätze* gemeint, denn die Beratungsansätze richten sich – zumindest in der Managementberatung – an das **Management als Beratungsträger**. Die Tools und Techniken, auf die der Berater (und damit das Management) zurückgreifen kann, sind so zahlreich und so unterschiedlich konzipiert, dass es ein schwieriges Unterfangen ist, Ordnung in diese Vielfalt zu bringen. Einige Techniken sind sehr einfach, andere wiederum sehr komplex konzipiert. Manche Techniken stellen lediglich einen Formalismus, ein Schema dar. Andere Techniken beruhen auf empirischen Studien und haben gesetzesähnlichen Charakter [vgl. BEA/HAAS 2005, S. 50 und 58].

Wie lässt sich die Vielzahl von Beratungs- bzw. Managementansätzen systematisieren? Die Mehrzahl der in der Literatur vorgestellten Systematiken orientiert sich an den verschiedenen **Strategien**, für deren Entwicklung und Formulierung schließlich ein Großteil der Beratungsansätze konzipiert wurde. Zu dieser (strategieorientierten) Kategorie zählen die Systematik von FINK sowie der Ansatz von MACHARZINA/WOLF. Die Systematiken von ANDLER sowie von BEA/HAAS orientieren sich dagegen mehr am Prozess und am Anwendungsbezug der **Planung**. Alle vier Systematiken sollen hier kurz vorgestellt werden. Darüber hinaus wird hier eine Systematik vorgeschlagen, die sich an den Phasen des **Beratungsprozesses** orientiert. Diese Systematik ist zugleich auch die Grundlage für die Einordnung der im Kapitel 4 vorgestellten Beratungsansätze und -tools.

1.2.1 Systematik von FINK

Ein Beispiel für die Strategieorientierung ist die Systematik von DIETMAR FINK [2009a], die auf der ersten Gliederungsstufe zwischen wertorientierten Strategien (auf Unternehmensebene) und Wettbewerbsstrategien (auf Geschäftsbereichsebene) unterscheidet. Auf der zweiten Gliederungsstufe wird dann zwischen Konzepten, Methoden und Produkten differenziert und diesen werden dann die konkreten Beratungsansätze (bei FINK: Managementansätze) zugeordnet. FINK fasst also die verschiedenen Managementansätze als *Instrumente der Strategieentwicklung* auf. Diese Systematik ist zwar in sich schlüssig, jedoch ausschließlich auf das Beratungsgebiet der Strategieberatung ausgerichtet. Darüber hinaus werden so wichtige Beratungstools wie die Wertkettenanalyse oder das Benchmarking nicht berücksichtigt. Abbildung 1-05 fasst diese Systematik synoptisch zusammen.

	Wertorientierte Strategien (auf Unternehmensebene)	Wettbewerbsstrategien (auf Geschäftsbereichsebene)
Konzepte	• Shareholder Value • Stakeholder Management • Portfoliomanagement • Kernkompetenzen • Mergers & Acquisitions • Outgrowing	• Strategische Wettbewerbsvorteile • Coopetition • Business Process Reengineering • Customer Relationship Management
Methoden	• Priorisierung der relevanten Stakeholder • Abgrenzung strategischer Geschäftsfelder • Analyse strategischer Geschäftsfelder • Analyse der Kompetenzposition • Analyse potenzieller Akquisitionsobjekte • Bewertung potenzieller Akquisitionsobjekte	• Umweltanalyse • Unternehmensanalyse • Identifikation und Bewertung strategischer Optionen
Produkte	• Economic Value Added • Cashflow Return on Investment • Valuation-Pentagramm • Marktwachstum/Marktanteil-Portfolio • Marktattraktivität/Wettbewerbsstärke-Portfolio • Marktlebenszyklus/Wettbewerbsposition-Portfolio • Merger Endgames	• Ambition Driven Strategy • Value Growth • Net Promotor Score

Abb. 1-05: Systematik von FINK

1.2.2 Systematik von MACHARZINA/WOLF

KAUS MACHARZINA und JOACHIM/WOLF [2010] teilen die verschiedenen Managementkonzepte und -ansätze in *Instrumente der Strategieformulierung* und in *Techniken der Unternehmensführung* auf. Bei den Instrumenten der Strategieformulierung gehen sie in drei Arbeitsschritten vor (siehe Abbildung 1-06):

- 1. Arbeitsschritt: Strategisch orientierte Gegenwarts- und Zukunftsbeurteilung (Wo stehen wir?)
- 2. Arbeitsschritt: Entwicklung der strategischen Stoßrichtung (Wo wollen wir hin?)
- 3. Arbeitsschritt: Festlegung der (Produkt-/Markt-) Strategie (Wie kommen wir dahin?)

Bei den Techniken der Unternehmensführung wird zwischen

- Kostenmanagementtechniken und
- Prognose- und Planungstechniken

unterschieden. MACHARZINA/WOLF weisen darauf hin, dass aus der Fülle der existierenden Techniken der Unternehmensführung nur diejenigen dargestellt werden, bei denen ein praktisches Problemlösungspotenzial nachgewiesen worden ist [vgl. MACHARZINA/WOLF 2010, S. 817].

Instrumente der Strategieformulierung	Strategisch orientierte Gegenwarts- und Zukunftsbetrachtung	Entwicklung der strategischen Stoßrichtung	Festlegung der (Produkt-/Markt) Strategie
	• Umweltanalyse • Unternehmensanalyse • Modell der Wertschöpfungskette • Branchenstruktur- und Wettbewerbsanalyse (Five Forces) • Chancen-Gefahren-Analyse • Koopetitionsmodell • Gap-Analyse • Strategische Frühaufklärung • Benchmarking • VRIO-Konzept	• Space-Analyse • Produkt-Markt-Matrix • TOWS-Analyse	• Marktwachstum/Marktanteil-Portfolio • Marktattraktivität/Wettbewerbsstärke-Portfolio • Weiterführende Marktportfolios • Technologieportfolio
Techniken der Unternehmensführung	Kostenmanagementtechniken	Prognose- und Planungstechniken	
	• Zero-Base-Budgeting • Gemeinkostenwertanalyse • Produktwertanalyse • Kanban	• Prognosetechniken • Kreativitätstechniken • Bewertungstechniken	

Abb. 1-06:   Systematik von MACHARZINA/WOLF

1.2.3 Systematik von ANDLER

Einen sehr weitgehenden Systematisierungsansatz, der nahezu alle bekannten Tools und Techniken berücksichtigt, liefert NICOLAI ANDLER [2008]. Als Richtschnur dient der Problemlösungsprozess mit den formalen Phasen (Prozessstufen)

- Diagnose,
- Zielformulierung,
- Analyse und
- Entscheidungsfindung.

Diesen Phasen werden nun insgesamt mehr als 100 Tools und Techniken zugeordnet. Zweck der Tools in der Prozessstufe *Diagnose* ist, die gegenwärtige Situation abzubilden, alle relevanten Informationen zu beschaffen und neue Ideen zu entwickeln. Die Tools und Techniken der Prozessstufe *Zielformulierung* dienen dazu, den gewünschten Endzustand zu definieren. In der Prozessstufe *Analyse* sind alle Tools und Techniken zusammengefasst, die eine Organisationsstruktur analysieren, die sich mit Aspekten von Technologie und Systemen befassen und die die Möglichkeiten prüfen, eine starke Marktposition aufrechtzuhalten oder auszubauen. Tools der Phase *Entscheidungsfindung* bewerten, priorisieren und vergleichen die vorgeschlagenen Problemlösungen. In dieser Systematisierung fehlen allerdings gängige Beratungskonzepte wie Business Process Reengineering, Gemeinkostenwertanalyse etc. Abbildung 1-07 gibt einen Überblick über die einzelnen Problemlösungsschritte und relevante Kategorien von Tools, wobei auch hier nur die Tools und Techniken aufgeführt sind, die über ein nachgewiesenes Problemlösungspotenzial verfügen.

Abb. 1-07: Systematik von ANDLER

1.2.4 Systematik von BEA/HAAS

FRANZ XAVER BEA und JÜRGEN HAAS [2005] konzentrieren sich in ihrer Systematik auf den Einsatz von *Planungstechniken* entlang den Komponenten des strategischen Planungsprozesses und stellen auf diese Weise einen konkreten Anwendungsbezug der einzelnen Planungstechniken her. Dies sind im Einzelnen:

- Techniken der Zielbildung,
- Techniken der Umweltanalyse,
- Techniken der Unternehmensanalyse,
- Techniken der Strategiewahl und
- Techniken der Strategieimplementierung.

In Abbildung 1-08 sind diese Planungstechniken den Komponenten der strategischen Planung zugeordnet.

Die **strategische Planung** hat in den letzten Jahren eine Renaissance erfahren und ist aus den Planungs- und Strategieabteilungen insbesondere der größeren Kundenunternehmen nicht mehr wegzudenken. Hinzu kommt, dass die strategische Planung wohl das betriebswirtschaftliche Betätigungsfeld ist, auf dem die sachlichen und auch personellen Verflechtungen von Theorie und Praxis am weitesten fortgeschritten sind.

*Abb. 1-08: Systematik **von BEA**/HAAS*

1.2.5 Systematik nach der Phasenstruktur von Beratungsprojekten

Die hier verwendete Systematik soll sich an den einzelnen Phasen eines typischen Beratungsprozesses orientieren:

- Akquisitionsphase
- Analysephase
- Problemlösungsphase
- Implementierungsphase.

Ein so definierter Beratungsprozess ist im Allgemeinen typisch für mittlere und größere Aufträge sowohl in der Strategie- als auch in der Umsetzungsberatung. Allerdings muss berücksichtigt werden, dass die einzelnen Phasen in der Realität in ganz unterschiedlichen Formen durchgeführt werden. Während die *Analysephase* und die *Problemlösungsphase* praktisch in jedem Beratungsprojekt vorkommen und damit als konstitutive Bestandteile der Beratung aufgefasst werden können, nehmen die Angebotsphase und die Implementierungsphase eine Sonderrolle in Bezug auf Umfang und Form der Zusammenarbeit ein. So reicht das Spektrum der *Angebotsphase* von der Angebotsabgabe auf der Basis eines Telefongesprächs bis hin zu bezahlten Vorstudien. Ebenso unterschiedlich sind die Durchführungsformen bei der *Implementierungsphase*, die von der einfachen Projektbegleitung über die gemeinsame Umsetzung im Team mit dem Kunden bis hin zur vollverantwortlichen Realisierung und Umsetzung durch den Berater reichen.

Abbildung 1-09 liefert für diese Phasen einen ersten Überblick über Beratungsinhalte, Beratungsvorgehen und Beratungstechnologien.

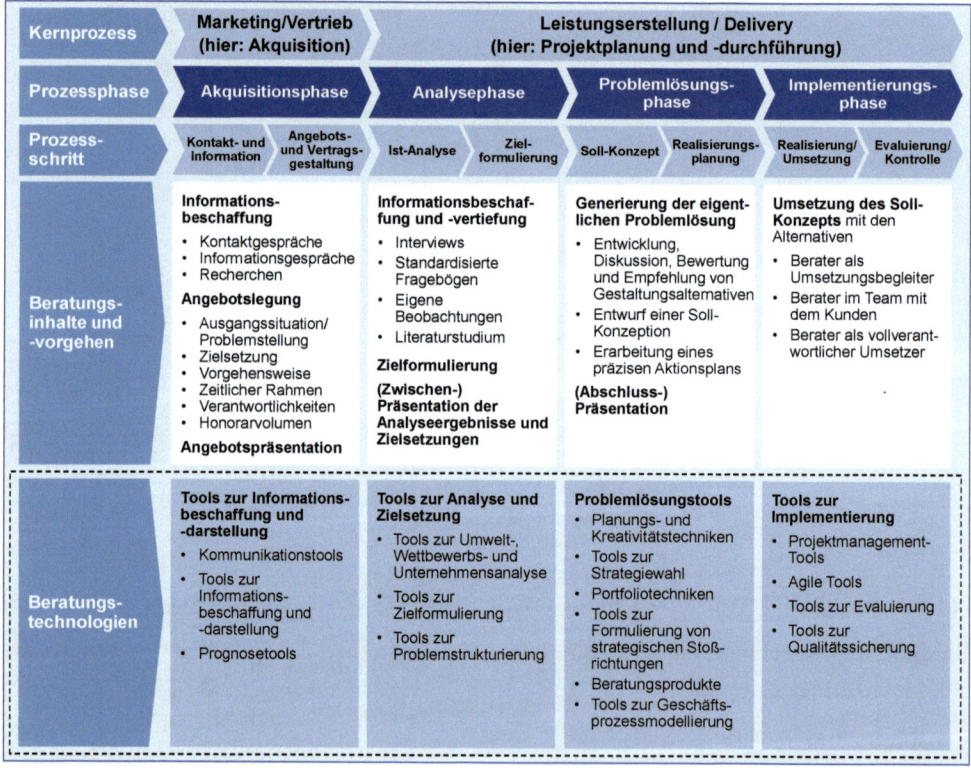

Abb. 1-09: Systematik der hier vorgestellten Beratungstools und -konzepte

2. Phasenstruktur von Beratungsprojekten

Bevor die Beratungstechnologien im Einzelnen vorgestellt werden, müssen die Beratungsprojekte so strukturiert werden, dass nicht nur eine formale, sondern auch eine inhaltliche Zuordnung der Technologien möglich wird. Als Strukturierungsansatz dient das Prozessmodell eines idealtypischen Beratungsprojektes mit den Phasen

- Akquisition,
- Analyse,
- Problemlösung und
- Implementierung.

Die Vorstellung einer jeden Phase wird so vorgenommen, dass zunächst die **Prozessschritte** als Untermenge der Beratungsphase kurz erläutert werden. Es folgt eine kurze Aufzählung der jeweils zugeordneten **Beratungstechnologien** sowie eine Beschreibung der wichtigsten **Risiken**, die innerhalb der jeweiligen Phase auftreten können.

2.1 Akquisitionsphase

In diesem Abschnitt geht es um die besondere Bedeutung der Akquisitionsphase für die spätere Projektabwicklung und den Einsatz der in dieser Phase benötigten Tools und Techniken sowie um die besonderen Risiken dieser Phase.

2.1.1 Prozessschritte und Beratungstechnologien der Akquisitionsphase

Die Akquisition eines Beratungsprojektes setzt sich in aller Regel aus den beiden Prozessschritten *Kontakt- und Informationsbeschaffung* und *Angebots- und Vertragsgestaltung* zusammen und ist quasi das Gegenstück zum Einkaufsprozess der Kundenunternehmen. Die Besonderheit der Akquisitionsphase liegt darin, dass beide Prozessschritte im Normalfall nicht Teil des eigentlichen Projektes sind. Die Akquisitionsphase liegt zeitlich vor der Leistungserstellung (engl. *Delivery*) und wird in der Regel vom Kundenunternehmen nicht bezahlt. Dennoch ist sie bei Kontraktgütern für den Verlauf und das Ergebnis des Projektes von enorm wichtiger Bedeutung. Zum einen wird in dieser Phase entschieden, ob der Berater den Auftrag für die Projektdurchführung überhaupt erhält. Zum anderen werden hier die Erwartungshaltungen beider Partner im Hinblick auf das letztlich angestrebte Projektergebnis festgelegt.

(1) Prozessschritt: Kontakt- und Informationsbeschaffung

Vorgehen und Inhalt dieses Prozessschrittes hängen sehr davon ab, ob es sich um einen Erstkontakt, d. h. um ein potentielles Neugeschäft, oder um ein mögliches Folgegeschäft

https://doi.org/10.1515/9783110696226-003

handelt. Beim **Neugeschäft** ist das Beratungsproblem zu Beginn dieser Phase in der Regel noch nicht oder nur unvollständig bekannt, so dass hier die Informationsbeschaffung, die zumeist über Kontakt- und Informationsgespräche sowie gezielte Recherchen erfolgt, überwiegt. Gerade bei Erstkontakten und der besonderen Bedeutung einer Neukundengewinnung können die Investitionen des Beraters in dieser Phase recht erheblich sein. Diese Akquisitionsinvestitionen sind naturgemäß dann verloren, wenn der Berater bei der Vergabe des Projektes nicht zum Zuge kommt. Um in einem solchen Fall das anbietende Beratungsunternehmen finanziell nicht zu überfordern, können sich Berater und Kundenunternehmen (insbesondere bei komplexeren Beratungsprojekten) anstelle eines klassischen Angebots auch auf eine bezahlte *Vorstudie* einigen. Bei einem möglichen **Folgegeschäft** (z. B. als Anschlussauftrag) hat der Anbieter bereits den Nachweis seiner Leistungsfähigkeit erbracht. Auch liegen in einem solchen Fall zumeist mehr Informationen über die Problemstellung beim Kundenunternehmen als bei einem Erstkontakt vor. Teilweise wird die Problemstellung auch mit dem Kunden gemeinsam erarbeitet. Dies ist sehr häufig dann der Fall, wenn es sich bei dem Kundenunternehmen um einen Key Account handelt und der Key Account Manager versucht, den kundenseitig verlaufenden Auswahl- und Entscheidungsprozess so zu beeinflussen, dass er letztlich den Auftrag gewinnt.

(2) Prozessschritt: Angebots- und Vertragsgestaltung

Im Mittelpunkt dieses Prozessschrittes steht die Ausarbeitung eines aussagekräftigen, verkaufsauslösenden Angebots, das Aussagen über die Problemstellung, Zielsetzung, Vorgehensweise, zeitlichen Rahmen, Verantwortlichkeiten und Honorarvolumen enthält, und/oder die Erstellung und Durchführung einer Angebotspräsentation sowie die zweiseitige Vertragsgestaltung.

(3) Beratungstechnologien der Akquisitionsphase

Inhaltlich gesehen steht die Akquisitionsphase ganz im Zeichen einer *generalistischen Informationsbeschaffung* [SCHADE 2000, S. 188].

Daher herrschen in dieser Phase die Beratungstechnologien zur Informationsbeschaffung und -darstellung vor. Die wichtigste Informationsquelle ist dazu der mögliche Auftraggeber, also der potentielle Kunde mit seinen Mitarbeitern. Zu den Beratungstechnologien, die in dieser Phase zum Einsatz kommen können, zählen in erster Linie:

– **Kommunikationstools** wie Workshop, Moderation, Diskussion, Kartenabfrage, Präsentation

– **Tools zur Informationsbeschaffung und -darstellung** wie Sekundärauswertungen (z. B. Company Profiling) und Primärerhebungen auf der Basis von Befragungen und Beobachtungen

– **Prognosetools** auf der Basis von Befragungen, von Indikatoren, von Zeitreihen und von Funktionen.

Die genannten Beratungstechnologien befinden sich allerdings logisch nicht auf der gleichen Ebene. So ist das *Company Profiling* eher eine Darstellungstechnik auf der Grundlage von sekundärstatistischen Daten, während bspw. Befragungen und Beobachtungen klassische Erhebungsmethoden der Marktforschung darstellen.

2.1.2 Risiken in der Akquisitionsphase

Obgleich die Akquisitionsphase nicht dem eigentlichen Beratungsprozess angehört, sind die Risiken im Vorfeld der Leistungserstellung durchaus umfangreich und können erhebliche Auswirkungen auf das spätere Vertragsverhältnis haben.

Eine besondere Gefahr ist gleich zu Beginn der Kontaktaufnahme gegeben. Hier werden häufig überzogene und falsche Kompetenz- und Leistungsversprechen abgegeben, so dass beim Kunden eine zu hohe Erwartungshaltung aufgebaut wird. Auch kann der enorme Auftragsdruck dazu führen, dass Projekte akquiriert werden, die man unter „normalen Umständen" vielleicht gar nicht weiterverfolgt hätte, weil das Anforderungsprofil des Kundenunternehmens mit dem Leistungsprofil des Beraters keine allzu große Schnittfläche aufweist. Weitere Risiken liegen naturgemäß darin, dass der Kunde gewisse Informationen zurückhält oder dass der Berater nicht in ausreichendem Maße in der Lage ist, eine zielführende Bedarfsanalyse zu führen. Hektisches, unsensibles oder gar keine Nachfragen kennzeichnen allzu oft das unsichere Verhalten des Beraters im Akquisitionsgespräch und führen so zu einer unzuverlässigen Informationsbasis hinsichtlich Aufgaben, Projektablauf, Terminen, sachlichen und personellen Einsatzmitteln, Zusammensetzung des Projektteams etc.

Hohe Risiken sind naturgemäß mit dem Prozessschritt *Angebots- und Vertragsgestaltung* verbunden. Insbesondere die Angebots- bzw. Projektkalkulation kann durch falsche Einschätzung der zu erbringenden Eigenleistungen, der einzuholenden Fremdleistungen, der umsatzabhängigen Kosten, der Projektmanagementkosten etc. eine besonders hohe Risikoposition einnehmen [vgl. HESSELER 2011a, S. 11 f.].

2.2 Analysephase

Die Analysephase setzt unmittelbar nach dem Vertragsabschluss auf. Auch in dieser Phase stehen die einzuholenden Informationen im Vordergrund. Die Beschaffung, Vertiefung und Analyse der Informationen konzentrieren sich aber bereits auf das in der Angebotsphase spezifizierte Beratungsproblem. Interviews, standardisierte Fragebögen und Beobachtungen – letztlich also die Methoden der Marktforschung – dominieren den Informationsbeschaffungsteil in der Analysephase.

2.2.1 Prozessschritte und Beratungstechnologien der Analysephase

Die Analysephase setzt sich aus den beiden Prozessschritten *Ist-Analyse* und *Zielformulierung* zusammen.

(1) Prozessschritt: Ist-Analyse

Inhalt und Umfang der Ist-Analyse hängen vom Problembereich ab. Dieser kann das Unternehmen in seiner Gesamtheit oder einzelne Teilbereiche betreffen. Dabei ist darauf zu achten, dass der risiko- und entscheidungsarme Analyseteil nicht unnötig ausgedehnt wird, sondern der Umfang dieses Prozessschrittes in einem angemessenen Verhältnis zum Umfang der Problemlösungsphase steht [vgl. NIEDEREICHHOLZ 2008, S. 8].

War die Akquisitionsphase noch durch eine *generalistische* Informationsbeschaffung gekennzeichnet, sollte die in dieser Phase eingesetzte Problemlösungstechnologie eher als *projektbezogene* oder *zielgerichtete* Informationsbeschaffung bezeichnet werden. Auch sind diese Technologien in der Regel weniger flexibel als die Beratungstechnologien, die in der Angebotsphase eingesetzt werden. Das liegt daran, dass sich die zielgerichtete Informationsbeschaffung recht gut standardisieren lässt [vgl. SCHADE 2000, S. 194].

(2) Prozessschritt: Zielformulierung

Zwischen der Ist-Analyse und der Soll-Konzeption ist der Prozessschritt der *Zielformulierung* eingefügt. Die Zielformulierung nimmt die Ergebnisse der Ist-Analyse und hier vornehmlich der Umfeldanalyse sowie der Stärken-/Schwächenanalyse auf und schafft eine einvernehmliche Grundlage für die weiteren Projektschritte. Hierbei geht es je nach Problemlösungsbereich um die Festlegung von

- Unternehmens- oder Bereichszielen,
- Formal- oder Sachzielen,
- Funktionsbereichs- oder Aktionsbereichszielen,
- qualitativen oder quantitativen Zielen sowie
- strategischen oder operativen Zielsetzungen.

Sollten die Ergebnisse der Analyse und die daraus resultierenden Zielformulierungen nicht den Vorstellungen des Auftraggebers entsprechen (z. B. weil der Berater nichts als „nebulöse" Vorstellungen präsentiert), so besteht hier häufig noch die Option des Aussteigens [vgl. SCHADE 2000, S. 195 f.].

(3) Beratungstechnologien der Analysephase

Die in dieser Phase eingesetzten Problemlösungstechnologien lassen sich in drei Kategorien einteilen. Zum einen sind es Informationsbeschaffungstools, wie sie bereits in

der Akquisitionsphase zum Einsatz kommen und daher an dieser Stelle nicht noch einmal erläutert werden sollen (vornehmlich Befragungen, Darstellungs- und Prognosetechniken). Des Weiteren handelt es um standardisierte

- **Tools zur Umwelt-, Wettbewerbs- und Unternehmensanalyse** wie
  SWOT/TOWS-Analyse, Five-Forces-Modell, Analyse der Kompetenzposition,
  Wertkettenanalyse und Benchmarking,

- **Tools zur Zielformulierung** wie das SMART-Prinzip, Kennzahlensysteme, Zielsysteme und Balanced Scorecard sowie

- **Tools zur Problemstrukturierung** wie Aufgaben-, Kernfragen- und Sequenzanalyse, aber auch Strukturierungstools für Marketing/Vertrieb und Human Resources.

2.2.2 Risiken in der Analysephase

Der Prozessschritt *Ist-Analyse* ist die eigentliche Startphase des Beratungsprojektes. Risiken liegen hauptsächlich in lückenhaften oder falschen Auftragsinformationen und in
einer ungeklärten Zusammensetzung von Fach- und Informationsteam. Auch erfolgt zu-
weilen keine systematische Projekt-Start-up-Sitzung mit einer sorgfältigen Prüfung aller
Auftragsinformationen. Ständige Umwidmung der Ziele, mangelnde Sozialkompetenz
des Projektleiters oder sogar der „Neuverkauf" des Projektes zählen zu den weiteren
Risiken.

Im Prozessschritt Zielformulierung besteht ein besonderes Risiko darin, dass zwischen
Auftragnehmer und Auftraggeber keine gemeinsame Vereinbarung über die angestrebten Ziele einschließlich harter Kriterien wie z. B. Messbarkeit getroffen werden. Auch
erfolgt häufig keine Dokumentation der (Zwischen-)Ergebnisse, so dass eine mühsame
Rekonstruktion der gedanklichen Richtschnur zur Orientierung, Planung, Koordination
und Erfolgsmessung erforderlich wird [vgl. HESSELER 2011a, S. 14].

2.3   Problemlösungsphase

Wichtige Voraussetzung für einen befriedigenden Verlauf der Problemlösungsphase ist,
dass das Problem in den ersten beiden Phasen (Akquisitionsphase und Analysephase)
korrekt definiert wurde, die richtigen Informationen zur Verfügung stehen und die Ziele
der Problemlösungsphase einvernehmlich bestimmt sind.

2.3.1 Prozessschritte und Beratungstechnologien der Problemlösungs-phase

Die Problemlösungsphase ist in der Regel die Kernphase eines Beratungsprojekts. Sie lässt sich in die Projektschritte *Soll-Konzept* und *Realisierungsplanung* unterteilen.

(1) Prozessschritt: Soll-Konzept

Bei diesem Prozessschritt handelt es sich um einen kreativen Prozess, der aufzeigen soll, wie man von einem analysierten Ist-Zustand, der unbefriedigend ist, zu einem Zustand gelangt, der für den Auftraggeber wünschenswert ist. Bei komplexeren Auftragsinhalten sind dabei häufig mehrere Lösungsalternativen plausibel. Sie müssen entwickelt, diskutiert und auf ihren Zielerreichungsgrad hin bewertet werden. Die Gestaltungsalternative mit dem höchsten Zielerreichungsgrad und einem möglichst niedrigem Risikowert ist dann *das* zur Umsetzung empfohlene Soll-Konzept [vgl. NIEDEREICHHOLZ 2008, S. 205].

In diesem Zusammenhang wird immer wieder diskutiert, ob die Analyse- und insbesondere die Problemlösungsphase als Dienst- oder als Werkvertrag vergeben werden soll. Nur wenn es sich um eine klar abgegrenzte Aufgabenstellung handelt (z. B. die Erstellung eines Gutachtens), bei der das Kundenunternehmen während der Projektlaufzeit weder mitwirkt noch eingreift und wo während des Projektes durch die Berücksichtigung zusätzlicher, neuer Erkenntnisse kein Mehraufwand entsteht, kann der Berater ohne weitere große Prüfungen einem Werkvertrag zustimmen. In allen anderen Fällen muss zunächst von den Rahmenbedingungen eines Dienstvertrages ausgegangen werden.

(2) Prozessschritt: Realisierungsplanung

Im Prozessschritt der *Realisierungsplanung* wird die beste Gestaltungsalternative der Soll-Konzeption in einen Maßnahmenkatalog umgesetzt und ein präziser Aktionsplan erarbeitet. Kernstück der Realisierungsplanung ist somit ein *Maßnahmenplan*, der nach Bereichen geordnet sämtliche Termine, Verantwortlichkeiten, Umsetzungskosten (meist in bewerteten Personen-Tagen) und ggf. eine *Machbarkeitsprüfung* (engl. *Feasibility Study*) enthält. Bei IT-Realisierungsprojekten kommen zur Maßnahmenabsicherung noch die *Risikoanalyse* sowie die *Maßnahmenwirkungskontrolle* hinzu. Begleitet wird die Realisierungsplanung schließlich von einer Reihe von *Qualitätssicherungsmaßnahmen*, die bspw. bei der Machbarkeitsprüfung kontrolliert, ob eine Maßnahme nicht nur personell, sondern auch finanziell, betrieblich und sozial durchführbar ist. Im Rahmen der Abschlusspräsentation werden dann die weiteren Schritte zur Umsetzung des Lösungsvorschlags unterbreitet [vgl. NIEDEREICHHOLZ 2008, S. 301 ff.].

(3) Beratungstechnologie der Problemlösungsphase

Die in der Problemlösungsphase eingesetzte Beratungstechnologie dient vornehmlich der Generierung von Gestaltungsalternativen. Im Vordergrund stehen hierbei:

- **Planungs- und Kreativitätstools** wie Brainstorming, Brainwriting, Methode 635, Synektik, Bionik, Morphologischer Kasten

- **Tools zur Strategiewahl** wie Erfahrungskurve, Produktlebenszyklusmodelle

- **Portfoliotechniken** wie BCG-Matrix, McKinsey-Matrix, ADL-Matrix

- **Tools zur Formulierung der strategischen Stoßrichtung** (Wachstumsstrategien, Wettbewerbsstrategien, Markteintrittsstrategien) wie Produkt-Markt-Matrix

- **Beratungsprodukte** wie Gemeinkostenwertanalyse, Zero-Base-Budgeting, Nachfolgeregelung, Mergers & Acquisitions, Business Process Reengineering

- **Tools zur Geschäftsprozessmodellierung** wie EPK und BPMN.

2.3.2 Risiken in der Problemlösungsphase

In der Problemlösungsphase besteht ein hohes Risiko darin, dass die personellen Zuständigkeiten und Verantwortlichkeiten für den kompetenten Personaleinsatz nicht oder nur ungenügend vorgenommen werden. Zu spätes Einziehen von Meilensteinen und keine Unterscheidung zwischen Zeit- und Terminplanung erzeugen regelmäßig Stress bei allen Projektbeteiligten. Häufig erfolgt keine exakte Berechnung des Bruttozeitbedarfs einschließlich der zusätzlichen ungeplanten Aufgaben mit Risikozuschlag, z.B. hinsichtlich Konfliktgesprächen, Abstimmung mit Betriebsrat oder nicht geplanten Nebentätigkeiten (wie z.B. Zwischenpräsentationen/-berichte, unvorhergesehener Ausfall der IT-Infrastruktur, unproduktive Nebenzeiten z.B. für Akquisitionen außerhalb des Projekts). Manchmal führen auch „dreiste" Nachforderungen des Kunden während des Projekts zu einer Gefährdung des Zeitplans [vgl. HESSELER 2011a, S. 14 f.].

2.4 Implementierungsphase

Der Zweck der abschließenden Implementierungsphase besteht darin, die in der Problemlösungsphase verabschiedeten und abgesicherten Maßnahmen termin- und kostengerecht umzusetzen, in der Praxis zu erproben und Auswirkungen auf andere Bereiche zu analysieren. In den meisten Fällen übernimmt der Kunde in dieser Phase wieder die Hauptverantwortung, obwohl in diesem Projektabschnitt über den endgültigen ökonomischen Erfolg des Projektes entschieden wird.

2.4.1 Prozessschritte und Beratungstechnologien der Implementierungsphase

Die Implementierungsphase besteht in der hier gezeigten idealtypischen Form aus den beiden Prozessschritten *Realisierung/Umsetzung* und *Evaluierung/Kontrolle*.

(1) Prozessschritt: Realisierung/Umsetzung

Die Beteiligung des Beraters an diesem Prozessschritt kann in sehr unterschiedlicher Weise geschehen. Folgende Realisierungsformen können unterschieden werden [vgl. NIEDEREICHHOLZ 2008, S. 335 f.]:

- **Vollrealisierung:** Das Beratungsunternehmen übernimmt alleine die Durchführung aller Maßnahmen.

- **Gemeinsame Realisierung:** Der Berater setzt gemeinsam im Team mit dem Kunden die Lösung um.

- **Realisierungsbegleitung:** Der Berater begleitet das Kundenunternehmen bei der Realisierung und Einführung der Problemlösung, in dem er dem Kunden beratend, kontrollierend oder modifizierend zur Seite steht.

- **Unterstützung auf Anforderung:** Eine weitere Realisierungsform kann darin bestehen, dass der Berater nur zur Lösung besonderer Probleme oder nur auf Anforderung zur Verfügung steht.

- **Hotline-Service:** Auch besteht die Möglichkeit, während der Umsetzung einen Hotline-Service einzurichten, so dass der Projektleiter des Beratungsunternehmens jederzeit für Fern-Diagnosen zur Verfügung stehen kann.

(2) Prozessschritt: Evaluierung/Kontrolle

Dieser letzte Prozessschritt im Rahmen eines Projektes ist von besonderer Bedeutung für die weitere Beziehung zwischen Kunde und Berater. Selbst wenn es in den Phasen zuvor Probleme und Meinungsverschiedenheiten gegeben hat oder es sogar in der gemeinsamen Arbeit zu Konflikten gekommen ist, der Berater sollte alles daran setzen, den Auftrag in einer positiven Grundstimmung abzuschließen. Bei der abschließenden Evaluierung geht es zum einen um die Bewertung des Beratungserfolgs (Beratungsnutzen) und zum anderen um den Beratungsprozess und hier insbesondere um die Beurteilung der Zusammenarbeit zwischen Beratungs- und Kundenteam. Letztlich mündet die Evaluierung in die Beantwortung der Fragen, ob der Kunde mit der Leistung des Beraters und ob der Berater selbst mit der Durchführung und den Ergebnissen dieses Auftrages zufrieden war [vgl. NIEDEREICHHOLZ 2008, S. 345].

(3) Beratungstechnologie der Implementierungsphase

Zur Sicherstellung der Qualität in der letzten Auftragsphase haben die meisten Beratungsunternehmen Checklisten erstellt, die vom Projektleiter sukzessive abgearbeitet werden. Die darüber hinaus eingesetzte Beratungstechnologie in der Implementierungsphase bezieht sich in erster Linie auf

– **Projektmanagement-Tools** wie Prince2 oder PMBOK,

– **Qualitätsmanagement-Tools** wie Fehlersammelliste, Histogramm, Kontrollkarte, Ursache-Wirkungsdiagramm, Pareto-Diagramm, Korrelationsdiagramm, Flussdiagramm,

– **Agile Tools** wie Scrum, Design Thinking, IT-Kanban und

– **Tools zur Evaluierung** wie Kundenzufriedenheitsanalyse, Auftragsbeurteilung, Abschlussakquisition.

2.4.2 Risiken in der Implementierungsphase

Eine der größten Gefahren in der Implementierungsphase besteht darin, dass die einzelnen Arbeitspakete nur „irgendwie" koordiniert werden. Keine Berücksichtigung von Widerständen, Ängsten und Reibungsverlusten sind die Folgen. Ein weiteres Risiko ist die mangelnde oder zu späte Kommunikation der Lösung vor der Implementierung. Die kommunikative Schieflage erzeugt eine Misstrauenskultur mit fehlender Offenheit, Einzelkämpfertum, Dienst nach Vorschrift und Schlechtreden des Projektes gegenüber Dritten. Schließlich kann es zu einem Kompetenzgerangel zwischen Beratungs- und Kundenunternehmen im Hinblick auf die Realisierungsverantwortung kommen.

Auch der letzte Prozessschritt, die Evaluierung und Kontrolle, birgt einige Risiken in sich, die hauptsächlich auf unklare Vorstellungen vom Procedere des Abschlusses zurückzuführen sind. So ist häufig keine Fehlerkultur erkennbar, d. h. die eigenen Fehler und Schwächen im Projektablauf werden nicht offengelegt. Stattdessen werden in solchen Fällen „geschönte" Präsentationen und Abschlussberichte vorgetragen und der eigene Erfolg gesundgebetet. Der unprofessionelle Umgang mit Misserfolg führt zu Schuldzuweisungen an Sündenböcke und offenes Abstreiten der Verantwortung. Schließlich erfolgt auch keine Dokumentation der Erfahrungen für nachfolgende Projekte („lessons learnt") [vgl. HESSELER 2011a, S. 16 f.].

Wenn man diesen Phasenverlauf für Beratungsprojekte zugrunde legt, so ergibt sich zusammenfassend die in den Abbildungen 2-01 und 2-02 dargestellten Übersichten einer Zuordnung von Beratungstools zu Beratungsphasen. Die Zuordnung ist dabei nach dem Schwerpunktprinzip erfolgt, da einige Beratungstechnologien durchaus in mehreren Beratungsphasen zum Einsatz kommen können. Die so gegliederten Beratungstechnologien werden in den nächsten Abschnitten vorgestellt und kurz erläutert.

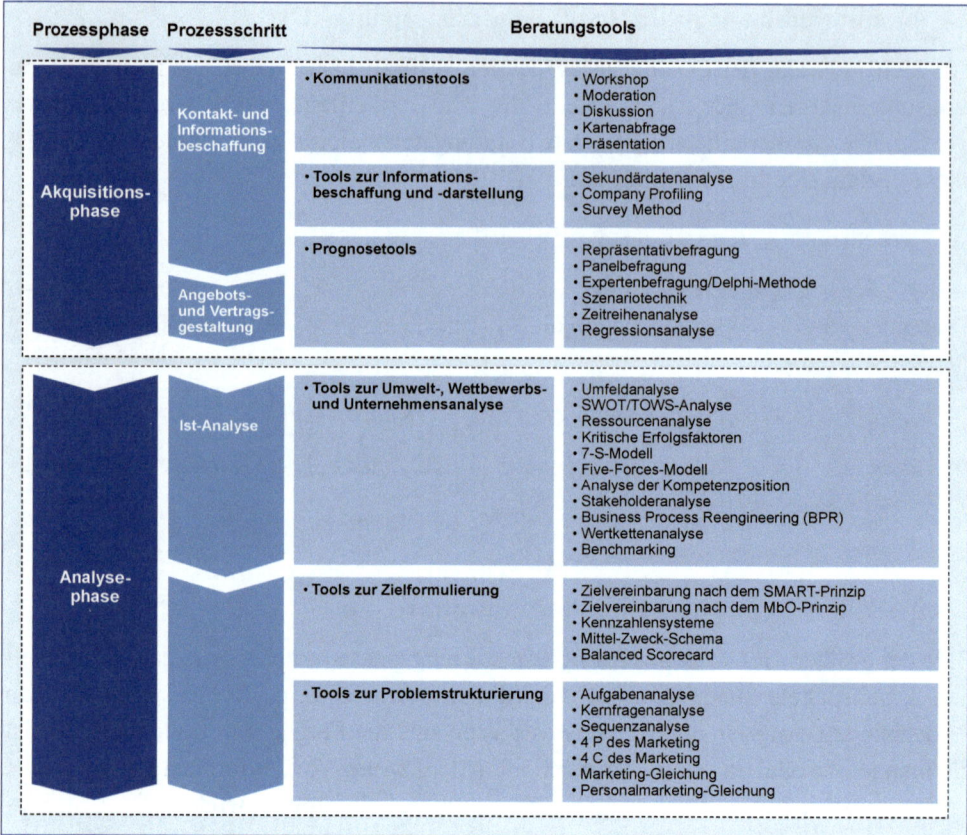

Abb. 2-01:   Zuordnung der Beratungstechnologien zu Beratungsphasen (1)

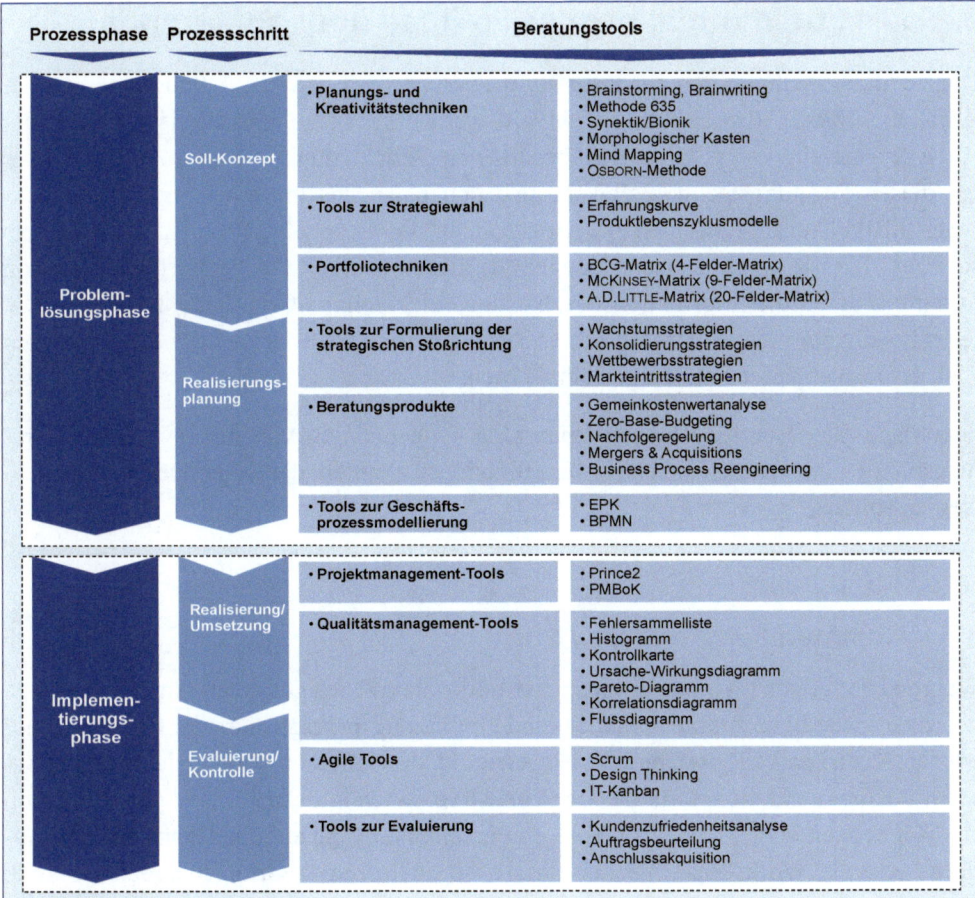

Abb. 2-02: Zuordnung der Beratungstechnologien zu Beratungsphasen (2)

3. Tools zur Informationsbeschaffung und -aufbereitung

Die Beratungstechnologien zur Informationsbeschaffung und -darstellung sind hier der *Akquisitionsphase* zugeordnet, gleichwohl werden sie in gleicher Weise auch in der Analysephase eingesetzt. Unter dem besonderen Gesichtspunkt der **Akquisition** geht es bei diesen Beratungstechnologien darum, sich ein erstes umfassendes („generalistisches") Bild über den (möglichen) Auftraggeber und über seine Problemfelder zu verschaffen. Für die Qualität und Aussagekraft dieses „Bildes" ist die Verfügbarkeit von Daten und somit die Informationsbeschaffung eine wichtige Grundlage. Relevante Daten müssen aber nicht nur beschafft, sondern auch ausgewertet und für die jeweiligen Zielpersonen entsprechend dargestellt werden.

Grundlage aller Beratungstechnologien sind – unabhängig von der jeweiligen Beratungsphase – die verschiedenen Kommunikationstechniken, die daher zuerst vorgestellt werden sollen.

3.1 Kommunikationstools

Während der gesamten Akquisitionsphase und während des gesamten Analyseverlaufs, wie auch später beim Problemlösungs- und Umsetzungsprozess muss der Berater immer wieder Kommunikationstechniken einsetzen. Die vielleicht wichtigste und umfassendste Kommunikationsform ist der **Workshop**. Wichtig deshalb, weil der Workshop die Möglichkeit bietet, sich mit mehreren Personen in Ruhe auf ein Thema zu konzentrieren und die Workshop-Ergebnisse zugleich auch immer Gruppenergebnisse sind. Umfassend deshalb, weil im Rahmen eines Workshops auch nahezu alle anderen Kommunikationstechniken wie

- Moderation,
- Diskussion,
- Kartenabfrage und
- Präsentation

zum Einsatz kommen können. Daher steht der Workshop auch im Mittelpunkt dieses Abschnitts.

3.1.1 Workshop

Ein **Workshop** ist ein Arbeitstreffen, in dem sich Personen in einer ungestörten Atmosphäre einem speziellen Thema widmen. Die Leitung übernimmt ein **Moderator**, die Teilnehmer sind Betroffene oder Beteiligte und das Workshop-Ergebnis sollte über den Workshop hinauswirken. *Inhaltlich* kann unterschieden werden zwischen

https://doi.org/10.1515/9783110696226-004

- Informations-Workshop,

- Problemlösungs-Workshop,

- Konfliktlösungs-Workshop,

- Konzeptions-Workshop und

- Entscheidungs-Workshop.

Workshops machen Sachverhalte und Positionen sichtbar und dienen dem Austausch von Erfahrungen, Meinungen und Ideen. Sie können Kontakte herstellen, Vertrauen aufbauen, gemeinsame Erlebnisse schaffen und den Teamgeist fördern. Allerdings gibt es keine fertige Rezeptur für den Workshop. Jeder Workshop hat seine eigene Dramaturgie. Ein möglicher Workshop-Ablauf, der sich stark an der klassischen Moderationsmethode orientiert, kann aus den folgenden 10 Schritten bestehen [vgl. LIPP/WILL 2008, S. 20 ff.]:

- Schritt 1: Vorbereitungsphase

- Schritt 2: Eröffnung

- Schritt 3: Informationsphase

- Schritt 4: Zielphase

- Schritt 5: Ideensuche und Ordnung

- Schritt 6: Vertiefung

- Schritt 7: Präsentation und Diskussion der Ergebnisse

- Schritt 8: Bewerten und Entscheiden

- Schritt 9: Maßnahmenkatalog

- Schritt 10: Schlusspunkt und Nachsorge

Wichtig ist, dass Workshops immer auch praxisorientiert, unterhaltsam und abwechslungsreich sind. Dabei hilft ein häufiger Wechsel von Einzel-, Gruppen- und Plenumsarbeiten. Grundsätzlich ist es aber ratsam, folgende drei Punkte fest in jeden Workshop-Ablauf aufzunehmen [www. karrierebibel.de/workshop-methoden]:

- **Abfrage der Erwartungshaltung.** Um als Workshop-Verantwortlicher keine unliebsamen Überraschungen zu erleben, sollte gleich zu Beginn eines jeden Workshops folgende Frage gestellt werden: „Was müsste heute passieren, damit Sie am Ende des Workshops sagen können, es hat sich gelohnt?" Oder: „Welche Fragen sollen heute auf jeden Fall beantwortet werden?" Der Vorteil der Erwartungsabfrage ist, dass die Teilnehmer zufrieden sind, wenn alle interessierenden Fragen behandelt worden sind.

- **Paarinterview.** Viele Moderatoren verwenden das sogenannte Paarinterview als Kennenlernübung: Damit sich alle Teilnehmer kennenlernen, stellen sich immer zwei Teilnehmer gegenseitig und danach immer der jeweils andere Teilnehmer sein Pendant der Gruppe vor.

- **Abschlussfeedback.** Während sich die ersten beiden Punkte auf die Eingangsphase beziehen, ist das Abschlussfeedback naturgemäß dem Ende des Workshops zuzuordnen. Allerdings wird dieser Punkt sehr häufig vernachlässigt. Fehlt dieser letzte Schritt, ist der Nutzen des Workshops so gut wie verpufft, da die gesamte Arbeit in kürzester Zeit vergessen ist. Ohne etwas Handfestes, das zuhause noch einmal angesehen werden kann, bleibt kaum etwas über Monate in Erinnerung. Insofern *müssen* am Ende eines Workshops die Ergebnisse zusammengefasst und dokumentiert werden. Diese Aufgabe kann schriftlich oder in Form eines Foto-Protokolls erfolgen. Wichtig ist dabei, dass die Ergebnisse weiter verwertbar sind und den Teilnehmern und Verantwortlichen zeitnah zugehen.

3.1.2 Moderation

Die **Moderation** ist ein klassisches Kommunikationstool (bzw. Kommunikationstechnik). Sie dient der zielorientierten Steuerung von Personen, die zur Diskussion, Bearbeitung und Lösung spezifischer Sachverhalte in einer Gruppe zusammenkommen. Die wichtigste Rolle hat der **Moderator**. Um mit allen Gruppenmitgliedern einen erfolgreichen Lernprozess zu gestalten, fallen dem Moderator steuernde und anregende **Moderationsaufgaben** zu [www.karrierebibel.de/moderationstechniken]:

- Er fördert den Gedankenaustausch.
- Er strukturiert Prozesse.
- Er aktiviert und motiviert die Teilnehmer.
- Er achtet auf Einhaltung der Spielregeln.
- Er schafft Transparenz.
- Er nutzt vorhandene Potenziale.
- Er begrenzt Wortbeiträge und hält Zeitlimits ein.
- Er fasst Ergebnisse zusammen und sichert sie.

Der Moderator vereint somit zahlreiche **Rollen**. Er ist Organisator, Kommunikator, Vermittler, Zeitwächter, Spielmacher, Motivator und Steuermann. Dazu sind Neutralität, Durchsetzungsvermögen, soziales Fingerspitzengefühl und Empathie wichtige **Voraussetzungen**.

Eine erfolgreiche Moderation setzt einen geregelten Rahmen voraus. Die wichtigsten **Spielregeln der Moderation** sind:

- Ausreden lassen, damit sich jeder Teilnehmer ernst genommen fühlt.

- Jeder Teilnehmer arbeitet aktiv mit, denn der Moderator alleine wird nicht zu einer Lösung kommen.

- Andere Meinungen tolerieren, denn gute Teamarbeit lebt von Alternativen.

- Akzeptieren von Kritik, die immer sachlich und fair geäußert werden muss.

- Auf Augenhöhe sein, d.h. in einer Teamarbeit sind die Vorschläge aller Beteiligten gleichwertig zu behandeln.

- Zeit im Blick behalten, um das Abschweifen der Diskussionen zu vermeiden.

Bei der **Wahl des Moderators** sollte man besonders sorgfältig vorgehen. Es gibt drei unterschiedliche Varianten [vgl. LIPP/WILL 2008, S. 167 ff.]:

- **Der Chef moderiert selbst.** Vorteilhaft ist, dass der Vorgesetzte seine Mitarbeiter und die Inhalte sehr genau kennt. Daher sind keine langen Vorgespräche erforderlich. Das „Mittendrin" sein kann aber auch genau das Problem sein, denn meistens ist ja gerade die Führungskraft das eigentliche Problem. Zumindest hat sie einen Anteil daran. Insofern ist der moderierende Chef häufig die schlechteste Variante.

- **Ein Externer moderiert.** Ein Moderator, der von außen kommt, ist nicht betriebsblind und bringt den nötigen Abstand mit. Er beherrscht Spielregeln und Aufgaben der Moderation. Fehlende Sachkenntnis ist häufig weniger das Problem, das eher in einer gemeinsamen Terminfindung liegt. Auch sind externe Moderatoren teurer.

- **Der Moderator kommt aus einer anderen Abteilung.** Die Variante des „internen Externen" ist sehr beliebt. Solche Moderatoren haben entsprechende Erfahrung, einen Workshop zu führen, beherrschen das Thema, ohne inhaltlich verstrickt zu sein. Sie kennen zudem die Organisation, den Arbeitsstil und sind flexibel einsetzbar.

Die Einsatzgebiete der Moderation sind vielfältig. Überall dort, wo Personen interaktiv Probleme analysieren, Lösungsalternativen erarbeiten, Entscheidungen vorbereiten und treffen wollen, bietet die Moderation eine wirkungsvolle Hilfestellung an.

3.1.3 Diskussion

Workshops leben vom Informationsaustausch. Die **Diskussion** ist dafür eine gebräuchliche Methode. Allerdings ist es wichtig, dass sich Diskussionen nicht endlos hinziehen und dass dieselben Personen nicht ständig dasselbe sagen. Dafür benötigt man klar umrissene Fragestellungen, einen Moderator, der die Diskussion leitet, aber nicht führt und einige Spielregeln. Die wichtigsten Spielregeln sind [vgl. LIPP/WILL 2008, S. 61 ff.]:

- Mitvisualisieren der Diskussion, so dass alle Teilnehmer das gleiche Verständnis haben,
- Redezeitbegrenzungen, die vorher vereinbart wurden und
- Signalkarten, deren unterschiedliche Farben z. B. „Zustimmung" oder „Widerspruch" signalisieren.

Folgende **Diskussionsformen** können unterschieden werden:

- Diskussion nach einem Vortrag (für Verständigungsfragen)
- Gruppen- oder Rundgespräch (für Informations- und Meinungsaustausch)
- Podiumsdiskussion (für Meinungsaustausch)
- Streitgespräch (gegenseitige offene Kritik)
- Panelgespräch (Mehrfachbefragung eines bestimmten Personenkreises).

3.1.4 Kartenabfrage

Unter dem Aspekt der Informationsgewinnung nimmt die **Kartenabfrage** eine besondere Rolle ein, da in Gruppen zumeist mehr Ideen und mehr Know-how vorhanden sind, als normalerweise vermutet wird. Die Kartenabfrage hat den Vorteil, dass nicht nur die rhetorisch geschickten Teilnehmer oder die Vielredner, sondern alle Teilnehmer „zu Wort" kommen. Kein Beitrag geht verloren. Alle Karten sollten gut lesbar geschrieben sein und an eine Sammel-Pinnwand geheftet werden. Wichtig ist schließlich, dass der Moderator Karte für Karte von der Sammel-Pinnwand abnimmt und – thematisch geordnet – an eine zweite, noch leere Ordnungs-Pinnwand heftet. Sind alle Karten geordnet, so ergeben sich „Cluster", die zum besseren Verständnis mit einer Überschrift, die den thematischen Zusammenhang wiedergeben soll, versehen werden [vgl. LIPP/WILL 2008, S. 75 ff.].

Die Kartenabfrage wird auch sehr häufig als *Pinnwandmoderation* bezeichnet (siehe Abbildung 3-01).

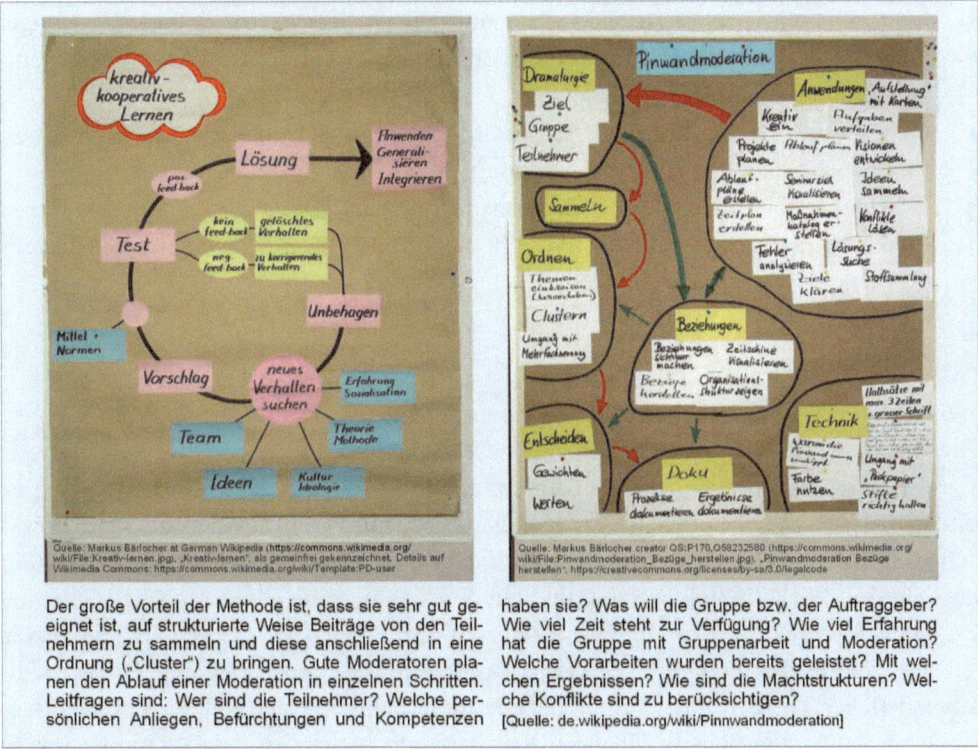

Der große Vorteil der Methode ist, dass sie sehr gut geeignet ist, auf strukturierte Weise Beiträge von den Teilnehmern zu sammeln und diese anschließend in eine Ordnung („Cluster") zu bringen. Gute Moderatoren planen den Ablauf einer Moderation in einzelnen Schritten. Leitfragen sind: Wer sind die Teilnehmer? Welche persönlichen Anliegen, Befürchtungen und Kompetenzen haben sie? Was will die Gruppe bzw. der Auftraggeber? Wie viel Zeit steht zur Verfügung? Wie viel Erfahrung hat die Gruppe mit Gruppenarbeit und Moderation? Welche Vorarbeiten wurden bereits geleistet? Mit welchen Ergebnissen? Wie sind die Machtstrukturen? Welche Konflikte sind zu berücksichtigen?
[Quelle: de.wikipedia.org/wiki/Pinnwandmoderation]

Abb. 3-01: Beispiele für Pinnwandmoderationen

Jede Kartenabfrage sollte mit einer eindeutigen Frage beginnen. Beispiel: „Was sind die wichtigsten Aufgaben unserer Abteilung?" oder „Was sind die Ziele unseres Geschäftsbereichs?" oder „Was könnte jemanden hindern, mit unserem Unternehmen Kontakt aufzunehmen?" und „Welches sind die drei Hauptgründe, warum unser Bereich in diesem Jahr seine Umsatzziele verfehlt hat?" und „Welche Lösungsansätze sehen wir, um in diesem Geschäftsjahr zu reüssieren?"

Die **Durchführung einer Kartenabfrage** umfasst folgende Schritte:

- **Fragestellung visualisieren.** Hier geht es darum, das Ziel der Abfrage zu erklären.
- **Methode erklären.** Die wichtigsten Punkte, die bei der Kartenabfrage eine Rolle spielen, sollen den Teilnehmern noch einmal kurz vor Augen geführt werden.
- **Karten und Filzstifte austeilen.** Durch eine Begrenzung der Karten („Jeder nur 3 Karten") kann von Beginn an eine Fokussierung auf wichtigste Beiträge erreicht werden.
- **Ideen/Antworten auf Karten schreiben.** Halbsätze in max. drei Zeilen und Druckschrift haben sich hier bewährt.

- **Karten anpinnen.** Die Karten sollten zunächst an einer Pinwand ungeordnet ange-
  pinnt werden und dann ist zu klären, ob alle Teilnehmer das gleiche Verständnis
  vom Inhalt der Karten haben.
- **Ordnen und Gruppieren der Karten.** Moderator und Teilnehmer erarbeiten übersichtliche und möglichst überschneidungsfreie Cluster.
- **Gewichten.** Nachdem die Cluster benannt wurden, können sie durch eine Mehr-
  Punkt-Abfrage gewichtet werden (nicht die einzelnen Karten, sondern die Cluster).

3.1.5 Präsentation

Bei einer **Präsentation** geht es um die Kommunikation von **Botschaften**, um z. B. die
Ergebnisse eines Workshops zusammenfassend darzustellen. Eine Botschaft, die verstanden wird, basiert zu einem Großteil auf einem überzeugenden Einsatz von Stimme
und Körpersprache. Denn die überzeugendste Botschaft verpufft, wenn sie die Zuhörerschaft nicht richtig erreicht. Erst die richtige "Verpackung" der Botschaft sorgt dafür,
dass sie ihre Wirkung voll entfaltet und bei den Zuhörern im Gedächtnis haften bleibt.
Zu dieser Verpackung zählt der Einsatz verschiedener **Medien**. Gerade bei komplexen
Themen fällt es den Zuhörern schwer, auf Dauer konzentriert zu bleiben. Das Visualisieren solcher Themen fördert die Konzentration, denn optische Reize regen das Inte-
resse an. Außerdem können Inhalte visuell vereinfacht werden, so dass sie besser im
Gedächtnis bleiben.

Für eine Präsentation eignen sich besonders folgende Medien:

- Flip-Charts
- Tafeln/Whiteboards
- Moderationswände.

Diese Medien sind dynamisch und bieten sehr gute Interaktionsmöglichkeiten mit den
Zuhörern (z. B. durch das gemeinsame Sammeln von Argumenten). Nachteilig ist allerdings, dass der Redner seiner Zuhörerschaft oft den Rücken zudrehen muss. Auch gibt
es je nach Handschrift Schwierigkeiten mit der Leserlichkeit oder zu wenig Platz für die
Darstellung auf diesen Hilfsmitteln.

Die **Powerpoint-Präsentation** ist für viele *das* Programm schlechthin, um Präsentationen zu halten. Powerpoint hat sich inzwischen so sehr durchgesetzt, dass man dazu
neigt, andere Formen eines Vortrags überhaupt nicht mehr in Betracht zu ziehen. So gibt
es heutzutage in den Seminarräumen kaum noch Overhead-Projektoren, obwohl diese
jahrzehntelang nahezu das einzige Medium waren, um komplexe Sachverhalte verständlich und visuell ansprechend „rüber" zu bringen. Die Powerpoint-Präsentation per Bea-

mer als Präsentationsmedium hat die **Overhead-Präsentation** vollends abgelöst. Sicherlich, Powerpoint ist nicht das leistungsfähigste Präsentationsprogramm, aber es ist das Programm, das sich im Markt der Präsentationssoftware-Systeme durchgesetzt hat.

Bevor man beginnt, eine Powerpoint-Präsentation vorzubereiten, sollte man sich überlegen, ob Powerpoint für den eigenen Vortrag auch tatsächlich das beste „Werkzeug" ist. Ein Vortrag, ein Referat oder eine Kundenveranstaltung wird durch den Einsatz von Powerpoint nicht automatisch besser. Es kann einen Vorteil gegenüber der „klassischen" Methode mit Overhead-Folien und Overhead-Projektor darstellen, insbesondere wenn man farbige Fotos, Grafiken, Animationen oder Videos zeigen möchte. Allerdings verführt Powerpoint sehr leicht dazu, schnell und unbedacht eine Präsentation per „Copy and paste" zusammen zu stellen. Das Werkzeug Powerpoint ist in jedem Fall mit Bedacht einzusetzen und nicht, weil es irgendwie „State-of-the-art" ist.

3.2 Tools zur Informationsbeschaffung und -darstellung

Datenquellen können Primärdaten, Sekundärdaten oder eine Mischung aus beiden sein. **Primärdaten** sind Daten, die speziell für eine bestimmte Fragestellung (erstmalig) erhoben werden. **Sekundärdaten** basieren auf vorhandenem Informationsmaterial, das bereits für einen anderen Zweck erhoben wurde. Aus diesen Begriffen leitet sich auch die Einteilung der Marktforschung in **Primärforschung** (engl. *Field Research*) und **Sekundärforschung** (engl. *Desk Research*) ab [vgl. LIPPOLD 2012, S. 87].

3.2.1 Sekundärdatenanalyse (Schreibtischforschung)

Da Sekundärdaten in der Regel schneller und kostengünstiger beschafft werden können als Primärdaten, wird der Berater zunächst versuchen, auf Sekundärdaten zurückzugreifen. Schreibtischforschung ist insofern der ideale Ansatz, um Informationen mit Mitteln, die nur begrenzt zur Verfügung stehen (wie z.B. Zeit, Budget, Dringlichkeit, Wissensniveau), zu erhalten.

Als **externe Informationsquellen** bieten sich an:

- **Internet.** Im weltweit größten Informationsspeicher (*World Wide Web*) sind über *Suchmaschinen* (z. B. GOOGLE, YAHOO, BING) zeitnah und häufig kostenlos umfassende Informationen zu den verschiedensten Themen verfügbar.

- **Online-Datenbanken.** Kommerzielle Online-Datenbanken (z. B. GENIOS, EBSCO, DATASTAR) haben einen Zugriffsschwerpunkt auf Wirtschaftsdatenbanken bis hin zum Volltext von Zeitungen und Zeitschriften.

- **Wirtschaftsforschungsinstitute.** Neben den klassischen Marktforschungsinstituten (z. B. GFK, A. C. NIELSEN, INFRATEST) hat sich bspw. für den Bereich der

Informationstechnologie eine Reihe von Market Research-Firmen (z. B. GARTNER, FORRESTER, PAC, IDC, LÜNENDONK) etabliert, deren Analysen und Rankings insbesondere für IT-Dienstleistungsunternehmen von Bedeutung sind.

- **Informationsdienste.** Medien- und Informationsdienste sowie Informationsbroker (z. B. HOPPENSTEDT, REUTER, VWD) beschaffen firmenspezifische Informationen, erschließen sie systematisch und bereiten diese anwendergerecht auf.

- **Verbände/IHK.** Wirtschaftsverbände und -organisationen, Behörden sowie Wirtschaftsmagazine bieten (zumeist auch über ihre Webseiten) eine Vielzahl von branchenspezifischen Informationen und Berichten an.

- **Sonstige.** Nützliche Informationen finden sich zudem in der Wirtschafts- und Fachpresse, in Messekatalogen, Branchenverzeichnissen und Nachschlagewerken (z. B. Statistisches Jahrbuch mit speziellen Fachserien).

Neben diesen externen Daten bieten aber auch **interne Informationsquellen**, d. h. Informationen aus den verschiedenen Bereichen und Abteilungen des Kundenunternehmens wichtige Informationen. Zu diesen unternehmensinternen Quellen zählen Absatz- und Umsatzstatistiken, Außendienstberichte, Kundendateien sowie Berichte früherer Primär- und Sekundäruntersuchungen.

Die Schreibtischforschung hat den großen Vorteil, dass es einem jederzeit die Freiheit und die Entscheidungsmöglichkeit erlaubt, die Recherche zu beginnen, zu verändern, zu unterbrechen oder zu beenden, wann immer man möchte. Die Sekundärdatenanalyse ist immer dann das richtige Tool, wenn Informationen zu Themen benötigt werden, die bereits untersucht wurden [vgl. ANDLER 2008, S. 86 f.].

3.2.2 Company Profiling

Auf der Grundlage der ausgewählten Sekundärdaten sind leistungsfähige Beratungsunternehmen dazu übergegangen, das Unternehmensprofil (engl. *Company Profil*) des relevanten Kundenunternehmens nach einem standardisierten Format zu erstellen. Dieses **Company Profiling** dient allen Beteiligten des Beratungsunternehmens als Grundlage für ein qualifiziertes Angebot oder für einen schnellen Einstieg in ein bereits laufendes Kundenprojekt. Ein Company Profil, das man auch als „Unternehmenssteckbrief" bezeichnen kann, beschreibt in einer strukturierten Form das Kundenunternehmen mit allen relevanten Merkmalen wie z.B. Eigentümer, Management, Organigramme, Geschäftsbereiche, Umsatzstruktur und -entwicklung, Produktportfolio, Kunden- und Lieferantenstruktur, Mitbewerber, SWOT-Analyse (siehe Abbildung 3-02).

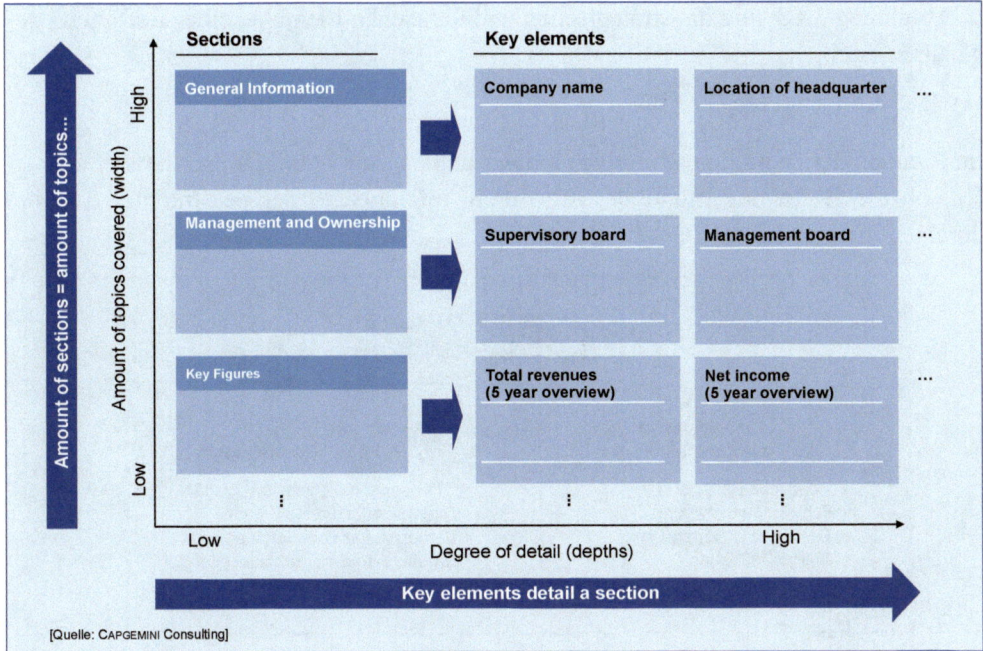

Abb. 3-02: Beispielformat für ein Company Profil

Das Company Profiling kann neben seiner Funktion als *Informationstool* zugleich auch als **Ausbildungstool** für neue Mitarbeiter (insbesondere Hochschulabsolventen) herangezogen werden. Da Hochschulabsolventen nicht sofort in Kundenprojekten eingesetzt werden sollten, können sie sich auf diese Weise „im Hintergrund" in relevante Kundenunternehmen und Branchen sowie in die Handhabung von Werkzeugen wie SWOT oder Benchmarking einarbeiten. Darüber hinaus ist die Erstellung eines Company Profils eine ideale Übung, um möglichst viele und umfassende Informationen über einen neuen, strategisch wichtigen Vertriebskontakt (engl. *Lead*) zu bekommen. Auch im Falle eines personellen Wechsels in einem Projekt leistet das Company Profiling gute Dienste, um die Einarbeitung der neuen Mitarbeiter in die Umgebung des Kundenunternehmens zu erleichtern.

3.2.3 Survey Method

Zu den wichtigsten Methoden der Primärerhebung zählen die Befragung, die Beobachtung, das Experiment (Test) sowie als Sonderform das Panel. Für die Informationsbeschaffung im Rahmen der Akquisitionsphase ist grundsätzlich nur die **Befragung** (engl. *Survey Method*) von Bedeutung. Es kann zwischen Befragungsformen (auch: Befragungsstrategie) und Arten der Fragestellung (auch: Befragungstaktik) unterschieden werden [vgl. SCHÄFER/KNOBLICH 1978, S. 276 ff.].

In Abbildung 3-03 sind die strategischen und taktischen Elemente einer Befragung gegenübergestellt.

(1) Befragungsstrategie

Im Rahmen der Befragungsstrategie ist die grundlegende Entscheidung darüber zu treffen, ob die Befragung mündlich, schriftlich, telefonisch oder per Internet (Online) durchgeführt werden soll.

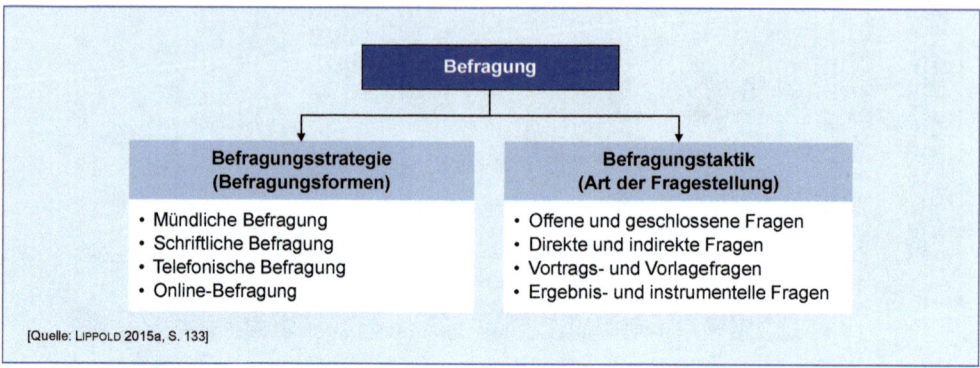

Abb. 3-03: Strategische und taktische Elemente einer Befragung

Die **mündliche Befragung** ist im Rahmen der Akquisitions- und Analysephase, bei der die (Kunden-) Informationen durch einen *Berater* erhoben werden, sicherlich die bedeutsamste Befragungsform. Das Interview kann entweder auf Grundlage eines standardisierten Fragebogens, bei dem die Fragen in Form, Inhalt und Reihenfolge festgelegt sind, oder als freies (nicht-standardisiertes) Interview durchgeführt werden. Beim freien Interview ist dem Interviewer lediglich das Ziel der Befragung vorgegeben. Diese Methode hebt mehr auf die Gewinnung qualitativer Tatbestände und weniger auf die Generierung quantitativer Sachverhalte ab. Die **schriftliche Befragung** dagegen, bei der die Befragungsteilnehmer die Fragebögen auf dem Postweg erhalten, ist für Akquisitions- und Analysezwecke des Beraters weniger geeignet. Eine besondere Form der mündlichen Befragung ist die **telefonische Befragung,** bei der die Befragten per Telefon kontaktiert und befragt werden. Die Kosten dieser sehr zeitsparenden Befragungsform sind geringer als bei der reinen mündlichen Befragung. Allerdings ist es sehr schwer, bestimmte Kundenzielgruppen – insbesondere Entscheider – telefonisch zu erreichen.

Zunehmender Beliebtheit erfreuen sich **Online-Befragungen**, die als Sonderform der schriftlichen Befragung aufgefasst werden können. Bei diesen Befragungen haben die Adressaten die Möglichkeit, einen Online-Fragebogen oder einen per E-Mail zugeschickten Fragebogen auszufüllen. Die mit dieser Informationsbeschaffungsform einhergehende Anonymität kommt in der Analysephase beim Kunden allerdings nicht immer gut an.

Abbildung 3-04 fasst die wesentlichen Vor- und Nachteile dieser vier Befragungsformen zusammen.

	Mündliche Befragung	Schriftliche Befragung	Telefonische Befragung	Online-Befragung
Vorteile	• Hohe Erfolgsquote • Fragebogenumfang kaum eingeschränkt • Möglichkeit von Rückfragen • Befragungssituation kontrollierbar	• Relativ niedrige Kosten • Keine Beeinflussung durch Interviewer • Erreichbarkeit großer Fallzahlen	• Geringere Kosten als bei mündlicher Befragung • Zeitersparnis • Geringer Interviewereinfluss	• Kostengünstig • Zeitersparnis • Kein Interviewereinfluss • Hohe Reichweite • Automatische Erfassung der Daten
Nachteile	• Relativ hohe Kosten • Beeinflussung durch Interviewer möglich (Interviewereffekt)	• Geringe Rücklaufquote • Fragebogenumfang ist eingeschränkt • Keine Möglichkeit von Rückfragen • Befragungssituation nicht kontrollierbar	• Fehlender Sichtkontakt zum Interviewer • Schwierige Erreichbarkeit bestimmter Zielgruppen (z. B. Manager)	• Rücklaufquoten teilweise gering • Eingeschränkte Repräsentativität • Befragungssituation nicht kontrollierbar

[Quelle: LIPPOLD 2015a, S. 134]

Abb. 3-04:   Vor- und Nachteile quantitativer Befragungsformen

(2) Befragungstaktik

Nachdem im Rahmen der Befragungsstrategie die grundlegende Entscheidung über die Befragungsform getroffen worden ist, geht es bei der Befragungstaktik um die Fragestellung an sich. Nach Art der Fragestellung kann unterschieden werden zwischen

- offenen und geschlossenen Fragen,
- direkten und indirekten Fragen,
- Vortrags- und Vorlagefragen sowie
- Ergebnis- und instrumentellen Fragen.

Bei der Art der Fragenformulierung kann grundsätzlich zwischen offenen und geschlossenen Fragen differenziert werden. Die gebräuchlichsten Fragestellungen sind **geschlossene Fragen**, da sie am leichtesten auszuwerten sind. Bei geschlossenen Fragestellungen werden die Antwortmöglichkeiten vorgegeben. **Offene Fragen** lassen dagegen alle möglichen – also auch vom Berater zuvor nicht bedachten – Antwortkategorien zu. Die besondere Problematik dieser Art der Fragestellung liegt in der nachträglichen Kategorisierung und Quantifizierung der individuellen Antworten und Reaktionen [vgl. SCHÄFER/KNOBLICH 1978, S. 289 ff.].

Eine weitere grundsätzliche Unterscheidung kann in direkte und indirekte Fragen vorgenommen werden. Die **direkte Fragestellung**, bei der der Befragte aufgefordert wird, Auskünfte über seine Person oder sein Verhalten zu geben, stand lange Zeit im Mittelpunkt der Marktforschung. Bei Fragen insbesondere aus dem Prestigebereich oder bei tabuisierten Themen kann es jedoch zu Antwortverzerrungen kommen. Daher wird in diesen Bereichen heute die **indirekte Fragestellung** bevorzugt. Beispiel: Anstatt zu fragen „Haben Sie schon an einer SAP-Schulung teilgenommen?" (direkte Frage), wird man eher folgende Formulierung wählen: „Haben Sie demnächst vor, an einer SAP-Schulung teilzunehmen?" (indirekte Frage). Bei einer Bejahung der indirekten Frage, die ja einer Verneinung der direkten Fragestellung gleichkommt, hat der Befragte nicht das Gefühl, bloßgestellt zu sein.

Ferner kann zwischen Vortrags- und Vorlagefragen unterschieden werden. **Vortragsfragen** werden der Auskunftsperson vorgelesen und sind die Regel bei Befragungen in der Akquisitions- und Analysephase. **Vorlagefragen** liegen dem Befragten in lesbarer Form vor und sind die Grundlage der schriftlichen und der Online-Befragung.

Neben den **Sachfragen**, die den Hauptteil einer Befragung darstellen, werden zusätzlich **instrumentelle Fragen** zur Steuerung der Befragung eingesetzt. Dazu zählen Kontakt- und Eisbrecherfragen zur Einleitung in das Interview, Filterfragen, Kontrollfragen und Plausibilitätsfragen zur Überprüfung der Konsistenz der Antworten sowie Fragen zur Person.

3.3   Prognosetechniken und -tools

Die **Prognose** (Vorhersage) ist eine Wahrscheinlichkeitsaussage über Ereignisse, Zustände oder Entwicklungen in der Zukunft. Prognosen basieren auf Daten der Vergangenheit sowie bestimmten Annahmen über die Zukunft. Vorhergesagt werden können Umsätze, Absatzmengen (Stückzahlen), Marktanteile, Lagerbestände, Aktienkurse, die Gewinnentwicklung einer Aktiengesellschaft, das Wetter, die Unterhaltskosten eines neuen PKWs, die Ergebnisse einer Landtagswahl etc.

Prognosetechniken bzw. Prognoseverfahren lassen sich auf verschiedene Arten einteilen. Hinsichtlich des Prognosehorizonts (Fristigkeit) lassen sich *kurz-, mittel- und langfristige* Prognosen unterscheiden. Darüber hinaus unterscheidet man *qualitative* und *quantitative* Techniken sowie nach der Erstellungsperspektive in *Top-Down* und *Bottom-Up*. Nach dem Gegenstand, auf den sich die Prognose bezieht, unterteilt man in *Wirkungsprognosen, Lageprognosen* und *Entwicklungsprognosen*.

Im Rahmen der hier getroffenen Auswahl an Prognosetechniken soll nach der *Art der Datenbasis* unterschieden werden [vgl. BEA/HAAS 2005, S. 279 ff.]:

- Prognosetechniken auf der Basis von Befragungen
- Prognosetechniken auf der Basis von Zeitreihen
- Prognosetechniken auf der Basis von Funktionen.

Abbildung 3-05 gibt einen Überblick über die einzelnen Prognosetechniken nach Art der Datenbasis.

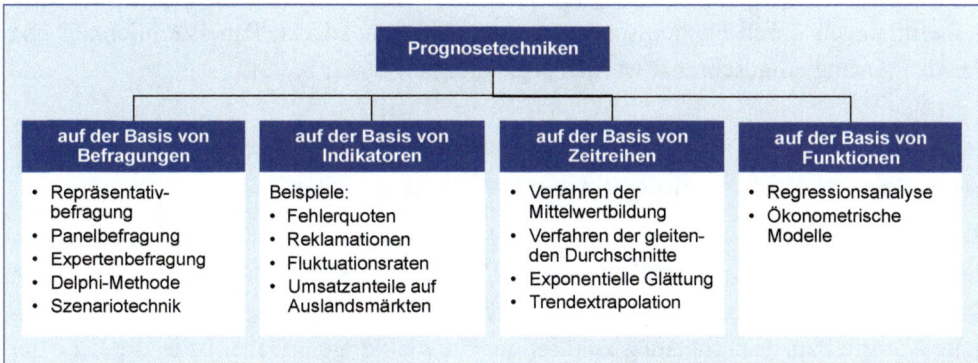

Abb. 3-05: Wichtige Prognosetechniken im Überblick

3.3.1 Repräsentativbefragung

Prognosen auf der Basis von Befragungen zählen zu den qualitativen Prognosetechniken. Die **Repräsentativbefragung** stellt eine Prognosetechnik dar, bei der aus einer repräsentativen Grundgesamtheit eine Stichprobe von Personen gezogen wird, die dann zu einem bestimmten Themenkomplex befragt werden. Repräsentativbefragungen kommen vor allem im Marketingbereich vor. So wird bspw. im Rahmen von Verbraucherbefragungen das Nachfrageverhalten von Konsumenten in bestimmten Situationen ermittelt und zur Prognose von Absatzzahlen verwendet. Die Ergebnisse von Repräsentativbefragungen zu Prognosezwecken sind zum Teil deutlich besser als die Ergebnisse einfacher quantitativer Prognosetechniken (z. B. lineare Extrapolationen). Antwortverweigerungen, Unerreichbarkeit von Stichprobenmitgliedern oder Verfälschungen/Verzerrungen durch den Interviewer (engl. *Interviewer Bias*) sind mögliche methodische Schwächen und damit nicht ganz unproblematisch für dieses Instrument der qualitativen Prognose.

3.3.2 Panelbefragung

Im Marketingumfeld kommen Repräsentativbefragungen auch häufig in Form von **Panelbefragungen** zum Einsatz. Dabei handelt es sich um Untersuchungen, bei denen ein bestimmter, gleichbleibender und repräsentativer Personenkreis (z. B. Konsumenten oder Händler) in regelmäßigen Zeitabständen Informationen über gleiche oder gleichartige Erhebungsmerkmale (z. B. Preis, Marktanteil, Warenbewegungen) liefern soll. Der Vorteil dieser Form der Befragung liegt darin, dass Veränderungen wirtschaftlicher Größen (z. B. Marktanteilsverschiebungen) besser prognostiziert werden können als bei einer einmaligen Repräsentativbefragung. Allerdings können auch die Ergebnisse von Panelbefragungen durch methodische Probleme wie Paneleffekt, Panelsterblichkeit und Panelerstarrung eingeschränkt werden [vgl. LIPPOLD 2012, S. 96].

3.3.3 Expertenbefragung und Delphi-Methode

Bei der **Expertenbefragung** werden nicht jene Personen, die die künftige Entwicklung der interessierenden wirtschaftlichen Größen direkt beeinflussen (z. B. Käufer), sondern Dritte, nämlich Experten befragt. Experten begründen mit ihrem Spezialwissen die fachliche Autorität zur Einschätzung zukünftiger Entwicklungen. Dabei ist es die Güte der verfügbaren Informationen sowie die Fähigkeit, aus diesen Informationen die entsprechenden Schlüsse zu ziehen und in Empfehlungen umzusetzen, die einen Experten ausmachen. Solche Personen sind allerdings rar, so dass für die Mehrzahl von Expertenbefragungen immer nur sehr wenige Personen angesprochen werden können. Ein wichtiger Anwendungsfall der Expertenbefragung ist die Prognose der Einführungschancen von neuen Produkten, insbesondere im B2B-Bereich [vgl. MACHARZINA/WOLF 2010, S. 838].

Eine besondere Form der Expertenbefragung ist die **Delphi-Methode**. Hierbei handelt es sich um eine schriftliche, mehrphasige und anonyme Befragung von Experten, die zu Beginn der 1960er Jahre von der amerikanischen RAND Corporation entwickelt wurde. Bei jeder neuen Fragerunde werden die Experten, die aus unterschiedlichen Fachdisziplinen stammen, über die Ergebnisse der vorherigen Runde informiert. Experten, deren Antworten stark von den Mittelwerten abweichen, werden aufgefordert, ihre Antworten zu begründen. Diese Begründungen dienen allen Teilnehmern in der nächsten Runde dazu, ihre abgegebene Meinung zu überprüfen und gegebenenfalls zu ändern. Durch den beschriebenen organisatorischen Rahmen nutzt die Delphi-Methode das Wissen mehrerer Experten mit kontrollierter Informationsrückkopplung. Durch die Wahrung der Anonymität wird gleichzeitig eine Beeinflussung der Experten untereinander ausgeschlossen. Trotz dieser Vorteile sind die Ergebnisse durch ein hohes Maß an Subjektivität gekennzeichnet. Nicht auszuschließen ist auch, dass Wunschvorstellungen der Experten in das Prognoseergebnis einfließen. Namensgeber der Methode ist das *Orakel von Delphi*, das in der Antike Ratschläge für die Zukunft erteilte.

Abbildung 3-06 zeigt die Delphi-Methode als temporär konfiguriertes Expertensystem, das heute vor allem in der Zukunftsforschung zur Abschätzung von Technologiefolgen eingesetzt wird.

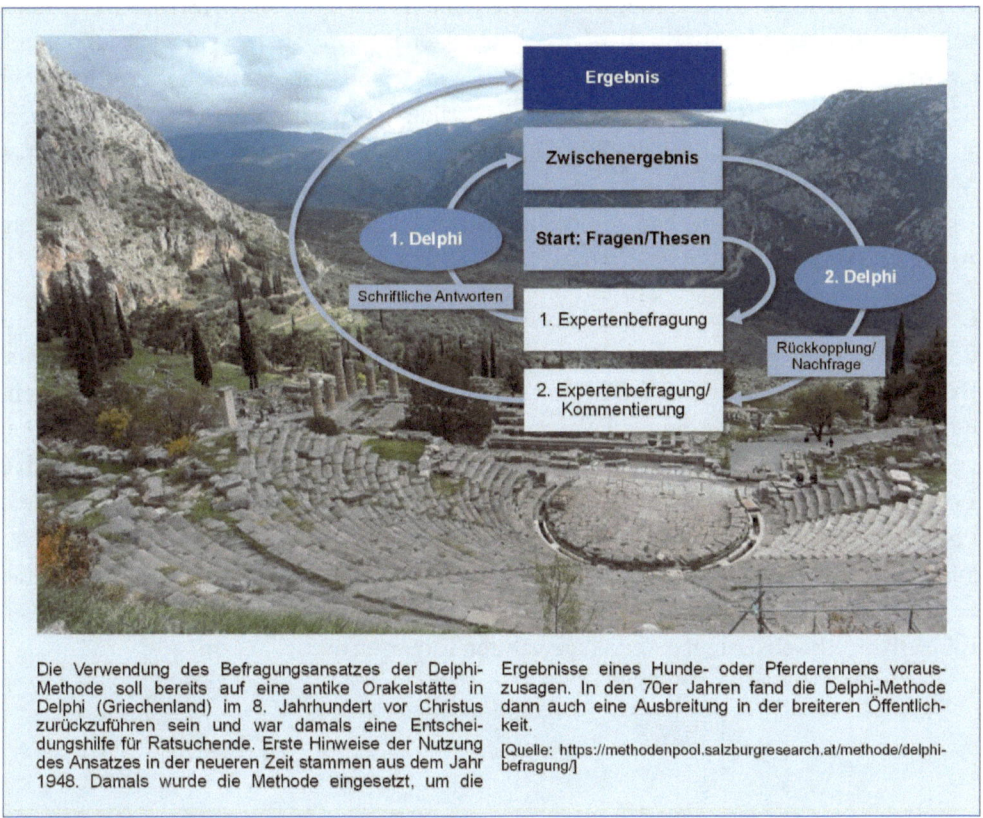

Die Verwendung des Befragungsansatzes der Delphi-Methode soll bereits auf eine antike Orakelstätte in Delphi (Griechenland) im 8. Jahrhundert vor Christus zurückzuführen sein und war damals eine Entscheidungshilfe für Ratsuchende. Erste Hinweise der Nutzung des Ansatzes in der neueren Zeit stammen aus dem Jahr 1948. Damals wurde die Methode eingesetzt, um die

Ergebnisse eines Hunde- oder Pferderennens vorauszusagen. In den 70er Jahren fand die Delphi-Methode dann auch eine Ausbreitung in der breiteren Öffentlichkeit.

[Quelle: https://methodenpool.salzburgresearch.at/methode/delphi-befragung/]

Abb. 3-06: Die Delphi-Methode

3.3.4 Szenariotechnik

Experten sind auch die Input-Geber bei der **Szenariotechnik**. Ein Szenario ist die Beschreibung einer zukünftigen Situation und des Pfades, der zu dieser Situation führt. Ziel der Szenariotechnik ist demnach, mögliche alternative Situationen der Zukunft (Zukunftsbilder) sowie die Wege, die zu diesen zukünftigen Situationen führen, zu analysieren und zusammenhängend darzustellen. Szenarien stellen hypothetische Folgen von Ereignissen auf, um auf kausale Prozesse und Entscheidungsmomente aufmerksam zu machen. Neben der Darstellung, wie eine hypothetische Situation in der Zukunft zustande kommen kann, werden Varianten und Alternativen dargestellt und aufgezeigt, in welchem Prognosekorridor sich die künftige Entwicklung voraussichtlich einpendeln wird. Der Prognosekorridor, der das Gesamtbild der künftigen Handlungssituationen eines Unternehmens widerspiegelt, wird begrenzt durch die alternativen Ausprägungen für den günstigsten und den ungünstigsten Eintrittsfall. Abbildung 3-07 zeigt ein anschauliches Bild zur Darstellung von Szenarien in Form eines sich öffnenden Trichters, dessen Spannweite durch das positive Extrem-Szenario *(Best Case)* einerseits und durch das negative Extrem-Szenario *(Worst Case)* andererseits gekennzeichnet ist. Auf der Schnittfläche des Trichters befinden sich alternative Szenarien. In der Mitte befindet sich das Trendszenario, das dem Ergebnis einer Trendextrapolation entspricht. Alternative A zeigt ein anderes, für plausibel erachtetes Szenario. Durch Eintritt eines Störereignisses zum Zeitpunkt t_1 und der Reaktion zum Zeitpunkt t_2 führt dieses Szenario zum Alternativszenario A' [vgl. BEA/HAAS 2005, S. 288 f.].

Die Szenariotechnik, die in den 1950er Jahren im Rahmen militärstrategischer US-Studien entwickelt wurde, betrachtet einen langfristigen Planungshorizont, wobei keine Extrapolation der Vergangenheit in die Zukunft, sondern eine vorausschauende Betrachtung unter Berücksichtigung relevanter Einflussfaktoren vorgenommen wird. Dabei geht sie von einer beschränkt vorhersehbaren Zukunft aus und kann auch spekulative Entwicklungen in Form von *Störereignissen* berücksichtigen. Wie kaum eine andere Prognosetechnik ist sie in der Lage, Interdependenzen zwischen den Einflussgrößen der künftigen Umweltentwicklung in den Vordergrund zu stellen. Allerdings hängt die Güte der Prognose – wie letztlich bei allen qualitativen Prognoseverfahren – auch hier von subjektiven Einschätzungen der ausgewählten Experten ab.

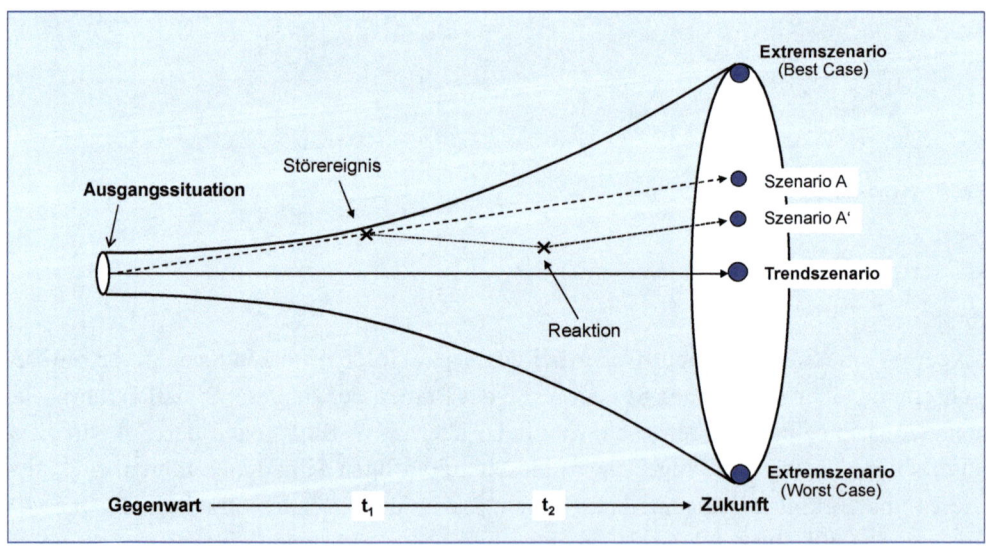

Abb. 3-07: Szenariotechnik

3.3.5 Zeitreihenanalyse

Verfahren der **Zeitreihenanalyse** dienen der Abschätzung von Gesetzmäßigkeiten, die sich aus der zeitlichen Abfolge von Beobachtungswerten ergeben. Eine *Zeitreihe* ist demnach eine Folge von zeitlich hintereinander erhobenen Beobachtungswerten eines Merkmals.

Die einfachste Form der Zeitreihenanalyse ist das **Verfahren der Mittelwertbildung**. Hierbei wird aus der Berechnung des einfachen arithmetischen Mittels aus einer Reihe von Vergangenheitswerten direkt ein Prognosewert abgeleitet.

Eine weitere Prognosetechnik auf der Basis von Zeitreihen ist die **Methode der gleitenden Durchschnitte**. Es handelt sich dabei um ein Verfahren zur *Glättung* von Zeitreihen. Typische Beispiele für Zeitreihen sind:

- Monatliche Arbeitslosenzahlen der Bundesagentur für Arbeit
- Quartalsumsätze eines DAX-Unternehmens
- Jährliche Produktionsmengen eines Smartphone-Herstellers.

Die Glättung von Zeitreihen setzt voraus, dass innerhalb der Zeitreihe (kurzfristige) Schwankungen zyklisch auftreten (z. B. das Weihnachtsgeschäft im Einzelhandel) und dass die Werte gleiche Abstände aufweisen (Jahr, Monat, Woche, Tag). Ein gleitender Durchschnitt wird aus einer gleichbleibenden Anzahl zeitlich benachbarter Beobachtungswerte als Folge von arithmetischen Mitteln berechnet und dem in der Mitte des jeweiligen Zeitintervalls liegenden Zeitpunkt zugeordnet. Das Zeitintervall kann dabei sowohl aus einer geraden, als auch aus einer ungeraden Zahl von Werten bestehen. Wichtig ist, dass das Zeitintervall mit dem zugrundeliegenden Zyklus übereinstimmt. Soll die Gleichgewichtung der Vergangenheitswerte aufgehoben und die aktuellen Daten stärker berücksichtigt werden, so kann man die gleitenden Durchschnitte unterschiedlich gewichten *(Verfahren der gewogenen gleitenden Durchschnitte)*. Der Vorteil gegenüber der Regressionsmethode liegt darin, dass man keinerlei Vorwissen über den Funktionstyp des Trends benötigt. Die größte Schwierigkeit der Methode liegt in der richtigen Auswahl des Zyklus.

Bei der **Trendextrapolation** wird versucht, den bisherigen Datenverlauf (Trend) durch eine Funktion zu beschreiben, deren Verlauf dann in die Zukunft fortgeschrieben wird. Hierbei wird die vorherzusagende Größe (z. B. Preise, Umsätze, Kosten) allein anhand des Kriteriums der Zeit ermittelt. Es wird also bewusst darauf verzichtet, die unterschiedlichen Einflussfaktoren, die für den Verlauf der vorherzusagenden Größe ausschlaggebend sind, einzeln auszuweisen. Dabei geht die Trendextrapolation von der Grundannahme aus, dass die in der Vergangenheit wirkenden Einflussfaktoren auch in der Zukunft gelten. Bevor der Trend für eine Zeitreihe berechnet werden kann, muss zunächst über den Funktionstyp – linear, exponentiell oder logistisch – entschieden werden (siehe Abbildung 3-08). Ist die Entscheidung über den Funktionstyp gefallen, so erfolgt das Anpassen der Trendfunktionen an eine Zeitreihe durch Schätzen der Parameter (a, b, ...) auf der Basis dieser Daten. Dazu wird zumeist die **Methode der kleinsten Quadrate** verwendet (siehe dazu auch den nächsten Abschnitt).

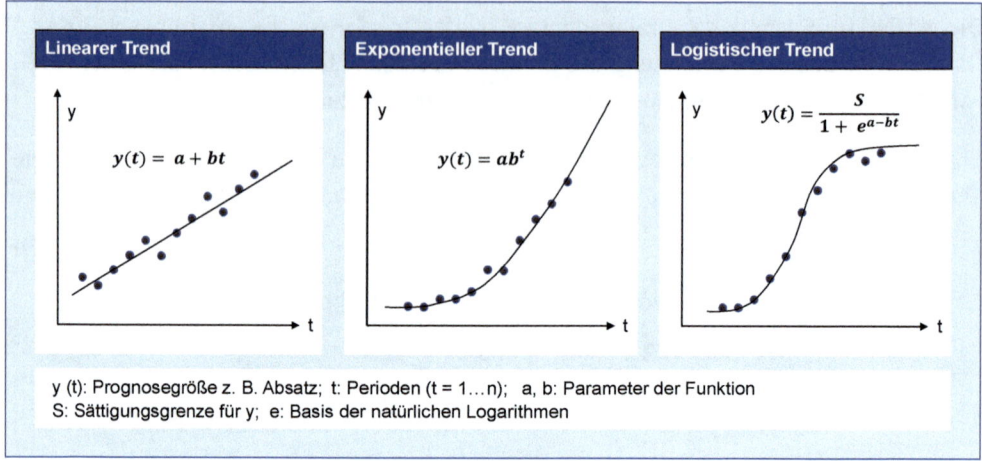

Abb. 3-08:   Funktionstypen der Trendextrapolation

Das methodische Kernproblem der Trendextrapolation liegt in der Wahl der „richtigen" Trendfunktion sowie darin, dass die einzelnen Verursachungs- bzw. Einflussfaktoren nicht isoliert analysiert werden. Insofern erscheint das Verfahren zur Prognose von diskontinuierlichen Entwicklungen, denen heute eine Schlüsselbedeutung zukommt (Bankenkrise, Eurokrise), nur bedingt geeignet [vgl. MACHARZINA/WOLF 2010, S. 843].

3.3.6 Regressionsanalyse

Die **Regressionsanalyse** ist das wichtigste Verfahren, um funktionale bzw. kausale Zusammenhänge auszudrücken. Je nachdem, ob die Prognose auf der Grundlage einer oder mehrerer Einflussgrößen erfolgt, sind *einfache* und *multiple Regressionsmodelle* zu unterscheiden. Ebenso wie bei der Zeitreihenanalyse wird auch bei der Regressionsanalyse von einer Extrapolierbarkeit der Vergangenheitswerte in die Zukunft ausgegangen.

Bei der *Einfachregression* wird unterstellt, dass das erste Merkmal (X) unabhängig und das zweite Merkmal (Y) vom ersten Merkmal abhängig ist. Diesen Zusammenhang beschreibt die *Regressionsfunktion*

$$y = f(x) \ .$$

Welches Merkmal unabhängig und welches abhängig ist, richtet sich nach der vermuteten Kausalität. In der Betriebswirtschaft ist die erklärte (abhängige) Variable Y sehr häufig eine Zielgröße (Gewinn, Umsatz), während die erklärende (unabhängige) Variable X eine Instrumentgröße (Preis, Werbeausgaben) ist (siehe Abbildung 3-09). Als Regressionsfunktion wird meist eine lineare Funktion gewählt, weil dies die einfachste Form der Abhängigkeit ist:

$$y = a + b\,x\,.$$

Eine solche Funktion hat allerdings nur approximativen Charakter, d.h. dass beim Einsetzen von tatsächlichen zweidimensionalen Beobachtungswerten

$$(x_t,\ y_t) \qquad (t = 1,2,\ \dots\ )$$

fast immer eine Abweichung u_t zwischen dem Beobachtungswert der abhängigen Variablen y_t und dem Funktionswert $f(x_t)$ auftritt. Unter Berücksichtigung dieser empirischen Abweichung lautet das lineare Regressionsmodell

$$y_t = a + b\,x_t + u_t \qquad (t = 1,2,\ \dots\ ).$$

Beispiel	Unabhängige Variable	Abhängige Variable
Umsatzentwicklung in Abhängigkeit von Werbemaßnahmen	▶ Werbebudget	▶ Umsatz
Anzahl Seminarteilnehmer in Abhängigkeit von Nachfassaktionen	▶ Anzahl Nachfassaktionen	▶ Anzahl Seminarteilnehmer
Umsatzentwicklung in Abhängigkeit vom Messebudget	▶ Messebudget	▶ Umsatz
Umsatzentwicklung in Abhängigkeit von der Conversion-Rate	▶ Conversion-Rate	▶ Umsatz

Abb. 3-09: Anwendungsbeispiele der Regressionsanalyse

Im Rahmen der Regressionsanalyse sind nunmehr zwei Fragen zu beantworten [vgl. WEWEL 2011, S. 102]:

- Wie können die beiden Regressionskoeffizienten *a* und *b*, die als Lageparameter den Verlauf der Geraden beschreiben, optimal passend zu den vorliegenden Beobachtungswerten bestimmt werden?

- Wie lässt sich die Aussagefähigkeit der ermittelten Regressionsfunktion und damit die Güte der aus ihr abgeleiteten Prognosen beurteilen?

Zur optimalen Anpassung der beiden Lageparameter *a* und *b* wird die *Methode der kleinsten Quadrate* angewandt, nach der die Summe der quadrierten Fehler minimiert wird. Im Streuungsdiagramm wird also diejenige Gerade gesucht, deren Summe der quadrierten senkrechten Abstände zu den einzelnen Beobachtungswerten am kleinsten ist. Für das lineare Regressionsmodell bedeutet das:

$$\sum_{t=1}^{n} u_t^2 = \sum_{t=1}^{n} (y_t - a - bx_t)^2 \rightarrow \min!$$

Nach einigen Umformungen erhält man folgende Werte für die beiden Regressionsparameter:

$$a = \bar{y} - b\,\bar{x} \quad \text{und} \quad b = \frac{\sum_{t=1}^{n} x_t\, y_t - n\bar{x}\bar{y}}{\sum_{t=1}^{n} x_t^2 - n\bar{x}^2}$$

Die Schätzformel für b, die den Anstieg der Regressionsgeraden angibt, zeigt folgenden Zusammenhang zur Korrelation der Merkmale X und Y:

- Steigende Regressionsgerade   ↔   positive Korrelation
- Fallende Regressionsgerade   ↔   negative Korrelation
- Horizontale Regressionsgerade   ↔   keine Korrelation

Derartige Regressionsgeraden können allerdings nur dann zu Prognosezwecken verwendet werden, wenn der Funktionsverlauf aus den Daten richtig spezifiziert werden kann und die zukünftigen Werte der unabhängigen Variablen zeitnah für die Prognose ermittelt werden können bzw. vorliegen. Außerdem zeigt sich immer wieder, dass sich die abhängigen und unabhängigen Variablen in der Unternehmenspraxis gegenseitig beeinflussen. So ist einerseits der Umsatz von der Höhe der Werbeausgaben abhängig; andererseits richten viele Unternehmen ihre Werbeetats nach dem erzielten Umsatz aus. Ein ähnlicher doppelseitiger Zusammenhang besteht auch zwischen dem Unternehmensgewinn und den F&E-Aufwendungen.

Können solche Wirkungsbeziehungen nicht mit der Regressionsanalyse gelöst werden, müssen sie in einem Simulationsmodell formuliert und programmiert werden. *Mehrgleichungsmodelle* sind Bestandteil weiterführender **ökonometrischer Verfahren**. Der Erfolg von Mehrgleichungsmodellen zu Prognosezwecken ist allerdings wie bei allen ökonometrischen Verfahren in erster Linie von der Güte der Schätzung der unabhängigen (nicht durch das Modell bestimmten) Variablen abhängig, so dass sich das Prognoseproblem lediglich auf eine frühere Stufe vorverlagert, nicht jedoch prinzipiell gelöst wird. So gesehen scheinen Prognosen auf der Grundlage von Befragungen aufgrund ihrer Offenheit gegenüber einem breiten Spektrum von unterschiedlichen Informationen am ehesten geeignet, strategisch relevante Veränderungen frühzeitig zu erkennen [vgl. MACHARZINA/WOLF 2010, S. 841; BEA/ HAAS 2005, S. 286].

4. Tools zur Analyse und Zielsetzung

Ein Großteil der in der Akquisitionsphase vorgestellten Tools und Techniken wird – wie immer wieder betont – regelmäßig auch in der Analysephase eingesetzt. Nahezu ausschließlich in der Analyse und Zielsetzung werden dagegen die Tools zur Umwelt-, Wettbewerbs- und Unternehmensanalyse sowie die Tools zur Zielformulierung verwendet.

4.1 Tools zur Umwelt-, Wettbewerbs- und Unternehmensanalyse

Die Tools zur Umwelt-, Wettbewerbs- und Unternehmensanalyse zählen zu den beliebtesten und bekanntesten Managementwerkzeugen. Ziel dieser Werkzeuge ist es, Verbesserungspotenziale zu identifizieren. Hierzu werden im Folgenden mit

- der Umfeldanalyse (DESTEP),
- der SWOT/TOWS-Analyse,
- der Ressourcenanalyse,
- dem Konzept der Kritischen Erfolgsfaktoren,
- dem 7-S-Modell,
- dem Five-Forces-Modell,
- der Analyse der Kompetenzposition,
- der Stakeholderanalyse,
- dem Business Process Reengineering
- der Wertkettenanalyse und
- dem Benchmarking

Konzepte vorgestellt, die sich durch Benutzerfreundlichkeit und einen recht hohen Anwendungsnutzen auf dem Gebiet der Situationsanalyse eines Unternehmens auszeichnen.

4.1.1 Umfeldanalyse (DESTEP)

Um eine marktorientierte Unternehmensplanung im Rahmen einer effektiven Unternehmensstrategie entwickeln und umsetzen zu können, muss das Management bzw. die Unternehmensberatung zunächst den dynamischen Kontext verstehen, in welchem das Unternehmen agiert, und die wichtigsten Einflussfaktoren dieser Umgebung identifizieren. In den allermeisten Fällen fließen die Ergebnisse der Umfeldanalyse in die SWOT-Analyse (siehe 4.1.2) ein.

https://doi.org/10.1515/9783110696226-005

Die externen Einflussfaktoren, also das Makro-Umfeld des Unternehmens, lassen sich nach dem **DESTEP-Prinzip** in sechs Einflussgruppen unterteilen [vgl. RUNIA et al. 2011]. DESTEP ist ein englisches Akronym für:

- Einflüsse der **demografischen** Umwelt (engl. *Demographic environment*)
- Einflüsse der **makro-ökonomischen** Umwelt (engl. *Economic environment*)
- Einflüsse der **sozio-kulturellen** Umwelt (engl. *Social-cultural environment*)
- Einflüsse der **technologischen** Umwelt (engl. *Technological environment*)
- Einflüsse der **ökologischen** Umwelt (engl. *Ecological environment*)
- Einflüsse der **politisch-rechtlichen** Umwelt (engl. *Political environment).*

Gebräuchlich ist aber auch das Akronym **PESTLE** (manchmal auch **PESTEL**), das für nahezu die gleichen Inhalte bzw. Abkürzungen lediglich eine andere Reihenfolge verwendet. Der einzige Unterschied besteht darin, dass bei der PESTLE-Systematik die *demografische Umwelt* der *sozio-kulturellen Umwelt* zugeordnet wird und die *politisch-rechtlichen Faktoren* in zwei Einflussbereiche aufgeteilt werden.

(1) Demografische Einflüsse

Das Wachstum der Weltbevölkerung, die **Alterung und Schrumpfung der Bevölkerung** im Westen, **wachsende Migrationsströme** und demografische Verwerfungen kennzeichnen wichtige demografische Einflüsse. Von Bedeutung sind aber auch die Aufweichung der traditionellen Geschlechterrollen, die zunehmend wichtigere Rolle von Frauen im Erwerbsleben sowie die Aufwertung sozialer und kommunikativer Kompetenzen. Für das Familien- und Erwerbsleben gleichermaßen spielen die **Work-Life-Balance** sowie neue Familien- und Lebensformen eine immer größere Rolle**Makro-ökonomische Einflüsse**

In diesem Umweltbereich wird betrachtet, welche Einflussfaktoren auf das Angebots- und Nachfrageverhalten der Güter- und Kapitalmärkte einer Volkswirtschaft wirken. Besonders wichtig sind jene Faktoren, die zur **Verschärfung der Wettbewerbssituation**, d. h. zum Wandel der Konkurrenzverhältnisse im internationalen und globalen Kontext führen. Hierzu zählt insbesondere die Innovation als zentraler Wachstumstreiber und Wettbewerbsfaktor. Veränderungen der Absatz- und Beschaffungsmärkte und spezifische Branchentendenzen (z.B. Wachstumsrate einer Branche), Einkommensverteilung, Geldvermögen, Sparquote, Inflationsrate, Arbeitslosenquote, Zinsniveau und Kaufkraftentwicklung sind weitere makro-ökonomische Einflussfaktoren.

(2) Sozio-kulturelle Einflüsse

Die sozio-kulturellen Einflussfaktoren befassen sich mit Trends, die die Werte und Normen von Gesellschaften beeinflussen. Von besonderem Einfluss sind **soziale und kulturelle Disparitäten**. Diese kommen in der zunehmenden Polarisierung zwischen Arm und Reich und in der Konkurrenz und Hybridisierung von Wertesystemen zum Ausdruck. Hinzu kommt, dass sich prekäre Lebensverhältnisse zum Massenphänomen entwickeln. Unter den sozio-kulturellen Einflüssen spielen die **Umgestaltung der Gesundheitssysteme** und die zunehmende **Urbanisierung** eine wichtige Rolle.

(3) Technologische Einflüsse

Die technologische Entwicklung ist sicherlich der Einflussfaktor, der unser Umfeld am stärksten formt und gestaltet. Zu den technischen Innovationen, welche die Rahmenbedingungen für unsere Unternehmen besonders prägen, zählen die neuen Kommunikationsmittel, die sich auf Inhalt und Umfang der Kundenbeziehungen auswirken. Im Mittelpunkt stehen dabei die enormen Potenziale, die das Internet den Unternehmen und ihren Kunden bietet. Aber auch neue Produktionsverfahren, die gravierende Änderungen im Leistungserstellungsprozess mit sich bringen, sowie vor allem Produkt- und Dienstleistungsinnovationen wirken sich auf den Einsatz des Management-Instrumentariums aus. Ein Großteil der heute alltäglichen Produkte war vor wenigen Jahrzehnten noch gänzlich unbekannt: Flachbildschirme, Personal Computer, MP3-Player, Digitalkameras, Mobiltelefone und vieles andere mehr. Aktuell finden entscheidende technische Fortschritte auf mindestens vier zentralen Gebieten parallel statt, deren Kombination die Wirtschaft wahrscheinlich tiefer und schneller verändert als die bisher beobachteten industriellen Revolutionen: Das Internet der Dinge, Roboter, künstliche Intelligenz (KI) und 3D-Druck. Im Hintergrund kommen noch Big Data und die Umstellung auf das Cloud-Computing hinzu, das als Infrastrukturtechnik oft als Basis für die **Digitalisierung** der Wirtschaft dient.

(4) Ökologische Einflüsse

In Verbindung mit den Umbrüchen bei **Energie und Ressourcen** sowie **Klimawandel und Umweltbelastung** haben in diesem Einflussbereich folgende Trends eine besondere Bedeutung für jede Unternehmensführung:

– Wachsender Energie- und Ressourcenverbrauch
– Verknappung der natürlichen Ressourcen
– Einsatz erneuerbarer Energien
– Neue Antriebstechnologien im Automobilbereich
– Zunehmende Umweltverschmutzung in Verbindung mit steigenden CO_2-Emissionen und Temperaturen
– Engpässe in der Ernährungsversorgung in Ländern der Dritten Welt
– Umweltpolitische Interventionen staatlicher Institutionen
– Strategien zur Minderung und Anpassung an den Klimawandel.

Besondere Relevanz kommt der **Entwicklung alternativer Energiequellen** wie Wind- und Solarenergie bzw. der Schaffung energieeffizienter Technologien zu.

(5) Politisch-rechtliche Einflüsse

Die neue politische Weltordnung ist gekennzeichnet durch den Aufstieg Chinas und Indiens zu wirtschaftlichen Weltmächten und durch eine Krise der westlichen Demokratien. Die Rede ist bereits von Globalisierung 2.0 mit einer Verlagerung der ökonomischen Machtzentren, einer volatilen Ökonomie und einer entfesselten Finanzwelt mit globalisierten Kapitalströmen. Damit ist zugleich auch die globale Risikogesellschaft angesprochen, die durch asymmetrische Konflikte, Zunahme von Naturkatastrophen und global organisierte Verbrechen und Cyberkriminalität gekennzeichnet ist. Mit einer wachsenden Störanfälligkeit technischer und sozialer Infrastrukturen geht auch der Ruf nach verstärkter Kontrolle einher. In Deutschland existiert eine Vielzahl von Gesetzen, die das Wettbewerbsverhalten, die Produktstandards, den Urheber- und Markenschutz aber auch den Verbraucherschutz regeln und damit von erheblicher Bedeutung für die Unternehmen sind. Die Liberalisierung des europäischen Strommarkts und die Deregulierung des Telekommunikationsmarktes sind Beispiele für politisch-rechtliche Einflüsse, die vielen Unternehmen neue Chancen und Perspektiven eröffnet haben. Aber auch kommunalpolitische Rahmenbedingungen und die spezifische(n) Standortsituation(en) des Unternehmens, die durch die (jeweilige) regionale Infrastruktur bestimmt wird (werden), zählen zu den politisch-rechtlichen Einflussfaktoren.

4.1.2 SWOT/TOWS-Analyse

Eines der bekanntesten Hilfsmittel für eine solche Systematisierung ist die **SWOT-Analyse**. Hier werden in einem ersten Schritt Stärken (engl. *Strengths*) und Schwächen (engl. *Weeknesses*), die in der Unternehmensanalyse identifiziert wurden, gegenübergestellt und eine Stärken-Schwächen-Analyse erstellt. Stärken machen ein Unternehmen wettbewerbsfähiger. Dazu zählen die besonderen Ressourcen, Fähigkeiten und Potenziale, die erforderlich sind, um strategische Ziele zu erreichen. Schwächen sind dagegen Beschränkungen, Fehler oder Defizite, die das Unternehmen vom Erreichen der strategischen Ziele abhalten. Dieser Teil der SWOT-Analyse, der sich aus einer kritischen Betrachtung des *Mikro*-Umfeldes ergibt, ist gegenwartsbezogen.

Der zweite Schritt der SWOT-Analyse bezieht sich auf das *Makro*-Umfeld des Unternehmens. Er ist in die Zukunft gerichtet und stellt die identifizierten Chancen und Möglichkeiten (engl. *Opportunities*) den Risiken bzw. Bedrohungen (engl. *Threats*) gegenüber (Chancen-Risiken-Analyse). Möglichkeiten bzw. Chancen sind alle vorteilhaften Situationen und Trends im Umfeld eines Unternehmens, die die Nachfrage nach bestimmten Produkten oder Leistungen unterstützen. Bedrohungen bzw. Risiken sind dagegen die ungünstigen Situationen und Trends, die sich negativ auf die weitere Entwicklung des Unternehmens auswirken können. Das Ergebnis dieser beiden Analysen ist ein möglichst vollständiges und objektives Bild der Ausgangssituation (Wo stehen wir?).

Die SWOT-Analyse ist eines der ältesten Tools für die Strategieentwicklung. Sie stellt eine gute Übersicht und Zusammenfassung der Ausgangssituation sicher. Das SWOT-Tool bietet allerdings keine konkreten Antworten, sondern stellt lediglich Informationen zusammen, um darauf aufbauend Strategien zu entwickeln. Darüber hinaus sind positive Nebeneffekte bei der Durchführung der SWOT-Analyse – wie Kommunikation und Zusammenarbeit – mindestens ebenso wichtig wie die erzielten Ergebnisse [vgl. ANDLER 2008, S.178].

Abbildung 4-01 zeigt das Grundmodell der SWOT-Analyse mit beispielhaften Stärken, Schwächen, Chancen und Risiken.

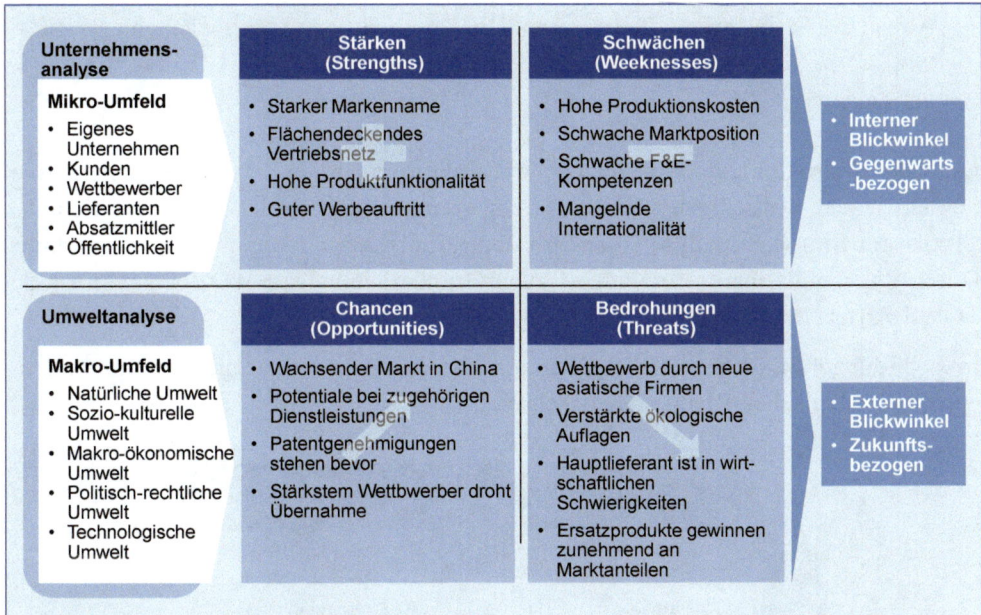

Abb. 4-01:   Das Grundmodell der SWOT-Analyse

Während die SWOT-Analyse rein deskriptiver Natur ist, wird mit der **TOWS-Analyse** die Entwicklung strategischer Stoßrichtungen angestrebt. Die TOWS-Analyse kann somit als Weiterentwicklung der SWOT-Analyse angesehen werden. Sie zeigt, wie die unternehmensinternen Stärken und Schwächen mit den externen Bedrohungen und Chancen kombiniert werden können, um daraus vier grundsätzliche Optionen zu entwickeln:

- **SO-Strategien** basieren auf den vorhandenen Stärken eines Unternehmens und zielen darauf ab, die Chancen, die sich im Unternehmensumfeld bieten, zu nutzen.

- **ST-Strategien** basieren ebenfalls auf den vorhandenen Stärken. Sie haben aber das Ziel, diese Stärken zu nutzen, um drohende Risiken abzuwenden oder doch mindestens zu minimieren.

- **WO-Strategien** sollen interne Schwächen beseitigen, um die bestehenden Chancen nutzen zu können. Auf diese Weise sollen die betreffenden Schwächen in Stärken transformiert werden, um dann mittelfristig eine SO-Position zu erlangen.

- **WT-Strategien** haben schließlich das Ziel, die Gefahren im Umfeld durch einen Abbau der Schwächen zu reduzieren. Die Kombination aus Schwächen und Risiken ist zweifellos für ein Unternehmen die gefährlichste Konstellation, die es zu vermeiden gilt.

Die TOWS-Struktur kann hilfreich bei der Strukturierung und Entwicklung alternativer Strategien sein. Daher ist der TOWS-Ansatz vom Einsatzbereich her gesehen nicht den „Tools der Situationsanalyse", sondern den „Tools zur Strategiewahl" zuzurechnen. Durch die unmittelbare Verbindung zum Grundmodell der SWOT-Analyse ist der TOWS-Ansatz bereits an dieser Stelle aufgeführt.

In Abbildung 4-02 ist das TOWS-Diagramm wiedergegeben, das die vier Kombinationen und strategischen Richtungen beschreibt.

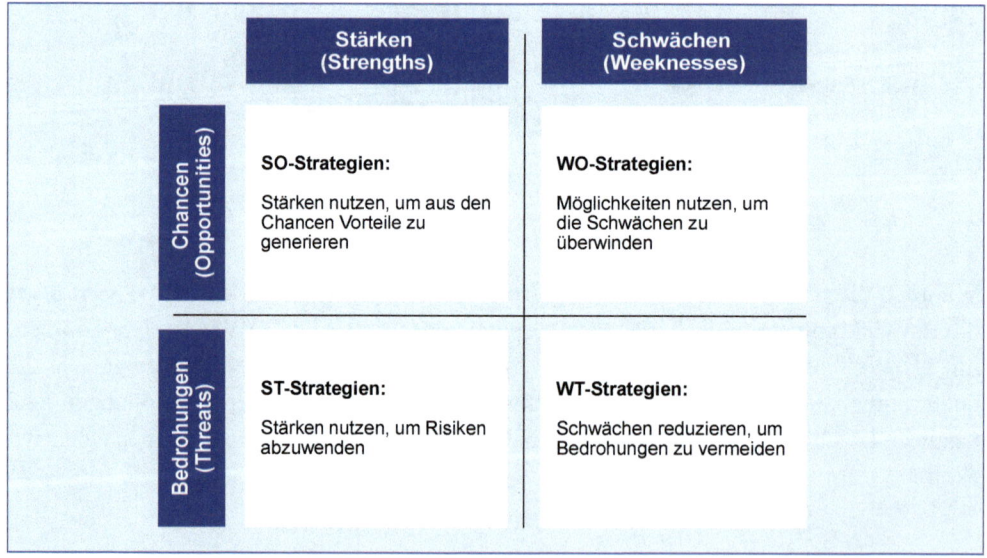

Abb. 4-02:   TOWS-Diagramm

4.1.3 Ressourcenanalyse

Die Ressourcenanalyse ist quasi der „kleine Bruder" der SWOT-Analyse, denn im Mittelpunkt steht die Erstellung eines **Stärken-Schwächen-Profils**, das ja auch Teil der SWOT-Analyse ist. Im Gegensatz zur SWOT-Analyse befasst sich die Ressourcenanalyse aber ausschließlich mit den unternehmensspezifischen Stärken und Schwächen (und nicht mit den Chancen und Risiken), die denen der stärksten Wettbewerber gegenübergestellt werden. Dieses Wissen über die eigenen Fähigkeiten und Grenzen, ggf. differenziert nach Unternehmensbereichen oder nach Produktgruppen, legt Verbesserungspotentiale offen und kann gezielt zu Lösungsansätzen herangezogen werden [vgl. KERTH et al. 2011, S. 110 f.].

Die **Ressourcenanalyse** besteht im Kern aus einem Profilvergleich, bei dem ausgewählte Erfolgsfaktoren (Fähigkeiten und Ressourcen) des eigenen Unternehmens in Relation zu den wichtigsten Wettbewerbern bewertet werden. Durch die Einschätzung der erhobenen Merkmale durch den Befragten entsteht ein **Stärken-Schwächen-Profil**, das die Potentiale und den Verbesserungsbedarf des Unternehmens abbildet. Diese Analyse ist nicht nur für den Marketing-Bereich relevant. Auch für den Personalbereich, die Organisation oder für die Produktion kann die Analyse wichtige Hinweise geben. Eine Ressourcenanalyse kann sowohl von den eigenen Mitarbeitern verschiedener Verantwortungsbereiche als auch von Außenstehenden (Kunden, Berater) durchgeführt werden.

In Abbildung 4-03 ist ein fiktives Stärken-Schwächen-Profil abgebildet, wobei die Kriterienbereiche *Unternehmen* (allgemein), *Markt/Marketing*, *Produktion*, *Vertrieb*, *Finanzen* sowie *Management* und *Personal* des eigenen Unternehmens mit den zwei stärksten Wettbewerbern verglichen werden. Wichtig dabei ist, dass die einzelnen Kriterien von den Befragten in gleicher Weise interpretiert werden.

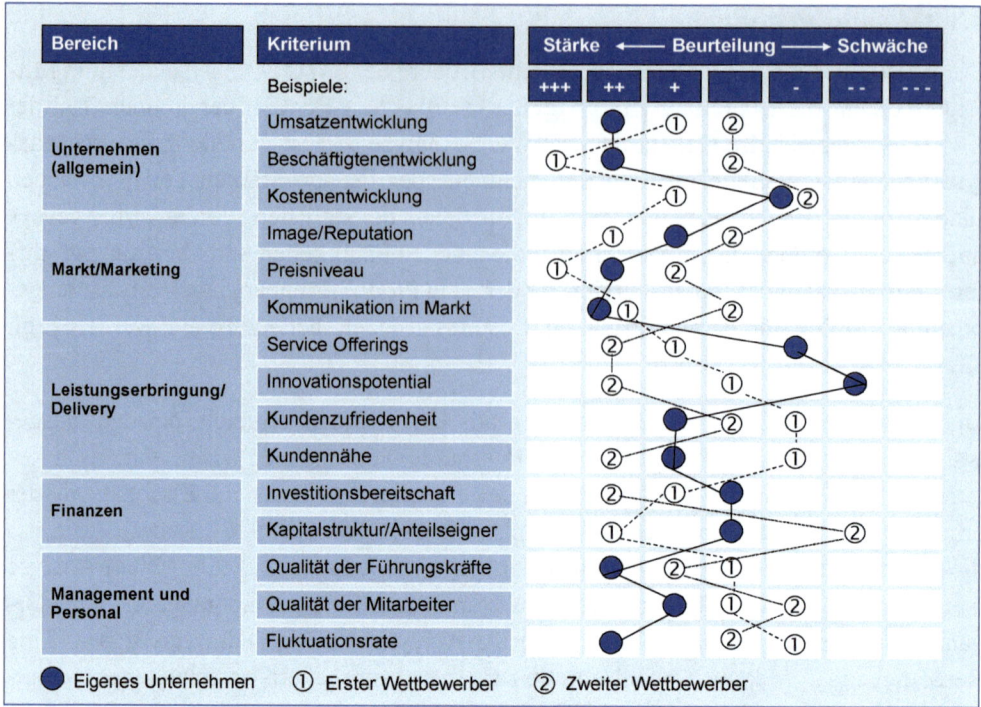

Abb. 4-03:   Fiktives Stärken-Schwächen-Profil

4.1.4 Kritische Erfolgsfaktoren

Die Analyse der kritischen Erfolgsfaktoren ähnelt der Ressourcenanalyse sehr stark. Während die Ressourcenanalyse im Prinzip alle Bereiche und Teilbereiche mit ihren Ressourcen und Möglichkeiten untersucht und dann in einem Stärken-Schwächen-Profil ausgewählten Wettbewerbern gegenüberstellt, konzentriert sich das Tool der kritischen Erfolgsfaktoren lediglich auf ausgewählte Ressourcen. Dabei handelt es sich vornehmlich um solche Faktoren, die auch wirklich kritisch bzw. entscheidend für den Erfolg eines Unternehmens sind.

Typische Beispiele von kritischen Erfolgsfaktoren sind [vgl. ANDLER 2008, S. 175]:

– **Management** (Führungsstil, Motivation, digitale Kompetenz etc.)
– **Marketing** (Markenstärke, Corporate Identity, Reputation etc.)
– **Technologie** (Zugriff bzw. Zugang zu Technologien, wichtige Patente etc.)
– **Personal** (Talentmanagement, Personalentwicklung, Mitarbeiterbindung, Empowerment etc.)
– **Produkte/Dienstleistungen** (Breite und Tiefe des Angebots, Funktionalität, Integration, Marktanteil etc.)

- **Herstellung** (Qualität nach ISO 9000, Zuverlässigkeit, Stabilität der Prozesse, Lieferzeiten etc.)
- **Finanzen** (Finanzielle Stärke, Investitionsbereitschaft, Rechtsform etc.)

Entscheidend ist dann letztlich, dass sich der eine oder andere dieser Erfolgsfaktoren zu einem wirklichen USP (engl. *Unique Selling Proposition*) ausbauen lässt.

4.1.5 7-S-Modell

Das vom Beratungsunternehmen MCKINSEY entwickelte 7-S-Modell (*"Seven-S-Framework"*) liefert eine Übersicht über die Zusammenhänge und Abhängigkeiten von sieben Faktoren, die den Unternehmenskontext beschreiben. Die drei *harten* Faktoren **Strategy**, **Structure** und **Systems** bilden das Erfolgskonzept, das ein Unternehmen von anderen unterscheidet. Diese Erfolgsfaktoren sind in der Regel greifbar und in Form von Strategiepapieren, Plänen, Dokumentationen, Organigrammen etc. konkret (quasi als „Hardware") dargelegt. Hinzu kommen vier *weiche* Faktoren **Style**, **Skills**, **Staff** und **Shared Values** (quasi als „Software"), die man bislang als nicht beeinflussbare, irrationale, intuitive oder informelle Elemente der Organisation abgetan hatte. Dennoch haben diese Faktoren mindestens genau so viel mit dem Erfolg (oder Misserfolg) des Unternehmens zu tun wie die formalen Strukturen und Strategien, denn sie verkörpern das interne Führungskonzept. Sie unterstützen die harten Erfolgsfaktoren, sind aber materiell weniger greifbar und schwieriger zu beschreiben. Alle Faktoren sind miteinander vernetzt, wobei effektiv arbeitende Unternehmen eine ausgeglichene Balance zwischen diesen sieben Elementen aufweisen [vgl. PETERS/WATERMAN 1984, S. 30 ff.9].

Abbildung 4-04 veranschaulicht die sieben Faktoren des 7-S-Modells grafisch.

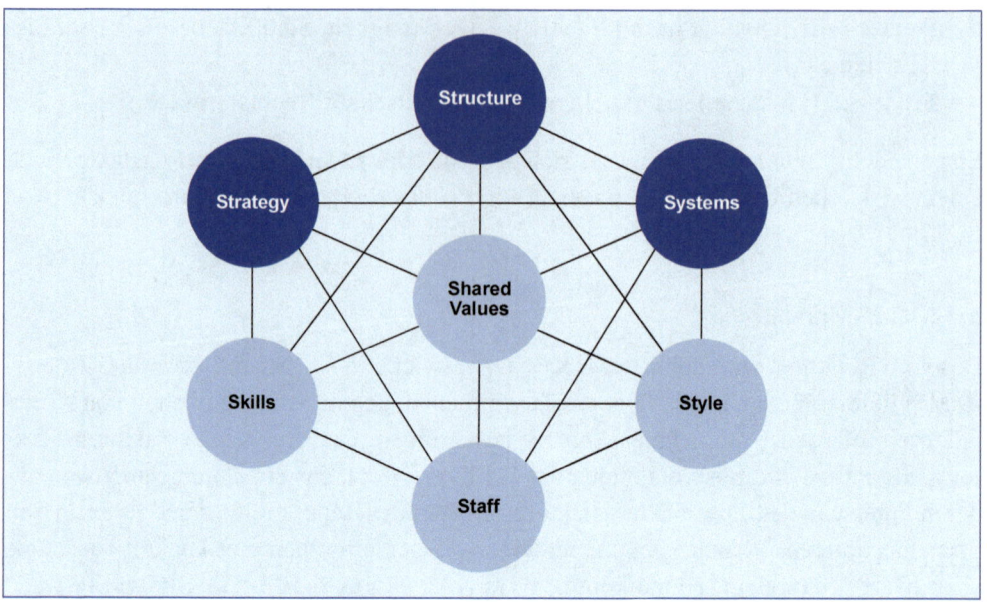

Abb. 4-04:   Faktoren des 7-S-Modells

Zum besseren Verständnis sollen die 7 S einzeln erläutert werden [vgl. KERTH et al. 2011, S. 65]:

- **Strategie** (engl. *Strategy*) beschreibt die Ziele und Handlungsweisen zur Sicherung des langfristigen Unternehmenserfolgs.

- **Struktur** (engl. *Structure*) umfasst die vorliegende Aufbauorganisation und Koordination aller sachlich-hierarchischen Zusammenhänge des Unternehmens.

- **Prozesse** (engl. *Systems*) sind die primären und unterstützenden Prozesse zur Umsetzung der Strategien in den gegebenen Strukturen (IT-Steuerungssysteme, Abwicklungsprozesse, Controlling, Routinen etc.).

- **Führungsstil** (engl. *Style*) umfasst die Maßstäbe, nach denen das Management Prioritäten setzt und arbeitet. Dazu zählen die Verhaltensweisen der Führungskräfte ebenso wie die Kultur des Unternehmens.

- **Mitarbeiter** (engl. *Staff*) sind die Menschen im Unternehmen mit ihren individuellen Fähigkeiten und Fertigkeiten.

- **Spezialkenntnisse** (engl. *Skills*) sind die besonderen Fähigkeiten des Unternehmens selbst, unabhängig von den Einzelpersonen, also das, was das Unternehmen am besten kann – seine Kernkompetenzen.

- **Selbstverständnis** (engl. *Shared Values*) bezieht sich auf die Kernüberzeugungen und grundlegenden Ideen sowie die gemeinsamen Werte der Organisation und beinhaltet damit den Existenzgrund und die Vision des Unternehmens.

Nachdem die Inhalte der harten und weichen Faktoren analysiert worden sind, müssen in einem zweiten Schritt die Beziehungen und Abhängigkeiten zwischen den Faktoren ermittelt werden. Hierzu ist es hilfreich, die Faktoren in Form einer Matrix abzubilden und die Beziehungen und Konflikte in jeder Kombination zu benennen. Die Beziehungs-matrix soll Aufschluss darüber geben, inwieweit die vorhandenen Fähigkeiten und Werte zur tatsächlich angestrebten Strategie passen [vgl. KERTH et al. 2011, S. 67].

4.1.6 Five-Forces-Modell

Ein weiterer Ansatz zur Systematisierung der Situationsanalyse ist das Five-Forces-Mo-dell von MICHAEL E. PORTER. Dieses Konzept der **Branchenstrukturanalyse** stellt fol-gende fünf Wettbewerbskräfte (engl. *Five Forces*) als zentrale Einflussgrößen auf die Rentabilität einer Branche in den Mittelpunkt der Analyse [vgl. PORTER 1995, S. 25 ff]:

- Verhandlungsmacht der Kunden
- Verhandlungsmacht der Lieferanten
- Rivalität der Wettbewerber untereinander
- Bedrohung durch künftige Anbieter
- Bedrohung durch Substitutionsprodukte.

Die **Verhandlungsstärke der Abnehmer** wirkt sich direkt auf die Rentabilität einer Branche aus. Dies gilt vor allem dann, wenn die Konzentration auf dem Absatzmarkt besonders hoch ist und die Produkte nur wenig differenziert und damit leicht austausch-bar sind. Ein Beispiel dafür ist der Preisdruck von großen Handelsunternehmen/Han-delsketten, den diese aufgrund ihrer starken Verhandlungsposition auf Konsumgüter-hersteller ausüben.

Je stärker die **Verhandlungsmacht der Lieferanten** auf einem Markt ausfällt, desto geringer ist der Gewinnspielraum auf der Abnehmerseite. Eine starke Verhandlungs-macht ist immer dann zu erwarten, wenn eine relativ geringe Anzahl von Lieferanten in einem bestimmten Marktsegment einer großen Anzahl von Abnehmern gegenübersteht. Ein Beispiel hierfür ist der Verhandlungsdruck der Anbieter klassischer Markenartikel auf den Facheinzelhandel, für den die betreffenden Inputgüter von hoher Bedeutung sind und eine Substitution durch Ersatzprodukte nur bedingt möglich ist.

Die **Rivalität der Wettbewerber** untereinander wird vor allem beeinflusst durch die Anzahl der Marktteilnehmer, durch die Marktgröße und durch die Stellung der Branche im Lebenszyklus. So ist eine hohe Wettbewerbsintensität vor allem dann zu erwarten, wenn

- die in der Branche vorhandenen Kapazitäten nicht ausgelastet sind,
- sich die Produkte bzw. Dienstleistungen nicht stark differenzieren,

– ein Anbieterwechsel ohne große Umstellungskosten vorgenommen werden kann
   und

– hohe Marktaustrittsbarrieren bestehen, die dazu führen, dass unrentable Kapazitäten
   im Markt verbleiben [vgl. FINK 2009a, S. 178 f.].

Die **Bedrohung durch neue Anbieter** hat dann Einfluss auf die Rentabilität einer Branche, wenn potentielle Anbieter auch tatsächlich in den Markt eintreten. Denn mit stei-
gender Anzahl der Wettbewerber sinkt der durchschnittliche Anteil eines Anbieters am
Branchenumsatz bzw. Branchengewinn. Für den Zugang neuer Anbieter spielen die
Markteintrittsbarrieren eine wichtige Rolle. Diese sind umso höher, je stärker die Käu-
ferloyalität, je ausgeprägter die Produktdifferenzierung, je schwieriger der Zugang zu
bestehenden Distributionssystemen und je höher die Umstellungskosten auf der Abnehmerseite sind. Ein aktuelles Beispiel für das Bedrohungspotenzial neuer Anbieter ist der
zunehmende Drang der Hardwarehersteller in das IT-Beratungsgeschäft.

Die **Bedrohung durch Substitutionsprodukte** oder durch neue Technologien ist umso
größer, je besser das Preis-/Leistungsverhältnis gegenüber den brancheneigenen Produkten ausfällt. Ähnlich wie bei den Markteintrittsbarrieren ist auch hier zu untersuchen, wie gut sich die Branche oder einzelne Unternehmen gegen Ersatzprodukte zur
Wehr setzen können. Die Bedrohung der Handys durch Smartphones ist das derzeit wohl
markanteste Beispiel für diese Wettbewerbskraft. Andere Beispiele sind Kunststoff vs.
Glas, Kontaktlinsen vs. Brillen, digitale vs. analoge Technologien.

Abbildung 4-05 stellt die fünf Triebkräfte des Branchenwettbewerbs im Zusammenhang
dar.

Ist die entsprechende Einschätzung für alle fünf Triebkräfte durchgeführt, kann es im
nächsten Schritt darum gehen, den Einfluss der fünf Marktkräfte besser zu kontrollieren
und ggf. zu reduzieren. Dabei geht es im Einzelnen um Maßnahmen

– zur Minderung der Verhandlungsmacht der Abnehmer (z. B. durch Etablierung von
   Partnerschaften mit den Käufern, Erhöhung der Anreiz- und Bonussysteme, Einsatz
   von Supply Chain Management),

– zur Einschränkung der Verhandlungsmacht der Lieferanten (z. B. durch Bildung
   von Allianzen, Verwendung von Supply Chain Management, Vorwärtsintegration
   (Aufkauf eines Lieferanten)),

– zur Eindämmung der Wettbewerbsrivalität (z. B. durch Vermeiden von Preiskämp-
   fen, Aufkauf von Wettbewerbern, Neuorientierung auf andere Marktsegmente),

– zur Minderung der Gefahr durch Neueinsteiger (z. B. durch Patente und Schutz des
   geistigen Eigentums, Allianzen mit Lieferanten und Vertriebspartnern, Schaffung
   einer starken Marke),

– zur Vermeidung der Gefahr durch Substitute (z. B. durch Wahrung der Produkt- und Urheberrechte (Warenzeichen), Allianzen oder direkte Kooperation mit dem Substitute-Hersteller) [vgl. ANDLER 2008, S. 191 f.].

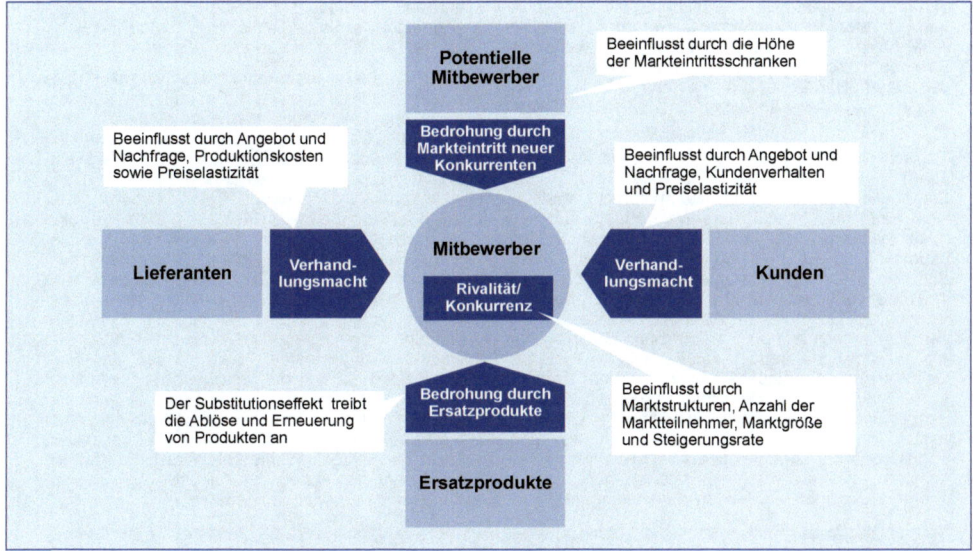

Abb. 4-05: Das Five-Forces-Modell von PORTER

PORTERS Branchenstrukturanalyse ist eine veritable Methode zur Einschätzung der Attraktivität und des Wettbewerbs in einer Branche. Sie ist ein sehr guter Startpunkt, um ein besseres Verständnis und einen Einblick in wichtige Trends und Triebkräfte einer Branche zu erhalten. Trotzdem werden PORTERS Five Forces aus den verschiedensten Gründen kritisch diskutiert (siehe hierzu Abbildung 4-06).

Sind PORTERS Five Forces noch gültig?

von *Dagmar Recklies*

Innerhalb des letzten Jahrzehnts und beeinflusst durch die sich entwickelnde Internet-Ökonomie wurden PORTERS Ideen zunehmend in Frage gestellt. Die Kritik führt dabei an, dass sich die wirtschaftlichen Rahmenbedingungen inzwischen grundlegend geändert haben. Der Siegeszug des Internet und der vielfältigen E-Business-Anwendungen haben die Dynamik nahezu aller Branchen stark beeinflusst.

Tatsächlich stellen PORTERS Theorien auf die in den 80ern vorherrschende wirtschaftliche Situation ab. Diese war gekennzeichnet durch starken Wettbewerb, zyklische Konjunkturentwicklungen und ein relativ stabiles Marktumfeld. PORTERS Modelle stellen hauptsächlich auf eine Betrachtung der aktuellen Situation (Kunden, Lieferanten, Wettbewerber etc.) sowie auf vorhersehbare Entwicklungen (neue Marktteilnehmer, Substitute) ab. Wettbewerbsvorteile ergeben sich danach aus einer dauerhaften Stärkung der eigenen Position innerhalb des Fünf-Kräfte-Systems. Damit können die Modelle nicht auf extrem dynamische Entwicklungen oder Transformationsprozesse ganzer Branchen eingehen. Tatsächlich sind in den letzten Jahren mit der Digitalisierung, Globalisierung und Deregulierung neue Triebkräfte zur Wirkung gekommen, die von PORTERS Theorien nur unzureichend einbezogen werden. In dem heutigen Markt-

geschehen, das sehr stark von dem rasanten Fortschritt der Informationstechnologie geprägt ist, kann eine erfolgreiche Strategie nicht mehr allein auf Basis von PORTERS Modellen entwickelt werden.

Wenn man aus alledem jedoch schlussfolgert, dass PORTERS Modelle heute zur Strategiefindung nicht mehr geeignet sind, muss man auch bedenken, dass eine Strategie nie nur auf einigen ausgewählten Managementmodellen basieren sollte. Strategieentwicklung muss stets auf einer sorgfältigen Analyse aller internen und externen Faktoren sowie ihrer möglichen Veränderungen aufbauen. Dies ist keine neue Erkenntnis. Außerdem hat das Umschlagen der Dot-com-Euphorie in zahlreiche Crashs schmerzhaft gezeigt, dass die wirtschaftlichen Grundgesetze auch für die New Economy bzw. die Informationsökonomie gelten. Genau darin liegt die dauerhafte Bedeutung von PORTERS Modellen. PORTER ist Wirtschaftswissenschaftler. Sein Modell der Fünf Kräfte basiert letztlich auf den Gesetzen der Mikroökonomie, die es anschaulicher und allgemeiner darstellt. PORTER spricht von der Attraktivität einer Branche, die durch die fünf Triebkräfte beeinflusst wird; in der Mikroökonomie beeinflusst die Konstellation bzw. Ausprägung der Faktoren die Gewinnmaximierung bzw. Monopolgewinne.

PORTERS 5 Wettbewerbskräfte	Teilgebiete der Mikroökonomie
Verhandlungsstärke der Lieferanten	Angebots- und Nachfragetheorie; Produktions- und Kostentheorie; Preiselastizität
Verhandlungsstärke der Kunden	Angebots- und Nachfragetheorie; Konsumverhalten; Preiselastizität
Konkurrenz zwischen vorhandenen Wettbewerbern	Marktstrukturen; Anzahl der Marktteilnehmer; Marktgröße und Wachstumsraten
Bedrohung durch Ersatzprodukte	Substitutionsgesetz; Substitutionseffekte
Bedrohung durch neue Wettbewerber	Markteintrittsbarrieren

Illustration am Rande:

In einer Vorlesung, an der die Autorin teilnahm, gab der Professor seine ganz persönliche Beurteilung zu PORTERS Modellen zum Besten:

„Porters Fünf Kräfte Modell ist banal. Das ist nichts als Mikroökonomie. Der Mann hat sich ein paar Jahre in einer Bibliothek eingeschlossen und ein paar Un-

ternehmen analysiert und hat es dann geschafft, die ganze Mikroökonomie in einem einzigen völlig simplen Modell zusammenzufassen. Deshalb sind nun alle anderen Wirtschaftswissenschaftler sauer auf ihn – weil sie sich ärgern, dass ihnen selbst so etwas Offensichtliches nicht eingefallen ist."

[Quelle: RECKLIES 2001, verkürzt]

Abb. 4-06: Sind Porters Five Forces noch gültig?

Ein wichtiger Kritikpunkt besteht darin, dass es sich lediglich um eine Momentaufnahme der untersuchten Wettbewerbskräfte handelt, dynamische Veränderungen jedoch nicht zum Tragen kommen. Dieser Dynamik wird aber mit der Verbindung zu **Lebenszyklusmodellen** Rechnung getragen. Solche Modelle gehen auf der Grundlage von empirischen Untersuchungen davon aus, dass eine Branche – ebenso wie Produkte – im Zeitablauf verschiedene Phasen durchläuft, in denen sich der Gesamtumsatz – wie im oberen Teil der Abbildung 4-07 gezeigt – entwickelt. Es ist ersichtlich, dass sich die einzelnen Phasen – Einführung, Wachstum, Reife und Rückgang – durch unterschiedliche Wachstumsraten charakterisieren lassen. Befindet sich nun eine Branche in einer Wachstumsphase, in der die Umsätze stark ansteigen, ist es für ein Unternehmen bspw. möglich, in den betreffenden Markt einzudringen, ohne dass sich der Umsatz seiner relevanten Wettbewerber reduzieren muss. In einer reifen oder alternden Branche wird meistens mit wesentlich „härteren Bandagen" um das verbleibende Umsatzpotenzial konkurriert.

Verbindet man das Lebenszykluskonzept mit den Five Forces, so lässt sich die Dynamik der Branchenstruktur wie in Abbildung 4-07 dargestellt beschreiben.

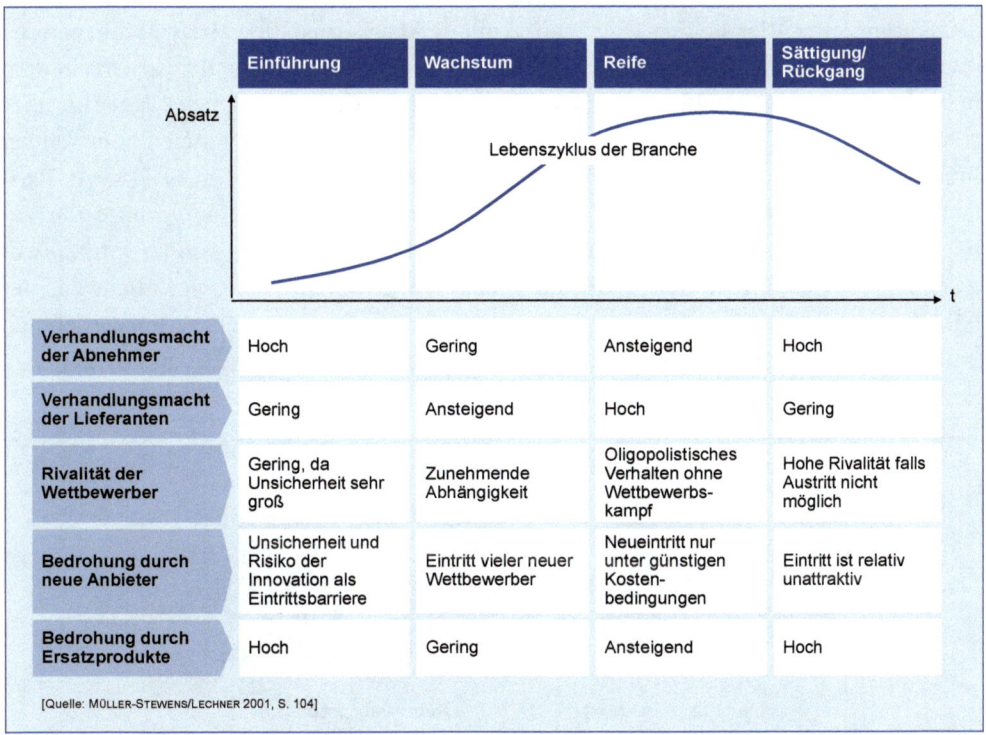

Abb. 4-07:   Verbindung der Five Forces mit dem Lebenszykluskonzept

Das Konzept des Branchenlebenszyklus wird in der wissenschaftlichen Literatur ebenso kritisch diskutiert wie PORTERS Five Forces. Zwar ist unstrittig, dass Branchen – ebenso wie Produkte oder Dienstleistungen – einen Lebenszyklus durchlaufen, allerdings ist es nahezu unmöglich, die Lebenszyklusphase zu bestimmen, in der sich eine Branche oder ein Geschäftsfeld gerade befindet. Das ist darauf zurückzuführen, dass sich nähere Erkenntnisse über den konkreten Verlauf der Lebenszykluskurve in aller Regel erst rückblickend gewinnen lassen. Eine fundierte Prognose im Hinblick auf die Verweildauer einer Branche oder eines Geschäftsfeldes in den einzelnen Zyklusphasen ist im Vornhinein kaum möglich [vgl. FINK 2009a, S. 180].

4.1.7 Analyse der Kompetenzposition

Will sich ein Unternehmen in einem neuen Geschäftsfeld engagieren, so muss es prüfen, ob die entsprechend erforderlichen Kompetenzen bereits im Unternehmen vollumfänglich vorhanden sind oder ob diese durch Akquisitionen, Fusionen oder Partnerschaften ergänzt werden müssen.

Zur Analyse der Kompetenzposition eines Unternehmens bietet sich die in Abbildung 4-08 dargestellte Vier-Felder-Matrix an. Auf der Abszisse ist die **relative Kompetenzstärke** eines Unternehmens im Vergleich zu seinen relevanten Wettbewerbern in dem betrachteten Geschäftsfeld erfasst. Das damit angeführte Kriterium der **Kernkompetenz** (engl. *Core Competences*) besagt, dass die entsprechende Kompetenz nur schwer imitierbar und vor dem Zugriff durch Wettbewerber geschützt sein muss. HAMAL/PRAHALAD definieren Kernkompetenz als *„the collective learning in the organization, especially how to coordinate diverse production skills and integrate multiple streams of technology"*. Sie führen weiter aus, dass sich Wettbewerbsvorteile vor allem aus der Fähigkeit ergeben, solche Kombinationsprozesse schneller und preiswerter vornehmen und damit Kernkompetenzen besser als andere Unternehmen bündeln zu können [vgl. HAMAL/PRAHALAD 1990, S. 79 ff.].

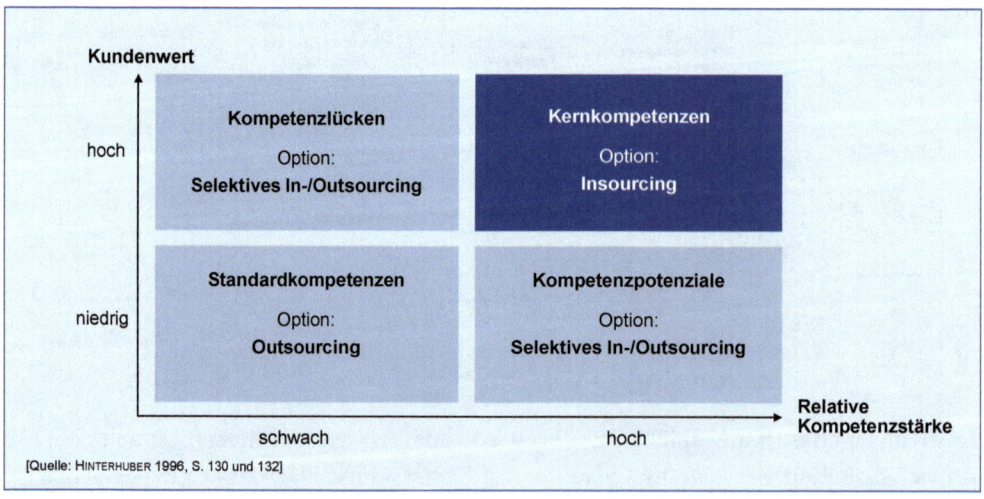

Abb. 4-08:   Portfolio der Kompetenzen und Handlungsoptionen

Auf der Ordinate ist der **Kundenwert** einer Kompetenz abgetragen. Damit wird dem Umstand Rechnung getragen, dass der Nutzen einer Kernkompetenz von den Kunden durchaus unterschiedlich wahrgenommen wird. Als Grundlage für die Bestimmung des

Kundenwertes dienen Umwelt- und Unternehmensanalysen, aus denen die externen Erfolgsfaktoren des Wettbewerbs in dem betrachteten Geschäftsfeld hervorgehen (z. B. ein attraktiver Preis). Auf der Grundlage der relativen Kompetenzstärke einerseits und des Kundenwertes der betrachteten Kompetenzen anderseits lassen sich die vier in Abbildung 4-09 dargestellten Kompetenzkategorien ableiten [vgl. FINK 2009a, S. 181 ff. und HINTERHUBER 1996, S. 130 f.]:

- **Standardkompetenzen** sind Kompetenzen mit geringem Kundenwert und einer schwachen Kompetenzsituation. Sie besitzen aus Sicht des Marktes keine große Bedeutung und werden von den Wettbewerbern mindestens genauso gut wie das analysierte Unternehmen beherrscht. Gleichwohl dienen Standardkompetenzen zur Aufrechterhaltung des normalen Geschäftsbetriebes.

- **Kompetenzlücken** sind Kompetenzen, bei denen das analysierte Unternehmen eine vergleichsweise schwache Position besitzt, die jedoch eine hohe Bedeutung im Markt haben.

- **Kompetenzpotenziale** sind Kompetenzen, bei denen das Unternehmen leistungsfähiger als seine Wettbewerber eingestuft wird, denen der Markt jedoch (noch) eine geringere Bedeutung beimisst. Die geringe Marktrelevanz kann aber auch darauf zurückgeführt werden, dass es sich um Kompetenzen handelt, die in der Vergangenheit für den Markterfolg des analysierten Unternehmens maßgebend waren, deren Bedeutung sich aber durch Marktverschiebungen, die vom Unternehmen nicht mit vollzogen wurden, im Zeitablauf verringert haben.

- **Kernkompetenzen** sind schließlich jene Kompetenzen, die das betrachtete Unternehmen besser beherrscht als seine Wettbewerber und die am Markt von großer Bedeutung sind.

Diese Systematik gibt nicht nur Anhaltspunkte darüber, ob ein Unternehmen die erforderlichen Kompetenzen besitzt, um in einem bestimmten Geschäftsfeld erfolgreich zu konkurrieren, sondern es können auch Entscheidungen darüber abgeleitet werden, ob vorhandene Kompetenzen ausgelagert oder fehlende Kompetenzen ergänzt werden sollen. So müssen bspw. Optionen untersucht werden, ob Kompetenzlücken aus eigener Kraft geschlossen werden können oder ob hierzu Akquisitionen oder Partnerschaften erforderlich (*Insourcing*) sind. Ebenso muss geprüft werden, ob vorhandene, aber nicht wettbewerbsrelevante Kompetenzen von außen bezogen werden können. Häufig können solche Standardkompetenzen zu attraktiven Kosten von spezialisierten Partnerunternehmen eingekauft werden (Outsourcing). Auf diese Weise lassen sich dann interne Kapazitäten für die wettbewerbsrelevanten Kernkompetenzen freisetzen [vgl. FINK 2009a, S. 183 f.].

4.1.8 Stakeholderanalyse

Stakeholder sind Personen oder Personengruppen, die Interessen oder Ansprüche gegenüber einem Unternehmen haben (z. B. Aktionäre (Shareholder), staatliche Stellen, Arbeitnehmer, Gewerkschaften, Verbände, Kunden, Lieferanten). Solche **Anspruchsgruppen** können Einfluss auf Entscheidungen im Unternehmen nehmen und im Gegenzug Ressourcen zur Zielerreichung und Strategieumsetzung bereitstellen.

Die **Stakeholderanalyse** zielt darauf ab, diese Interessengruppen zu identifizieren und deutlich zu machen, gegenüber welchen Stakeholdern das Unternehmen positioniert werden sollte und worauf das Management dabei achten muss. Das Instrument ermöglicht es, konsequent eine Außenperspektive einzunehmen und dadurch zu Beginn von Strategiefindungsprozessen einer gewissen Betriebsblindheit vorzubeugen. Besonders bei sensiblen Projekten (z. B. Integrations- oder Veränderungsprojekte) wird die Stakeholderanalyse eingesetzt, um die beteiligten und betroffenen Gruppen angemessen einzubeziehen [vgl. KERTH et al. 2011, S. 148 f.].

Um zu bestimmen, welche Stakeholder von besonderer Bedeutung für ein Unternehmen sind, ist auf deren Ansprüche und Beiträge abzustellen. Dabei bietet sich eine Einteilung in interne und externe Anspruchsgruppen an.

Abbildung 4-09 zeigt eine allgemeine Übersicht, die als Grundlage für eine unternehmensspezifische Stakeholderanalyse herangezogen werden kann.

Stakeholder		Beitrag für das Unternehmen	Anspruch an das Unternehmen	Sorge/Risiko gegenüber dem Unternehmen
Interne Anspruchsgruppen	Eigenkapitalgeber (Shareholder)	Eigenkapital	Einkommen, Gewinn	Wertverlust
	Management	Kompetenz, Leistung, Engagement	Gehalt, Tantieme	Arbeitsplatzverlust
	Mitarbeiter	Arbeitskraft	Soziale Sicherheit	Arbeitsplatzverlust
	Fremdkapitalgeber	Fremdkapital	Zinsen	Schuldnerausfall
Externe Anspruchsgruppen	Lieferanten	Termingerechte Lieferung, gute Qualität	Einkommen, Gewinn	Forderungsausfall
	Kunden	Kauf, Markentreue, Referenz	Gute Produkte, günstiges Preis-Leistungsverhältnis	Überteuerter Preis, schlechte Qualität
	Staat, Politik	Infrastruktur, Rechtssicherheit	Steuern, Sozialleistungen sichere Arbeitsplätze	Regelverstöße
	Gesellschaft	Akzeptanz, Image	Unterstützung (Stichwort: CSR)	Abwälzung Kosten

[Quelle: in Anlehnung an ULRICH/FLURI 1995, S. 79]

Abb. 4-09:   Beiträge und Ansprüche der Stakeholder

4.1.9 Business Process Reengineering

Die prozessorientierte Perspektive hat über das **Business Process Reengineering** von HAMMER/CHAMPY Eingang in die moderne Managementlehre gefunden. Die Prozessidee besteht darin, gedanklich einen 90-Grad-Shift der Organisation vorzunehmen (siehe Abbildung 4-10). Durch den Wechsel der Perspektive dominieren bei der Prozessorganisation nicht mehr die Abteilungen die Abläufe, sondern der Fokus liegt auf Vorgangsketten bzw. Prozessen, die auf den Kunden ausgerichtet sind.

Ein Prozess ist eine Struktur, deren Aufgaben durch logische Folgebeziehungen miteinander verknüpft sind. Jeder Prozess wird durch einen Input initiiert und führt zu einem Output, der einen Wert für den Kunden schafft. Innerhalb des Prozesses werden Vorgaben (= Input) in Ergebnisse (= Output) umgewandelt. Geschäftsprozesse betrachten die einzelnen Funktionen in Unternehmen also nicht isoliert, sondern als wertsteigernde Abfolge von Funktionen und Aufgaben, die über mehrere organisatorische Einheiten verteilt sein können [vgl. SCHMELZER/SESSELMANN 2006].

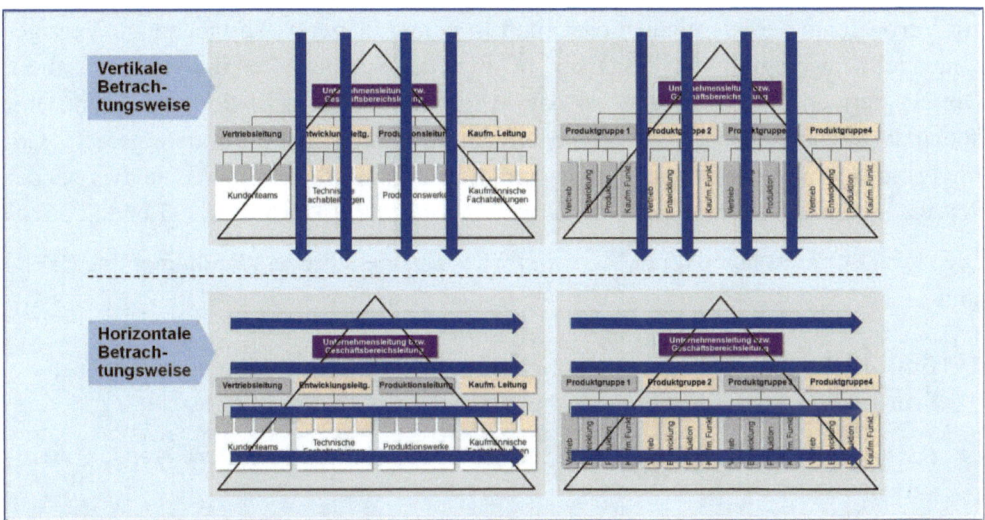

Abb. 4-10:   Der 90-Grad-Shift

Prozesse wiederum bilden eine Folge von Prozessen im Unternehmen und werden durch Anforderungen des Kunden für den Kunden umgesetzt. Unter Kunden sind dabei sowohl externe als auch interne Kunden zu verstehen. Jeder Prozess liefert Ergebnisse, mit denen der anschließende Prozess weiterarbeitet. Das Verhältnis zwischen aufeinander folgenden Prozessen ist eine Kunde-Lieferant-Beziehung. Mit dem letzten Prozess der Prozesskette erfolgt die Erstellung der betrieblichen Leistung für den Kunden. Die Prozesskette ist linear und Teil der betrieblichen Wertschöpfungskette. Die Durchführung von Prozessschritten wird durch Informationen gesteuert. Die Verbesserung der Prozesse wird heutzutage durch betriebswirtschaftliche Software vorgenommen.

Jedem Prozess kommen damit drei verschiedene Rollen zu:

- Der betrachtete Prozess ist **Kunde** von Materialien und Informationen eines vorausgehenden Prozesses.

- Der betrachtete Prozess ist **Verarbeiter** der erhaltenen Leistungen.

- Der betrachtete Prozess übernimmt die Rolle eines **Lieferanten** gemäß den Anforderungen des nachfolgenden Prozesses und gibt die erstellten Ergebnisse weiter.

Bei der prozessorientierten Organisation eines Unternehmens wird versucht, Prozessziele und die hieraus resultierenden Ergebnisse in den Vordergrund zu stellen. Diese sind im Regelfall nicht deckungsgleich, wenn man sie mit den Abteilungs- bzw. Bereichszielen und -ergebnissen der klassischen Organisation vergleicht.

Der zunehmende Zwang zur Dezentralisierung im Hinblick auf Markt- und Kundennähe, zur Umgestaltung der Produktpalette, zur Reduktion des Verwaltungsaufwands, zur Verflachung der Hierarchien u. ä. führt in immer kürzeren Abständen zur Verlagerung oder zum Wegfall von Aufgaben und zu neuen Schnittstellen in der Organisation. Diesem permanenten Wandel wird das herkömmliche Organisationsverständnis mit hochgradig zentralistischen und arbeitsteiligen Strukturen aber nicht mehr gerecht. Gefragt sind also weniger stör- und krisenanfällige Organisationsformen, wie dies bei der Prozessorganisation der Fall ist [vgl. DOPPLER/ LAUTERBURG 2005, S. 37 und S. 55].

Die **vier Grundaussagen** (engl. *Essentials*) des Business Process Reengineering (BPR) sind:

- Business Process Reengineering orientiert sich an den entscheidenden **Geschäftsprozessen**.

- Die Geschäftsprozesse müssen auf die **Kunden** (interne und externe Kunden) ausgerichtet sein.

- Das Unternehmen muss sich auf seine **Kernkompetenzen** konzentrieren.

- Die Möglichkeiten der aktuellen **Informationstechnologie** zur Prozessunterstützung müssen intensiv genutzt werden.

Business Process Reengineering bedeutet fundamentales Umdenken und radikales Neugestalten von Geschäftsprozessen, um **dramatische Verbesserungen** bei bedeutenden Kennzahlen wie Kosten, Qualität, Service und Durchlaufzeit zu erreichen. Beim Business Process Reengineering geht es nicht um marginale Veränderungen, sondern um **Quantensprünge**. Verbesserungen von 50 Prozent und mehr sind gefordert. Das bedeutet nicht nur die Abkehr vom funktionalen Denken, sondern **neue Management- und Teamkulturen** sind erforderlich [vgl. HAMMER/CHAMPY 1994, S. 12 und S. 113 f.].

Lag in der Vergangenheit das Hauptaugenmerk des Managements auf leicht quantifizierbaren und vor allem finanziellen Elementen, so bietet die Prozessanalyse eine Plattform für einen ganzheitlichen und integrativen Ansatz, der sich auch als **Transformation** bezeichnen lässt. Transformation ist die Neugestaltung der „genetischen Struktur" eines Unternehmens. Dabei gibt es kein Patentrezept. Jede Transformation erfordert einen spezifischen Weg, einen individuellen Transformationspfad. Das bedeutet, dass unterschiedliche Unternehmensbereiche auch unterschiedlich stark von Veränderungen betroffen sind [vgl. SCHNIEDER 2004, S. 233 ff.].

Business Process Reengineering befasst sich mit den Arbeitsabläufen und versucht diese aus Sicht des Geschäftes, d. h. aus Kundensicht zu optimieren. Business Process Reengineering soll helfen, die traditionelle funktionsorientierte Organisationsentwicklung zu überwinden. Es beschränkt sich nicht nur auf die Arbeitsabläufe in den klassischen betrieblichen Funktionsbereichen, sondern es beschäftigt sich intensiv mit den Kundenbedürfnissen. Demzufolge werden die Prozesse an den Anforderungen der (externen und internen) Kunden ausgerichtet und nicht an den Anforderungen der Organisation [vgl. GADATSCH 2008, S. 12].

Kundenorientierung ist also die zentrale Leitlinie des Geschäftsprozessmanagements. Je besser und effizienter ein Unternehmen seine Geschäftsprozesse beherrscht und die Kundenanforderungen erfüllt, umso wettbewerbsfähiger wird es sein. Beispiele für die wichtigsten Geschäftsprozesse eines Industrieunternehmens liefert Abbildung 4-11. Die dort aufgeführten Geschäftsprozesse haben jeweils einen Bezug zum Kunden. Prozesse in Unternehmen müssen schnell, kundenorientiert und qualitativ hochwertig ablaufen. Die „Entschlackung" eines häufig als hinderlich (weil zu teuer) empfundenen Verwaltungsapparates (engl. *Overhead*) steht daher oftmals ganz oben auf der Liste des Handlungsbedarfs.

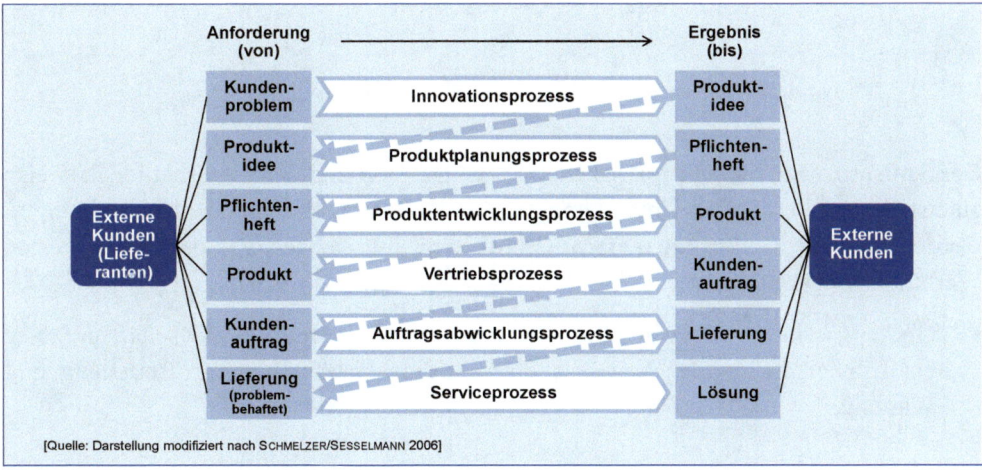

Abb. 4-11: Geschäftsprozesse in Industrieunternehmen mit Serienprodukten

Amerikanische und deutsche Unternehmensberatungen trugen wesentlich dazu bei, das Prozessbewusstsein zu verbreiten. So hat fast jedes Beratungsunternehmen zwischenzeitlich seine eigenen Methoden und Techniken zur Prozessorganisation entwickelt. Es verwundert daher auch nicht, dass sich für ein und dieselbe Idee eine ganze Reihe **synonymer Begriffe** etabliert haben: *Business Process Redesign, Business Reengineering, Process Innovation, Core Process Redesign, Process Redesign* und *Business Engineering*.

Im Gegensatz zu dieser Begriffsvielfalt rund um das *Business Process Reengineering* gibt es aber noch weitere, teilweise ergänzende Ansätze, die sich im „magischen" Dreieck von Qualität, Zeit und Kosten mit etwas anderen Zielsetzungen bei der Prozessbetrachtung bewährt haben [siehe hierzu insbesondere die ausführliche Darstellung bei SCHMELZER/SESSELMANN 2006]. In Abbildung 4-12 sind einige Ansätze mit ihren zentralen Fragestellungen aufgeführt.

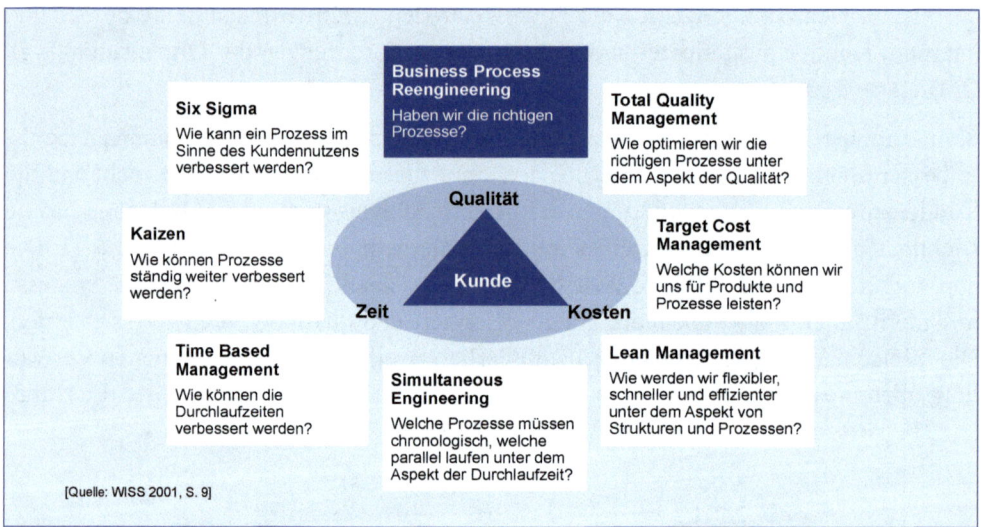

Abb. 4-12: Managementansätze (Auswahl) bei der Prozessgestaltung

Geschäftsprozesse, die zu Prozessketten verknüpft sind und deren Output idealerweise einen höheren Wert für das Unternehmen darstellt als der ursprünglich eingesetzte Input, werden als **Wertschöpfungsketten** (Wertketten) bezeichnet. Zu den bekanntesten Wertschöpfungsketten zählen:

- **CRM (Customer Relationship Management)** beschreibt die Geschäftsprozesse zur Kundengewinnung, Angebots- und Auftragserstellung sowie Betreuung und Wartung.

- **PLM (Product Lifecycle Management)** beschreibt die Geschäftsprozesse von der Produktportfolio-Planung über Produktplanung, Produktentwicklung und Produktpflege bis hin zum Produktauslauf sowie Individualentwicklungen.

- **SCM (Supply Chain Management)** beschreibt die Geschäftsprozesse vom Lieferantenmanagement über den Einkauf und alle Fertigungsstufen bis zur Lieferung an den Kunden ggf. mit Installation und Inbetriebnahme.

Wichtige Beiträge für die organisatorische Gestaltung der Geschäftsprozesse leisten prozessorientierte **ERP-Systeme** *(ERP = Enterprise Resource Planning)*. Das bekannteste ERP-System ist SAP R/3, das sowohl in Deutschland als auch international in diesem Anwendungsgebiet Marktführer ist.

4.1.10 Wertkettenanalyse

Die **Wertschöpfungskette** (Wertkette) eines Unternehmens umfasst die Wertschöpfungsaktivitäten in der Reihenfolge ihrer operativen Durchführung. Diese Tätigkeiten schaffen Werte, verbrauchen Ressourcen und sind in Prozessen miteinander verbunden.

Die in Abbildung 4-13 gezeigte Darstellung der Wertschöpfungskette geht auf PORTER [1986] zurück und unterscheidet *Primäraktivitäten* und *Sekundäraktivitäten*:

- **Primäraktivitäten** *(Kernprozesse)* sind Eingangslogistik, Produktion, Ausgangslogistik, Marketing und Vertrieb sowie Kundendienst.

- **Sekundäraktivitäten** *(Unterstützungsprozesse)* stellen Beschaffung, Forschung und Entwicklung (F&E), Personalmanagement und Infrastruktur dar.

Aus der Kostenstruktur und aus dem Differenzierungspotenzial aller Wertaktivitäten lassen sich bestehende und potenzielle Wettbewerbsvorteile eines Unternehmens ermitteln. Durch die „Zerlegung" eines Unternehmens in seine einzelnen Wertschöpfungsaktivitäten kann jede dieser Aktivitäten auf ihren aktuellen und ihren potenziellen Beitrag zur Wettbewerbsfähigkeit des Unternehmens hin durchleuchtet werden [vgl. PORTER 1986, S. 19].

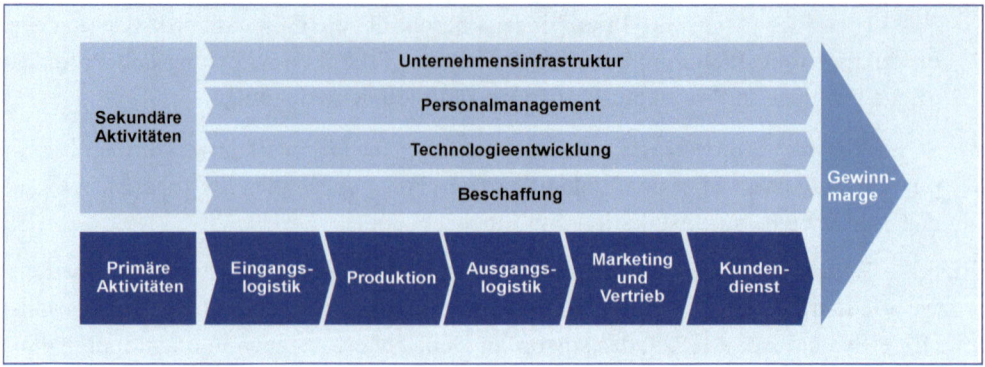

Abb. 4-13: Wertschöpfungskette für Industriebetriebe nach PORTER

Auch bei der Wertkettenanalyse geht es um eine Systematisierung der Ausgangssituation von Unternehmen mit dem Ziel, **Prozessoptimierungen** vorzunehmen. Sie untersucht alle kosten- und gewinntreibenden Prozesse und Teilprozesse und gibt Antwort auf die Frage: Wo entstehen welche Kosten und welcher Mehrwert wird dabei geschaffen? Die Wertkettenanalyse basiert auf der Annahme, dass jedes vorherige Glied (Aktivität) in der Wertkette einen Mehrwert bzw. eine Wertschöpfung für das nachfolgende Glied bietet. Wertschöpfung bezeichnet den Prozess des Schaffens von Mehrwert, der wiederum die Differenz zwischen dem Wert der Abgabeleistungen und der übernommenen Vorleistungen darstellt [vgl. MÜLLER-STEWENS/LECHNER 2001, S. 287].

(1) Konzeptionelle Grundlagen

Das Konzept der Wertkette (engl. *Value chain*) entspricht im Kern der traditionellen betrieblichen Funktionskette *Beschaffung – Produktion – Absatz*. Neu am Wertketten-Konzept ist jedoch der Grundgedanke, *„den Leistungsprozess zum Gegenstand strategischer Überlegungen zu machen und die Prozesse der Wertkette als Quellen für Kosten- oder Differenzierungsvorteile gegenüber Wettbewerbern zu betrachten"* [BEA/HAAS 2005, S. 113].

Entscheidend für das Unternehmen ist daher die Frage, ob die vorhandenen Ressourcen zielorientiert eingesetzt werden. Dies gilt einmal nach innen, d. h. hinsichtlich der Optimierung ihres Beitrags zur Wertschöpfung des Unternehmens und andererseits nach außen, d. h. in Bezug auf die Entwicklung und den Erhalt von relativen Wettbewerbsvorteilen und den damit verbundenen Nutzenpotenzialen. Die Idee der strategischen Kostenanalyse auf Wertkettenbasis gründet demzufolge auf der Tatsache, dass die einzelnen Wertaktivitäten einerseits Abnehmernutzen schaffen und andererseits Kosten verursachen. Als strategische Richtung von Wertschöpfungsmodellen kommen daher grundsätzlich Kostenminimierung oder Nutzen- bzw. Erlösmaximierung in Frage. Wird Kostenminimierung als Zielsetzung gewählt, werden im Rahmen der Wertkettenanalyse

Rationalisierungspotenziale gesucht und als Konsequenz Prozesse bzw. Wertschöpfungsstufen eliminiert. Ist die Wertkettenanalyse wiederum eher Nutzen- bzw. Erlöszielen verpflichtet, so werden insbesondere jene Aktivitäten verfolgt, die sich möglicherweise positiv auf das Erlöswachstum auswirken.

(2) Abgrenzung relevanter Aktivitäten

In der Praxis wird die Abgrenzung der einzelnen Wertaktivitäten von Unternehmen zu Unternehmen und von Geschäftseinheit zu Geschäftseinheit variieren. Das liegt daran, dass sich die Bestimmung einer Wertkette häufig als sehr aufwändig erweist, so dass bei einer standardisierten Analyse der Erkenntnisgewinn bisweilen in keiner Relation zum notwendigen Aufwand steht. Es müssen also vorab jene Aktivitäten/Prozesse ausgewählt werden, die einen großen Teil des Ressourceneinsatzes ausmachen und gleichzeitig bedeutende Beiträge zur Wertschöpfung und zur Sicherung der Wettbewerbsposition bringen. Bei dieser Abgrenzung sind folgende **Prinzipien** zu berücksichtigen [vgl. BEA/HAAS 2005, S. 113]:

- Abgrenzung von Aktivitäten nach Kostenantriebskräften (engl. *Cost drivers*)
- Fokussierung auf Aktivitäten mit nennenswertem Anteil an den Gesamtkosten
- Abgrenzung von Aktivitäten mit hohem Kostenwachstum
- Abgrenzung von Aktivitäten, bei denen der Wettbewerb überlegen ist.

In der Praxis reicht es häufig nicht aus, lediglich die unternehmenseigenen Wertketten mit den dahinterliegenden Ressourcen zu analysieren, um Wettbewerbsvorteile zu identifizieren. In einer hocharbeitsteiligen und komplexen Wirtschaft muss das Gesamtsystem gesehen werden, mit dem die eigenen Wertketten vernetzt sind. Innerhalb eines solchen **Wert(ketten)systems** (engl. *Value System*) gibt es eine Vielzahl an möglichen Leistungsbeziehungen. So ist es z. B. im Falle eines Mischkonzerns denkbar, dass einzelne Produktionsketten dieselben Vorleistungen beziehen und die daraus realisierbaren Verbundeffekte Wettbewerbsvorteile begründen.

(3) Konzeption von Wertschöpfungsmodellen

Um die Wertketten einer unternehmerischen Einheit konzeptionell zu erfassen und zu analysieren, bedarf es einer geeigneten Form der Darstellung. Man benötigt also ein Wertschöpfungsmodell, das aufzeigt, welcher Wert mit welchem Prozess geschaffen wird. Im Hinblick auf den Detaillierungs- und Vernetzungsgrad des Wertschöpfungsmodells bieten sich zwei Optionen an [vgl. MÜLLER-STEWENS/LECHNER 2001, S. 311.]:

- Einfache, im Regelfall lineare Modelle mit wenig Aktivitäten
- Modelle mit komplexen Strukturen, die den Netzwerkcharakter der einzelnen Prozesse betonen.

Welche der beiden Alternativen gewählt werden sollte, hängt in erster Linie von der spezifischen Situation des Unternehmens und seiner Wettbewerbslandschaft ab. Ein hoher Standardisierungsgrad der Leistung bzw. der dahinterliegenden Prozesse spricht eher für einfachere Strukturen. Komplexe Prozesse und eine hohe Wettbewerbsintensität verlangen dagegen nach einer Modellarchitektur, die Strukturen mit einem hohen Grad an Vernetzung zwischen den einzelnen Aktivitäten abbilden kann.

(4) Zuordnung von Kosten zu Aktivitäten.

Sobald das Prozessmodell, die Prozessschritte und Sequenzen für die Wertketten bestimmt sind, müssen jeder Aktivität als Kettenglied die vollen Kosten und andere angebrachte Leistungsindikatoren zugefügt werden. Dabei sind (Aktivitäts-) Einzelkosten wie Löhne und Betriebsmittel den entsprechenden Aktivitäten direkt zuzurechnen. (Aktivitäts-) Gemeinkosten wie Gehälter im Support-Bereich oder Anlagen sind anteilig jenen Aktivitäten zuzuordnen, die sie verursachen. Allerdings ist bei dieser Kostenzuordnung, die sowohl in absoluten Zahlen als auch in Prozentangaben erfolgen kann, keine rechnerische Präzision erforderlich [vgl. BEA/HAAS 2005, S. 325].

In Abbildung 4-14 ist ein fiktives Beispiel aus dem industriellen Bereich für die Zuordnung von Kosten zu einzelnen Teilprozessen in Form von Prozentangaben dargestellt.

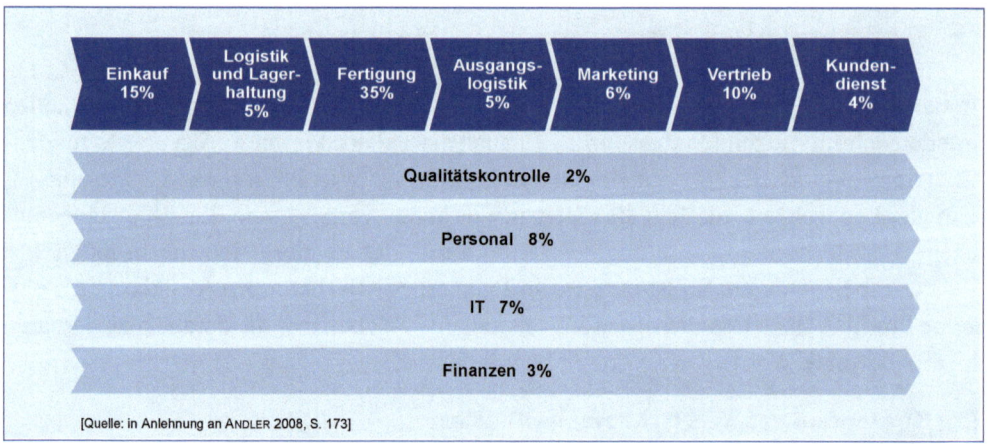

[Quelle: in Anlehnung an ANDLER 2008, S. 173]

Abb. 4-14: Beispiel für Kostenverteilung einer Wertschöpfungskette in der Industrie

Die Grenze zwischen den primären Aktivitäten (Kernaktivitäten) und den sekundären Aktivitäten (Supportaktivitäten) ist fließend und hängt hauptsächlich von der Branche und den jeweiligen Unternehmen ab. Eine Aktivität, die wettbewerbsrelevant oder einfach nur überlebenswichtig ist, wird generell als Kernaktivität bezeichnet. Hier wird die Abschätzung des Beitrags einzelner Ressourcen bzw. Ressourcenkombinationen zur gesamten Wertschöpfung des Unternehmens noch relativ einfach sein. Schwieriger ist die qualitative und quantitative Evaluierung von Ressourcen und Prozessen, die im Rahmen der Wertkette des Unternehmens unterstützende Aktivitäten darstellen und damit auf verschiedenen Stufen der Kette in unterschiedlichem Ausmaß wirken. Aber auch hier sollte das Zurechnungsproblem pragmatisch angegangen werden.

(5) Zuordnung von Nutzen zu Aktivitäten

Aktivitäten verursachen nicht nur Kosten, sie stiften in aller Regel auch Nutzen. Dessen Erfassung ist ebenso wichtig wie die der Kosten, da nicht selten Aktivitäten zur Diskussion stehen, deren Beibehaltung oder Eliminierung in Abhängigkeit vom Kosten-Nutzen-Verhältnis getroffen wird. Dieses Vorgehen ist allerdings bei den Support-Aktivitäten nur mit gewissen Einschränkungen möglich. Hier sollte man insbesondere beachten, dass es trotz des allgemein herrschenden Fabels der Berater für Kosteneinsparungen im „Overhead" ein Niveau gibt, unter dem weitere Kostensenkungsmaßnahmen nur noch Nachteile und negative Auswirkungen auf den Kundennutzen hat [vgl. ANDLER 2008, S. 172].

Um den Beitrag von Ressourcen bzw. Wertaktivitäten im Rahmen des Wertschöpfungsprozesses und damit die Effizienz von einzelnen Prozessen richtig einschätzen zu können, müssen Vergleiche herangezogen werden. In diesem Zusammenhang bedient man sich u.a. des Instruments des *Benchmarkings*, das Gegenstand des nächsten Abschnitts ist.

4.1.11 Benchmarking

Ein weiterer Ansatz zur Analyse und Verbesserung der Situation eines Unternehmens ist das **Benchmarking**. Diese Methode ist darauf gerichtet, durch systematische und kontinuierliche Vergleiche von Unternehmen oder Unternehmensteilen das jeweils beste als Referenz zur Produkt-, Leistungs- oder Prozessverbesserung herauszufinden. Die Benchmark-Durchführung beruht auf der Orientierung an den besten Vergleichsgrößen und Richtwerten („Benchmark" = Maßstab) einer vergleichbaren Gruppe. Als Vergleichsgruppen können das eigene Unternehmen, der eigene Konzern, der Wettbewerb oder sonstige Unternehmen herangezogen werden. Daraus lassen sich folgende vier **Benchmarking-Grundtypen**, die in Abbildung 4-15 dargestellt sind, ableiten [vgl. FAHRNI et al. 2002, S. 23 ff.]:

- **Internes** Benchmarking ("Best in Company")
- **Konzern**-Benchmarking ("Best in Group")
- **Konkurrenz**-Benchmarking ("Best in Competition")
- **Branchenübergreifendes** Benchmarking ("Best Practice").

Die Benchmarking-Methode entstand in den 70er Jahren bei RANK XEROX angesichts des zunehmenden Konkurrenzdrucks durch japanische Kopiergerätehersteller. Heute zählt das Benchmarking zu den beliebtesten Methoden der Unternehmensanalyse. Bei der Vorgehensweise sollten folgende Phasen eingehalten werden:

- Auswahl des Analyseobjekts (Produkt, Methode, Prozess)
- Nominierung des Benchmarking-Teams
- Auswahl des Vergleichsunternehmens
- Datengewinnung
- Feststellung der Leistungsdifferenzen und ihrer Ursachen
- Festlegung und Durchführung der Verbesserungsschritte.

Ein richtig durchgeführtes Benchmarking hilft, die eigenen Stärken und Schwächen besser einzuschätzen und von den besten Unternehmen zu lernen. Über das Benchmarking haben viele Unternehmen den kontinuierlichen Prozess der Verbesserung zu einem festen Bestandteil ihrer Unternehmenskultur gemacht. Durch die gewonnenen Informationen sind solche Unternehmen eher in der Lage, ihre Produkte, Leistungen und Prozesse zu optimieren und dadurch ihre Wettbewerbsposition zu verbessern. Allerdings ist es für viele Unternehmen häufig nicht ganz leicht, Benchmark-Daten in der gewünschten Form zu erhalten. Hier leistet das Beratungsunternehmen mit seinem Benchmark-Know-how (als Kernkompetenz) entsprechende Hilfestellung. Es ist den Strategieabteilungen der Kundenunternehmen (Inhouse Consulting) naturgemäß deutlich überlegen, weil es in aller Regel über eine Vielzahl von Benchmark-Zahlen aus den Branchen- und Funktionsbereichen seiner Kunden verfügt.

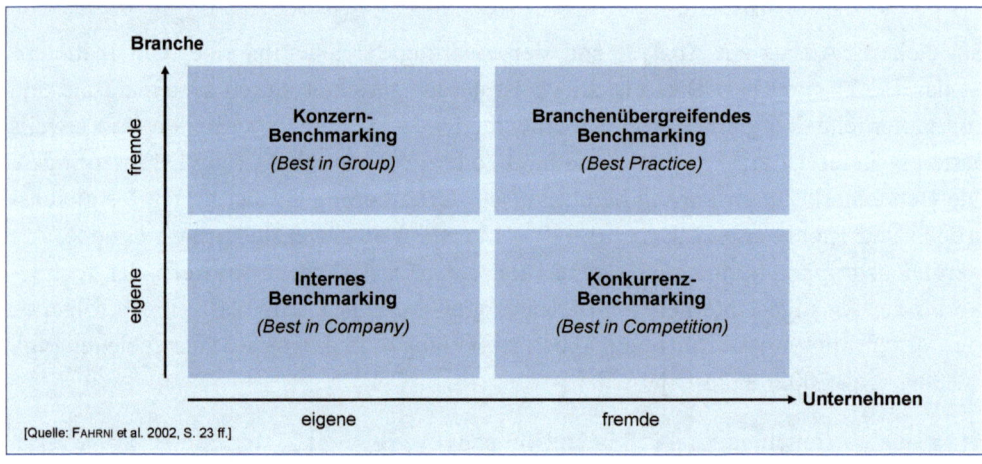

Abb. 4-15: Benchmarking-Grundtypen

Zur Überprüfung von strukturellen Effizienzen wird das Benchmarking sehr gerne auch im Personalsektor angewendet. Die Kennzahl, die am häufigsten hierfür im Personalbereich benutzt wird, ist die **Betreuungsquote**. Sie drückt die Anzahl von Mitarbeitern eines Unternehmens aus, die im Durchschnitt von einem Mitarbeiter aus dem Personalbereich (HR-Mitarbeiter) betreut werden. In Abbildung 4-16 ist ein entsprechendes Beispiel für ein branchenübergreifendes Benchmarking aus dem HR-Barometer von CAPGEMINI Consulting dargestellt.

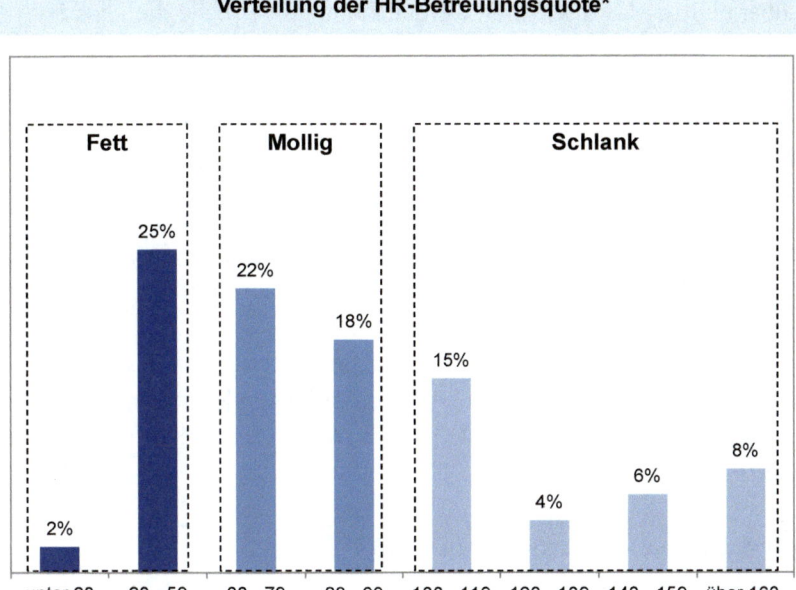

Verteilung der HR-Betreuungsquote*

| Fett | Mollig | Schlank |

unter 20: 2%
20 - 59: 25%
60 - 79: 22%
80 - 99: 18%
100 - 119: 15%
120 - 139: 4%
140 - 159: 6%
über 160: 8%

* Betreuungsquote = Anzahl aller Mitarbeiter/Anzahl HR-Mitarbeiter; n = 98

Im Rahmen des alle zwei Jahre von CAPGEMINI CONSULTING durchgeführten HR-Barometers ist die Ermittlung der Betreuungsquote ein fester Bestandteil. Im Fokus des HR-Barometers stehen mittelgroße, große und sehr große Unternehmen aus Deutschland, der Schweiz und Österreich. In ihrer Gesamtheit repräsentieren die befragten Unternehmen die gesamte Bandbreite der Wirtschaft. Bei 73 Prozent der Antworten wurde der Fragebogen vom „obersten Personaler" (Personalvorstand, Arbeitsdirektor, Personalleiter, Head Global HR, Head Corporate HR) selbst beantwortet.

Da die Betreuungsquote so etwas wie der „Body-Mass-Index" (BMI) der Personalwirtschaft ist, unterscheidet das HR-Barometer drei Cluster:

- „Fette" Personalbereiche: Betreuungsquoten von 59 und kleiner;
- „Mollige" Personalbereiche: Betreuungsquoten zwischen 60 („stark mollig") und 99 („leicht mollig");
- „Schlanke" Personalbereiche: Betreuungsquoten von 100 und größer.

Nach den Benchmark-Ergebnissen des HR-Barometers von 2011, an der 98 Unternehmen teilnahmen, gibt ein Drittel der teilnehmenden Unternehmen an, eine Betreuungsquote von 1:100 oder darüber zu

haben und damit in die Kategorie „schlank" zu fallen. Vor allem schlanke, gut durchdachte Prozesse, die durch IT unterstützt werden, gezieltes und sinnvolles Outsourcing sowie die Konzentration auf die wesentlichen HR-Themen helfen, ein solches Ziel zu erreichen.

Am anderen Ende der Skala hat mehr als ein Viertel der Unternehmen eine Betreuungsquote von eins zu unter 60 und ist damit der Kategorie „fett" zuzuordnen. Bei 6000 Mitarbeitern wären das über 100 HR-Mitarbeiter! Eine Zahl, die nicht so ohne weiteres zu erklären sein dürfte.

40 Prozent der befragten Unternehmen verfügen über einen „molligen" Personalbereich. Eine solche Betreuungsquote zwischen 1:60 und 1:100 ist sicherlich differenzierter zu sehen. In Unternehmen, die nicht outsourcen, in denen Personalthemen in hohem Maße erfolgskritisch sind, lässt sich für eine solche HR-Stärke im Personalbereich möglicherweise Rückhalt finden. Trotzdem gilt auch hier: Ein HR-Bereich, der seine eigene Personalstärke bzw. das Input-Output-Verhältnis stets kritisch hinterfragt, wird sich Handlungsspielräume erhalten und sich Akzeptanz sichern.
[Quelle: HR-Barometer 2011, S. 53 ff.]

Abb. 4-16: Benchmarking Betreuungsquote

4.2 Tools zur Zielformulierung

Ein *Problem* ist – wie in Abschnitt 4.1.3 beschrieben – die Lücke zwischen einem angestrebten Soll- und einem realisierten Ist-Zustand und übt bei einem Entscheider einen subjektiven Handlungsdruck aus. Während mit Hilfe der Analysetools in aller Regel Einigkeit über den *Ist-Zustand* erzielt werden kann, gibt es bezüglich des *Soll-Zustands* durchaus unterschiedliche Vorstellungen, die sich in unscharfen Absichtserklärungen oder einfach nur im Wunsch nach Veränderung artikulieren. Um ein Problem zu lösen, bedarf es also einer präzisen Angabe, wie der angestrebte Soll-Zustand aussehen soll. Die Formulierung eindeutiger Ziele ist demnach Ausgangspunkt des Problemlösungsprozesses [vgl. FINK 2009a, S. 63].

In der Betriebswirtschaftslehre ist die **Zielformulierung** also eine Voraussetzung für betriebliches Entscheiden. Zielsetzungen beginnen meistens mit Fragen wie: „Was wollen wir erreichen oder was wollen wir vermeiden?" Die Antworten können lauten: „Wir wollen den Umsatz erhöhen" oder „die Produktionskosten sollen gesenkt werden". Das sind die Ziele bzw. die gewünschten Ergebnisse. Im Folgenden sollen Tools beschrieben werden, die solche Antworten identifizieren, verstärken, spezifizieren und definieren können [vgl. ANDLER 2008, S. 117].

4.2.1 Zielvereinbarung nach dem SMART-Prinzip

Damit Ziele eine Motivations- und Koordinationsfunktion einnehmen können, sollten sie bestimmten Anforderungen genügen, die im sogenannten SMART-Prinzip verankert sind. **SMART** ist ein Akronym für „**S**pecific **M**easurable **A**ccepted **R**ealistic **T**imely" und dient als Kriterium zur eindeutigen Definition von Zielen im Rahmen einer Zielvereinbarung (siehe Abbildung 4-17).

Buchstabe	Englische Bedeutung	Englische Alternativen	Deutsche Bedeutung
S	**Specific**	Significant, Stretching, Simple	Spezifisch
M	**Measurable**	Meaningful, Motivational, Manageable	Messbar
A	**Accepted**	Appropriate, Achievable, Agreed	Akzeptiert
R	**Realistic**	Reasonable, Relevant, Result-based	Realistisch
T	**Time-specific**	Time-oriented, Time framed, Time-based	Terminierbar

Abb. 4-17: Das SMART-Prinzip

Vielleicht ist es ein wenig zu hochgegriffen, die Anwendung der SMART-Kriterien als *Tool* zu bezeichnen, aber letztlich ist das SMART-Prinzip eine gute Führungshilfe, um die Qualität und Vollständigkeit der festgelegten Ziele zu verbessern. Insofern ist das SMART-Tool eher eine Richtlinie, um die Qualitätsanforderungen für die Zielformulierung einheitlich zu implementieren und Stabilität und Vollständigkeit zu gewährleisten [vgl. ANDLER 2008, S. 121].

Ein Ziel ist immer dann „smart", wenn es folgende fünf Bedingungen erfüllt:

S – spezifisch:	Spezifisch meint, dass Ziele hinsichtlich der betroffenen Bereiche oder Produkte eindeutig definiert sein müssen, d. h. nicht vage formuliert, sondern so präzise wie möglich.
M – messbar:	Messbar hebt auf die Operationalisierung der Ziele ab, d. h. die Ziele sollten möglichst in Zahlen festgelegt sein.
A – akzeptiert:	Die Ziele müssen mit den Empfängern vereinbart und von diesen akzeptiert werden.
R – realistisch:	Realistisch, aber anspruchsvoll besagt, dass die Ziele zum Leistungsvermögen des betroffenen Bereichs passen müssen, gleichwohl idealerweise etwas höher anzusetzen sind als das gegenwärtige Leistungsniveau.
T – terminierbar:	Zu jedem Ziel gehört eine klare Terminvorgabe, bis wann das Ziel erreicht sein muss.

Entscheidend ist also letztlich, qualitative Größen messbar zu machen und in quantitative Beurteilungsgrößen zu überführen. Für jede Zielformulierung, die dem SMART-Prinzip genügen soll, werden also operationalisierbare und empirisch überprüfbare Indikatoren gesucht, die eindeutig quantifizierbar sind. Beispiele für eine Führungskraft bzw. einen Mitarbeiter im Vertriebsbereich sind:

- (Bereichs-)Ergebnis
- Anzahl akquirierter Kunden
- Anzahl durchgeführter Kundenbesuche
- Auftragseingang
- Umsatz
- Anzahl Reklamationen
- Fehlzeiten u.v.a.m.

4.2.2 Zielvereinbarung nach dem MbO-Prinzip

Das Führen mit Zielen (engl. *Management by Objectives – MbO*) ist das bekannteste Führungsprinzip. Grundgedanke dieses Führungsprinzips ist die Frage: Wie stellt die Führungskraft sicher, dass der geführte Mitarbeiter das Richtige tut *(Effektivität)* und dass er es richtig tut *(Effizienz)*? Voraussetzung beim MbO ist, dass die Mitarbeiter eine Vorstellung von dem haben, was von ihnen erwartet wird. Den Orientierungsrahmen geben Ziele vor, die in einer *Zielvereinbarung* festgelegt werden.

Beim MbO werden nicht bestimmte Aufgaben, die nach festgelegten Vorschriften zu erledigen sind, sondern grundsätzlich Ziele vorgegeben. Im Sinne einer besseren Umsetzungswahrscheinlichkeit werden die Ziele gemeinsam von Vorgesetzten und Mitarbeitern erarbeitet, nicht jedoch Regelungen darüber getroffen, wie diese Ziele zu erreichen sind. Insgesamt fordert das MbO einen eher kooperativen Führungsstil, da sich Führungskraft und Mitarbeiter gleichzeitig den erarbeiteten Zielen verpflichtet fühlen sollten [vgl. JUNG 2006, S. 501; BRÖCKERMANN 2007, S. 330].

Die **Zielvereinbarung** ist ein besonderer Aspekt des Führungsmodells „Führen mit Zielen" (engl. *Management by Objectives – MbO*). In einem Zielvereinbarungsgespräch werden aus den Unternehmenszielen, den Zielvorstellungen des Vorgesetzten und des einzelnen Mitarbeiters gemeinsame Mitarbeiterziele, deren Zielerreichungsgrad und Maßnahmen zur Zielerreichung vereinbart und schriftlich fixiert. Wichtig ist, dass die Zielvereinbarung nicht aus einem reinen Aufgabenkatalog besteht, sondern vielmehr konkrete Ziele und messbare Ergebnisse enthält. Damit gewinnt jenes Führungsverhalten an Bedeutung, das den (beteiligten) Mitarbeiter in seiner komplexen und vernetzten Arbeitswelt am besten würdigt (wertschätzt). Der Vorteil einer Zielvereinbarung gegenüber einer reinen Zielvorgabe liegt darin, dass der aktiv beteiligte Mitarbeiter einen konkreten Orientierungsrahmen erhält und damit seine Identifikation mit den Zielen seiner Tätigkeit erhöht wird. Nachteilig ist der zweifellos höhere Zeitaufwand [vgl. LIPPOLD 2019, S. 285].

Anmerkung: Die Zielvereinbarungen nach dem SMART-Prinzip und nach dem MbO-Prinzip schließen sich naturgemäß nicht aus. Im Gegenteil, bei richtiger Anwendung des MbO-Prinzips ist das SMART-Prinzip eine unabdingbare Teilmenge.

4.2.3 Kennzahlensysteme

Kennzahlen eignen sich in besonderem Maße, um strategische Ziele konkretisieren und einordnen zu können. Durch ihre Klarheit und Präzision bieten sie die Voraussetzungen für eine eindeutige Kontrolle der Zielerreichung. Damit gehen Kennzahlen in ihrer Aussagekraft deutlich über das SMART-Prinzip hinaus, das lediglich die Art und Weise der Zielformulierung vorschreibt. Kennzahlen helfen dem Management eines Unternehmens (und seinen Beratern) darüber hinaus, potentielle Übernahmekandidaten zu identifizieren und diesen einer ersten Analyse zu unterziehen. In der betriebswirtschaftlichen Literatur wird eine Vielzahl von Systematiken für Kennzahlen und Kennzahlensysteme zur Beurteilung der Attraktivität eines Unternehmens angeboten. Die folgenden Ausführungen konzentrieren sich auf die Systematik von FINK [2009a], weil sie den täglichen Grundanforderungen des Beraters am nächsten kommt.

Grundsätzlich kann zwischen *statischen* und *dynamischen* Größen unterschieden werden. Während sich statische Kennzahlen auf einen bestimmten *Zeitpunkt* beziehen, decken dynamische Kennzahlen einen bestimmten *Zeitraum* ab. Einen entsprechenden Überblick über statische und dynamische Kennzahlen und deren Ausprägungen liefert Abbildung 4-18.

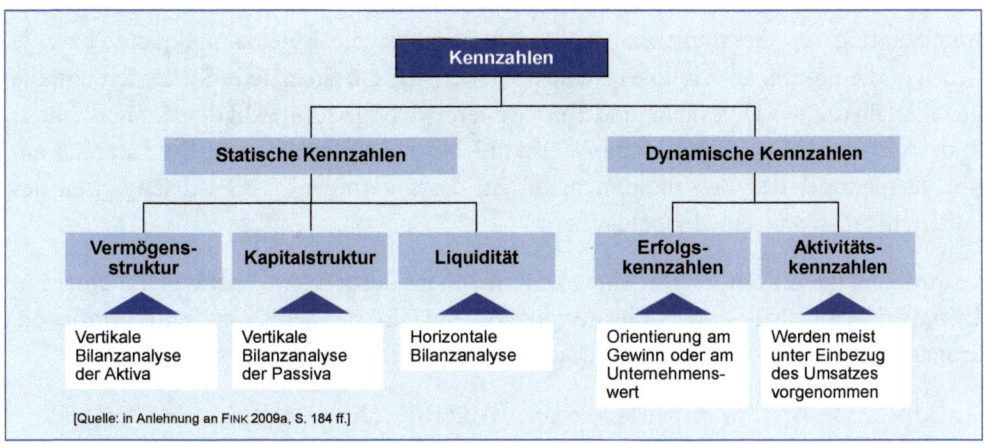

Abb. 4-18: Kennzahlensystematik

(1) Statische Kennzahlen

Folgende Kennzahlen, die aus der Bilanz eines Unternehmens entnommen werden können, zählen zu den wichtigsten statischen Größen:

- Vermögensstruktur
- Kapitalstruktur
- Liquidität.

Die **Vermögensstruktur** eines Unternehmens gibt die bilanzielle Zusammensetzung des Betriebsvermögens (Aktiva) an. Als Kennzahl wird entweder die *Anlagenintensität*, die den Anteil des Anlagevermögens (Gebäude, Maschinen und sonstige Einrichtungen) am Gesamtvermögen angibt, oder die *Umlaufintensität*, d. h. der Anteil des Umlaufvermögens (Bankguthaben, Forderungen und sonstige Außenstände) am Gesamtvermögen, herangezogen. Unternehmen mit einer relativ geringen Anlagenintensität können sich aufgrund der niedrigen Fixkostenbelastung und einer vergleichsweise geringen Kapitalbindung leichter an Beschäftigungsschwankungen anpassen als anlagenintensive Unternehmen. Anderseits kann gerade bei Industrieunternehmen ein relativ niedriges Anlagevermögen darauf hinweisen, dass ein Unternehmen mit älteren, abgeschriebenen Anlagen operiert und damit u. U. den Anschluss an den technischen Fortschritt verliert.

Äquivalent zur Vermögenstruktur auf der Aktivseite der Bilanz bezieht sich die **Kapitalstruktur** eines Unternehmens auf die Zusammensetzung des Kapitals, das auf der Passivseite ausgewiesen wird. Sie beschreibt das Verhältnis von Eigen- zu Fremdkapital im Vergleich zum Gesamtkapital und gibt Aufschluss über die Finanzierung eines Unternehmens. Wichtige Kennzahlen sind die *Eigenkapitalquote*, die das Verhältnis vom Eigenkapital zum Gesamtkapital angibt, und die *Fremdkapitalquote*, die den Anteil des Fremdkapitals am Gesamtkapital ausdrückt. Je höher die Eigenkapitalquote (bzw. je niedriger die Fremdkapitalquote) ist, desto höher sind die finanzielle Sicherheit und die Unabhängigkeit des Unternehmens. Eine weitere wichtige Kennzahl der Kapitalstruktur ist der *Verschuldungsgrad*, der das Verhältnis zwischen Fremd- und Eigenkapital angibt. Je niedriger der Verschuldungsgrad ist, desto geringer ist die Abhängigkeit des Unternehmens von fremden Geldgebern.

Kennzahlen, die die **Liquidität** eines Unternehmens ausdrücken, basieren auf einer horizontalen Bilanzanalyse, d. h. die Vermögensseite wird mit der Kapitalseite verglichen. Grundsätzlich werden dabei drei Liquiditätsgrade unterschieden:

– Bei der **Liquidität 1. Grades**, die auch als Barliquidität (eng. *Liquidity Ratio* oder *Cash Ratio*) bezeichnet wird, werden die Zahlungsmittel (Kassenbestände und Bankguthaben) den kurzfristigen Verbindlichkeiten gegenübergestellt.

– Die **Liquidität 2. Grades** (engl. *Net Quick Ratio* oder *Acid Test Ratio – ATR*) gibt den Anteil des monetären Umlaufvermögens (Zahlungsmittel + Wertpapiere + Forderungen) an den kurzfristigen Verbindlichkeiten wieder.

– Die **Liquidität 3. Grades** (engl. *Current Ratio*) ist das Verhältnis des kurzfristigen Umlaufvermögens (Zahlungsmittel + Wertpapiere + Forderungen + Vorräte) zu den kurzfristigen Verbindlichkeiten.

Für die Liquiditätsrelationen gilt grundsätzlich, dass die Liquidität (und damit die Sicherheit) eines Unternehmens umso größer ist, desto höher die Werte der obigen Kennzahlen ausfallen. In der Praxis sollte die **Liquidität 1. Grades** nicht größer als 0,2 sein, da kurzfristige Liquiditätsengpässe normalerweise ohne Schwierigkeiten durch Bankkredite abgedeckt werden können.

Bei der **Liquidität 2. Grades** wird ein Wert von *eins* (engl. *One-to-one Rate*) angestrebt, da bei einer ATR kleiner *eins* ein Teil der kurzfristigen Verbindlichkeiten nicht durch kurzfristig zur Verfügung stehendes Vermögen gedeckt ist.

Nach der sogenannten „*Bankers Rule*" sollte die **Liquidität 3. Grades** den Mindestwert von *zwei* anstreben (engl. *Two-to-One Rate*).

Bei der Analyse der genannten statischen Strukturkennzahlen – Vermögensstruktur, Kapitalstruktur und Liquidität – sollte einschränkend berücksichtigt werden, dass es sich immer um vergangenheitsbezogene Daten handelt, die sich zum Zeitpunkt der Analyse bereits maßgeblich verändert haben können.

Einen vollständigen Überblick über die statischen Kennzahlen liefert Abbildung 4-19.

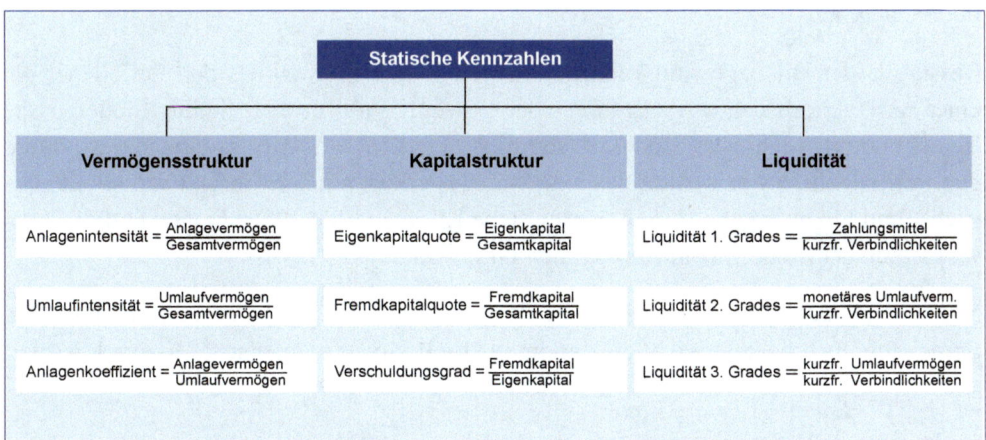

Abb. 4-19: Statische Kennzahlen

(2) Dynamische Kennzahlen

Anders als die statischen Kennzahlen basieren die **dynamischen Kennzahlen** nur zum Teil auf Daten einer Bilanz. So werden die Daten bei der dynamischen Betrachtung mehreren aufeinander folgenden Bilanzen entnommen und zueinander in Beziehung gesetzt oder mit Stromgrößen aus der Gewinn- und Verlustrechnung, die ja als solche bereits periodische Bewegungen erfassen, kombiniert. Dynamische Kennzahlen werden üblicherweise in Erfolgskennzahlen und Aktivitätskennzahlen unterteilt. Bei den Erfolgskennzahlen wiederum werden absolute und relative Größen unterschieden. Zu den wichtigsten absoluten Erfolgskennzahlen zählen der Bilanzgewinn, der Jahresüberschuss und der Cashflow.

Der Gesetzgeber sieht grundsätzlich eine Aufstellung der Bilanz mit Ausweis des Postens „Jahresüberschuss/Jahresfehlbetrag" vor. Dieser ist das GuV-Ergebnis nach Steuern und bezeichnet den Gewinn vor dessen Verwendung. Zur Berechnung des **Bilanzgewinns** wird der Jahresüberschuss bzw. der Jahresfehlbetrag

- um den Gewinn- oder Verlustvortrag des Vorjahres korrigiert,
- um Entnahmen aus Kapital- und Gewinnrücklagen erhöht und
- um Einstellungen in die Gewinnrücklagen vermindert.

Da der Bilanzgewinn demnach durch Entnahmen bzw. Einstellungen in die Rücklagen beeinflusst werden kann, ist er keine adäquate Kennzahl eines Unternehmens in einer bestimmten Periode. Der Bilanzgewinn dient bei Aktiengesellschaften in erster Linie als Grundlage für den Gewinnverwendungsvorschlag, den Vorstand und Aufsichtsrat zur Ausschüttung an die Anteilseigner unterbreiten. Fazit: Der Jahresüberschuss ist das, was die Aktiengesellschaft verdient hat, der Bilanzgewinn ist das, was sie davon an die Aktionäre abgibt.

Besser als der Bilanzgewinn kennzeichnet der **Jahresüberschuss** den Periodenerfolg einer Aktiengesellschaft. Als Ergebnis der Gewinn- und Verlustrechnung fließen in die Berechnung des Jahresüberschusses sämtliche Erträge und Aufwendungen der laufenden Periode ein. Es beinhaltet das Ergebnis der gewöhnlichen Geschäftstätigkeit (Betriebs- und Finanzergebnis), außerordentliche Erträge und Aufwendungen und die Auswirkungen der Steuern vom Einkommen und Ertrag.

Mit zunehmender Internationalisierung der Rechnungslegung haben sich im deutschen Sprachgebrauch weitere wichtige Varianten von Periodenergebnisgrößen durchgesetzt:

- **EBT** – *Earnings before Taxes*
- **EBIT** – *Earnings before Interest and Taxes*
- **EBITDA** – *Earnings before Interest, Taxes, Depreciation and Amortization*

sowie der **Cashflow** als zahlungsstromorientierte Größe. Die konkrete Anwendung und Ausgestaltung hängt vor allem von den jeweils zugrundeliegenden Rechnungslegungsvorschriften (HGB, US-GAAP, IFRS) und den intern verwendeten Planungs- und Kostenrechnungssystemen ab.

Statt einer Interpretation sind in Abbildung 4-20 die Herleitungen dieser Größen aus den bereits bekannten Kennzahlen vorgenommen worden.

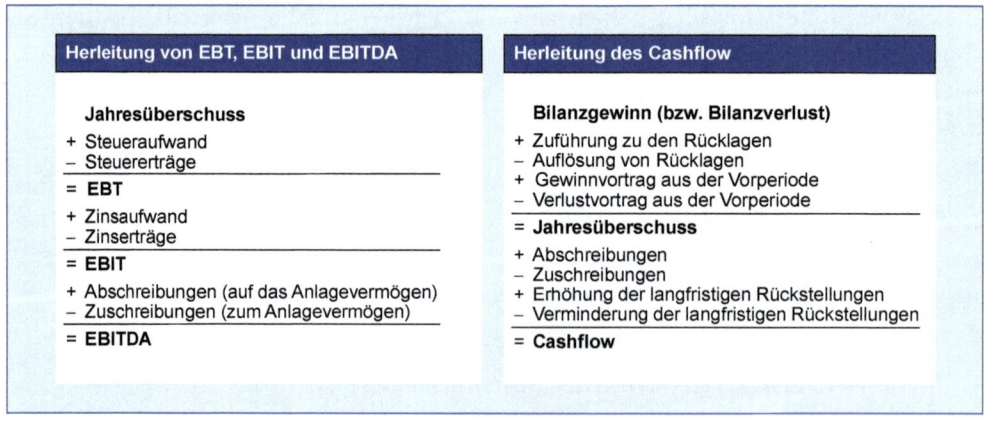

Abb. 4-20: Herleitung von EBT, EBIT, EBITDA und Cashflow

Aus diesen absoluten Kennzahlen lassen sich nun zur externen Analyse eines Unternehmens verschiedene relative Erfolgskennzahlen bilden, die eine Beurteilung der Rentabilität und Wirtschaftlichkeit des Kapitaleinsatzes ermöglichen. Dazu wird eine Relation zwischen den absoluten Erfolgsgrößen und dem Mitteleinsatz hergestellt. Zu den wichtigsten **Rentabilitätskennziffern** zählen die **Eigenkapitalrentabilität** und die **Gesamtkapitalrentabilität**. Bei der Berechnung beider Größen kann der Jahresüberschuss oder auch der Cashflow angesetzt werden. Das Verhältnis von Eigenkapitalrentabilität zu Gesamtkapitalrentabilität ist der sogenannte **Leverage-Faktor**. Neben diesen klassischen Rentabilitätskennziffern hat sich vor allem bei international agierenden Unternehmen der **Return on Investment** (RoI) als alternative Kennzahl für die Messung der Rentabilität des Kapitaleinsatzes durchgesetzt.

Neben den Erfolgskennzahlen bilden die **Aktivitätskennzahlen** die zweite Untergruppe dynamischer Kennzahlen. Aktivitätskennzahlen stellen die Verbindung von Bestands- und Stromgrößen her und beschreiben dementsprechend häufig das Verhältnis zwischen dem Umsatz und den zur Ausübung der operativen Tätigkeit benötigten Vermögenswerten (z. B. Anlagevermögen, Vorräte etc.). Diese Umschlagskoeffizienten geben dabei an, wie häufig eine Vermögensposition in einer Periode umgeschlagen wurde. Die Interpretation dabei lautet, dass ein höherer Koeffizient einen effizienteren Einsatz der unternehmensspezifischen Ressourcen bedeutet. Um einen gegebenen Umsatz zu erreichen, muss das Unternehmen somit weniger Ressourcen einsetzen [vgl. COENENBERG 2003, S. 911].

Weitere Aktivitätskennzahlen, die nach demselben Muster gebildet werden können, sind:

- Umsatz pro Mitarbeiter;

- Zahlungsziele, die ein Unternehmen seinen Kunden einräumt oder bei seinen Lieferanten in Anspruch nimmt;

- Investitionsquote.

In Abbildung 4-21 sind wichtige dynamische Kennzahlen, unterteilt in Erfolgskennzahlen und Aktivitätskennzahlen, zusammengestellt.

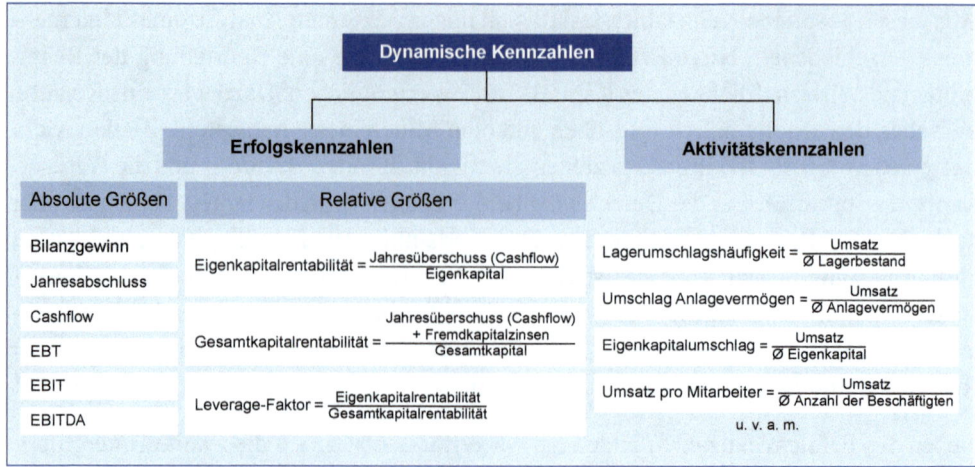

Abb. 4-21: Dynamische Kennzahlen (Beispiele)

4.2.4 Mittel-Zweck-Schema zur Zielbildung

Die verschiedenen Ziele, die in einem Unternehmen verfolgt werden, können als Elemente eines komplexen mehrstufigen Zielsystems aufgefasst werden, die in vertikaler und in horizontaler Beziehung zueinanderstehen. Werden die Einzelaufgaben und Aufgabenkomplexe stets in Verbindung mit diesen Zielen vorgegeben, so spricht man vom Organisationskonzept der **zielgesteuerten Unternehmensführung** (engl. *Management by objektives*) [vgl. BIDLINGMAIER 1973, S. 134].

Damit die zielgesteuerte Unternehmensführung ihre Koordinationsfunktion wahrnehmen kann, muss ein solches Zielsystem geordnet werden. Das wohl bekannteste Zielordnungsschema ist das 1922 von der Firma DUPONT entwickelte **Kennzahlensystem**, das in Abbildung 4-22 dargestellt ist.

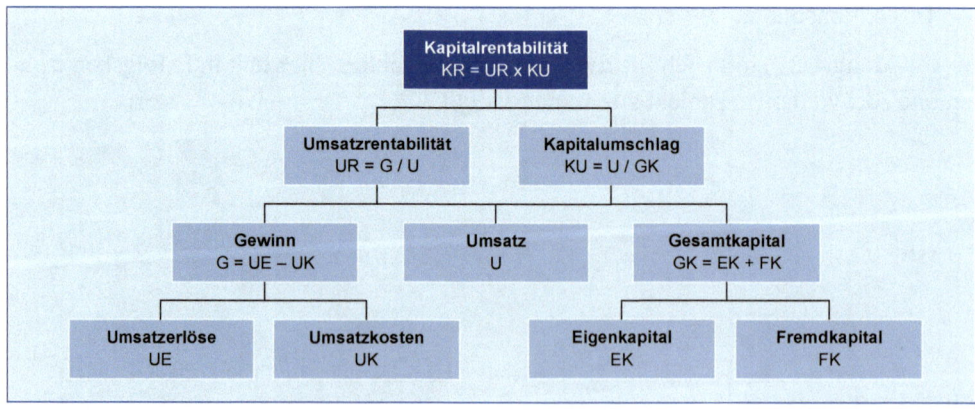

Abb. 4-22: Das DUPONT-Kennzahlensystem

Das DuPont-Kennzahlensystem basiert auf einer funktionalen **Mittel-Zweck-Bezie-hung**, d. h. bis auf das oberste Ziel nimmt jedes Ziel sowohl die Rolle eines Mittels als auch die eines Zweckes ein. Untergeordnete Ziele sind *Mittel* zum Erreichen der Ziele auf der nächsthöheren Stufe. Der Zweck ist somit die Realisierung der höherrangigen Ziele. Für nachrangige Ziele stellen sie wiederum den übergeordneten Zweck dar. Dieses Mittel-Zweck-Schema ist charakteristisch für alle hierarchisch strukturierten Zielsysteme [vgl. FINK 2009a, S. 66].

Nach EDMUND HEINEN [1966, S. 126 ff.] können dabei grundsätzlich zwei Varianten unterschieden werden:

- das *deduktiv* orientierte Mittel-Zweck-Schema und
- das *induktiv* orientierte Mittel-Zweck-Schema.

Das **deduktiv orientierte Mittel-Zweck-Schema** ergibt sich aus den Beziehungen zwischen Ober-, Zwischen- und Unterzielen, in dem die *Gesamtkapitalrentabilität* als Oberziel dargestellt ist (siehe Abbildung 4-23).

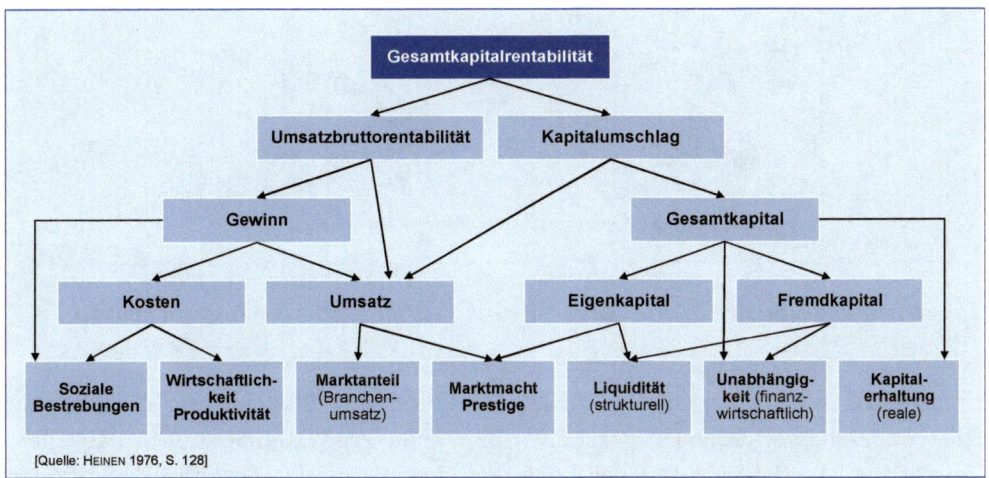

Abb. 4-23: Deduktiv orientiertes Mittel-Zweck-Schema wichtiger Unternehmensziele

Allerdings ist dabei anzumerken, dass nicht auf allen Stufen des Schemas eine starke und eindeutige Mittel-Zweck-Beziehung vorliegt. Dies wird deutlich an den beiden Beziehungsketten *Gewinn – Umsatz – Kosten* sowie *Eigenkapital – Marktmacht/Prestige*. Die zweite Mittel-Zweck-Bezichung wird üblicherweise deutlich schwächer ausgeprägt sein als die erste [vgl. MACHARZINA/WOLF 2010, S. 216].

Das Beispiel in Abbildung 4-29 zeigt zwar, dass aus der Gesamtkapitalrendite nahezu alle wesentlichen Zielinhalte abgeleitet werden können. Dennoch kann bezweifelt werden, dass die „Steigerung der Gesamtkapitalrentabilität" das letztendliche Ziel des Er-

werbsstrebens darstellt. Daher hat HEINEN dem deduktiv orientierten ein **induktiv ori-**
entiertes Mittel-Zweck-Schema gegenübergestellt, das die *Eigenkapitalrentabilität* als
zentrales Unternehmensziel ansetzt und zudem Zielkonflikte, Mehrfachziele und kausale Beziehungen von gleichrangigen Zielen stärker berücksichtigt (siehe Abbildung 4-
24).

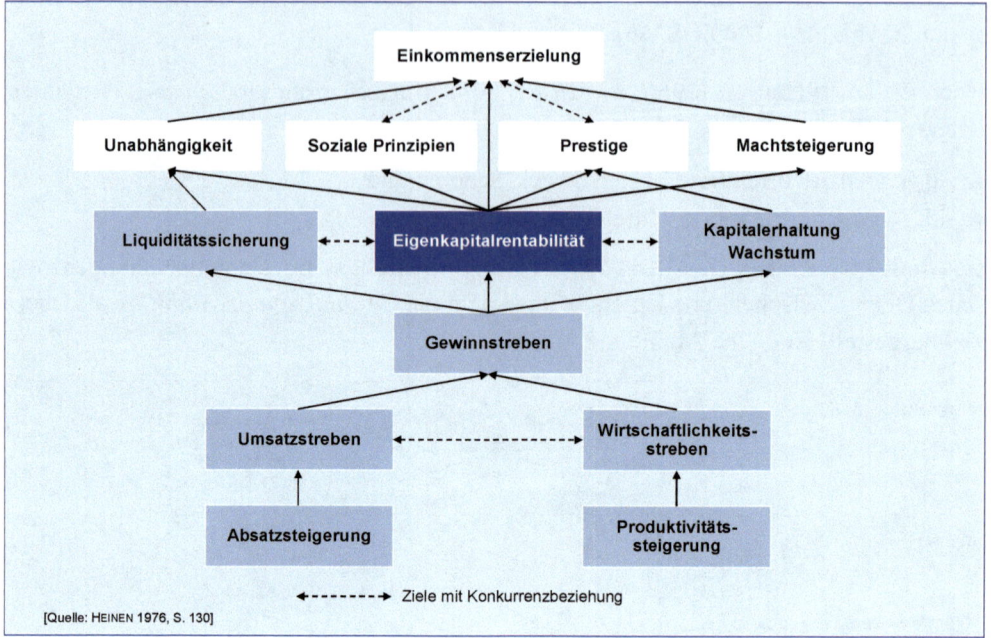

Abb. 4-24: Induktiv orientiertes Mittel-Zweck-Schema wichtiger Unternehmensziele

Unterziele dieses Systems sind die Absatz- und Produktivitätssteigerung, die beide ein
Suboptimierungsziel zum Umsatzstreben bzw. zum Produktivitätsstreben darstellen.
Umsatz- und Produktivitätsstreben, zwischen denen partielle Zielkonflikte auftreten
können, sind wiederum Mittel zur Gewinnerzielung. Eine Gewinnsteigerung dient
grundsätzlich der Liquiditätssicherung, der Steigerung der Eigenkapitalrentabilität sowie dem Kapitalwachstum. Während das Mittel-Zweck-Verhältnis zwischen Gewinn
und Eigenkapitalrentabilität eindeutig ist, führt die Gewinnerhöhung nicht automatisch
zu einer Erhöhung der Liquidität sowie zur Kapitalerhaltung bzw. Wachstum. Die Eigenkapitalrentabilität als betriebswirtschaftliches Oberziel dient in erster Linie der Ein-
kommenserzielung des Individuums und ermöglicht die Verwirklichung zahlreicher Im-
perative „höherer Ordnung". Dazu zählen finanzielle Unabhängigkeit, soziale Verantwortung sowie Macht- und Prestigestreben. Aus dem so geordneten induktiv orientierten Zielsystem wird darüber hinaus deutlich, welche Ziele in einer Konkurrenzbezie-
hung zueinanderstehen können [vgl. HEINEN 1976, S. 129 ff.].

4.2.5 Balanced Scorecard

In der Praxis werden Unternehmensziele zunehmend mit der von KAPLAN/NORTON [1992] entwickelten **Balanced Scorecard**, in der quantitativ bewertbare Beurteilungskriterien formuliert werden, systematisiert und dann sukzessive auf Bereichs-, Abteilungs- und Mitarbeiterebene heruntergebrochen. Damit liefert die Balanced Scorecard ein Modell zur Entwicklung von Zielsystemen, *„das der zeitlichen Verzögerung zwischen ökonomischer Aktivität und ökonomischen Erfolg Rechnung trägt und damit die Probleme älterer Kennzahlensysteme überwinden hilft"* [MACHARZINA/WOLF 2010, S. 221].

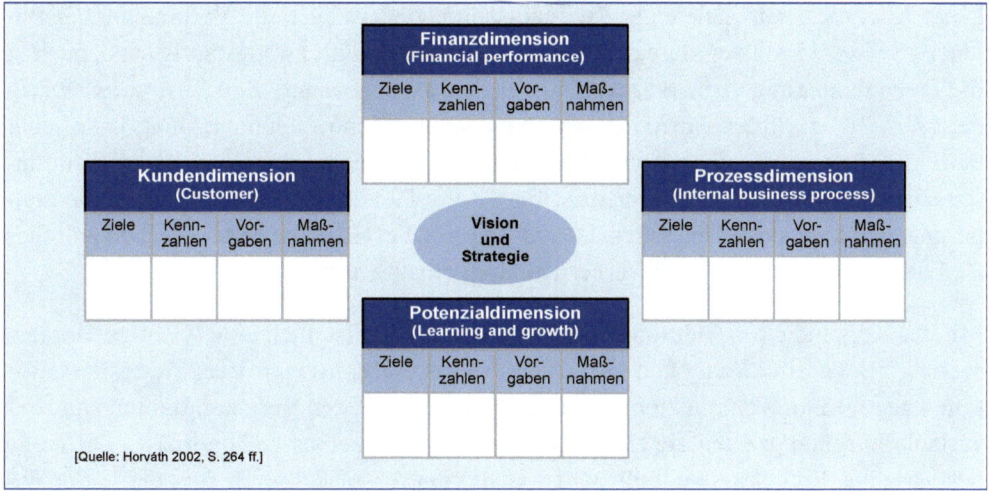

Abb. 4-25: Die vier Dimensionen der Balanced Scorecard

Grundgedanke der Balanced Scorecard ist die Umsetzung von Visionen und Strategien des Unternehmens in operative Maßnahmen. Das dazu entwickelte Kennzahlenraster der Balanced Scorecard umfasst insgesamt vier Dimensionen (siehe Abbildung 4-25):

- **Finanzwirtschaftliche Dimension** (Sicht des Aktionärs bzw. Investors): Bei dieser Aktionärsperspektive spielen Ziele wie *Liquidität* und *Rentabilität* eine entscheidende Rolle.

- **Kundenbezogene Dimension** (Sicht des Kunden): Bei dieser Perspektive geht es darum, Unternehmensziele aus der Sicht des Kunden zu formulieren. In diese Kategorie gehören Ziele wie *Kundenzufriedenheit* oder *Marktanteil*.

- **Prozessbezogene Dimension** (Sicht nach innen auf die Geschäftsprozesse): Ziele der internen Perspektive sind *Produktivität* und *Geschwindigkeit* der internen Prozesse.

- **Potenzialbezogene Dimension** (Sicht aus der Lern- und Entwicklungsperspektive): In dieser Perspektive der Neuausrichtung geht es um die Weiterentwicklung des Unternehmens im Sinne einer kontinuierlichen Verbesserung und Innovationsfähigkeit. Ein wichtiges Ziel ist hier die *Mitarbeiterzufriedenheit*.

Die Balanced Scorecard ermöglicht einen wesentlich umfassenderen Überblick über Unternehmen, als dies Finanzkennzahlen leisten können, denn sie betrachtet Unternehmen nicht nur aus der finanziellen, sondern aus drei weiteren Perspektiven. Insbesondere aus der potenzialbezogenen Dimension (Perspektive der Neuausrichtung) wird deutlich, dass die Balanced Scorecard als Grundlage für eine Neuformierung dienen kann. Aber nicht nur Ziele einer Reorganisation sondern auch die Verbindung der Balanced Scorecard mit der klassischen Zielvereinbarung führt zwangsläufig dazu, auch in die Zielvereinbarung verstärkt quantitative Ziele als sogenannte *Key Performance Indicators (KPIs)* zu übernehmen. Durch diese ganzheitliche Zielentwicklung kann jeder einzelne Mitarbeiter seinen Anteil am Erreichen der Team-, Bereichs- und Gesamtunternehmensziele verfolgen. Wenn das strategische Ziel des Unternehmens z.B. die Steigerung der Kundenzufriedenheit ist, könnte ein Servicemitarbeiter als persönliches Ziel die Erhöhung der Anzahl seiner Kundenkontakte ableiten.

Mit der Kopplung von Führungs- und Anreizsystemen ist auch eine wichtige Voraussetzung für die Einführung von **variablen, leistungsabhängigen Vergütungsbestandteilen** gegeben. In Kombination mit einem garantierten fixen Vergütungsanteil kann der variable Vergütungsanteil die erbrachten Leistungen angemessen honorieren. Die Höhe des variablen Entgeltbestandteils hängt dabei vom Ausmaß ab, mit dem die in der Balanced Scorecard definierten Zielvorgaben bzw. Kennzahlen erreicht werden. Das variable Entgelt ist bei der beschriebenen Vorgehensweise sowohl vom Grad der individuellen Zielerreichung als auch vom Erfolg auf Gruppen- und Unternehmensebene abhängig. Die Kennzahlen der Balanced Scorecard liefern dabei für alle drei Ebenen (Team-, Bereichs-, Unternehmensebene) die entsprechenden Erfolgsindikatoren.

4.3 Tools zur Problemstrukturierung

Sind die Ziele und Wertvorstellungen identifiziert und im Zuge der Zielbildung in eine widerspruchsfreie und stabile Rangordnung gebracht, dann muss das Problem möglichst exakt erfasst und *strukturiert* werden. Im Folgenden werden mit

- der Aufgabenanalyse,
- der Kernfragenanalyse und
- der Sequenzanalyse

drei Analysearten vorgestellt, die nach dem sogenannten **Pyramidenprinzip** zur Strukturierung komplexer Gedankengänge aufgebaut sind. Entwickelt wurde das Prinzip Ende der 1960er Jahre von der damaligen MCKINSEY-Beraterin BARBARA MINTO mit dem Ziel, die Struktur und Klarheit von Geschäftsdokumenten und insbesondere Präsentationen auf der Grundlage logischer Gestaltungsregeln zu verbessern. Heute hat sich das Pyramidenprinzip („Minto-Pyramide") aufgrund seiner stringenten inhaltlichen Logik in vielen Beratungsunternehmen als Standard durchgesetzt *(„to make it minto")*.

Die Gestaltungsregeln des Pyramidenprinzips sehen vor, dass zunächst alle Teilaspekte eines Problems und ihre Abhängigkeiten untereinander erfasst werden. Danach werden über- und untergeordnete Problemaspekte gezielt herausgearbeitet und in Beziehung zueinander gesetzt, so dass eine geordnete Problemstruktur entsteht, die eine systematische Analyse der Einzelaspekte und deren Auswirkungen auf den Gesamtzusammenhang ermöglicht. Dieses Prinzip führt dazu, dass die betrachteten Aspekte die Form einer Pyramide annehmen, wobei der Hauptaspekt oder das Ausgangsproblem oder die entscheidende Frage immer die Spitze der Pyramide einnehmen. Die Pyramidenspitze wird dann Stufe für Stufe in seine Teilaspekte (Teilprobleme) aufgelöst (siehe beispielhaft Abbildung 4-26).

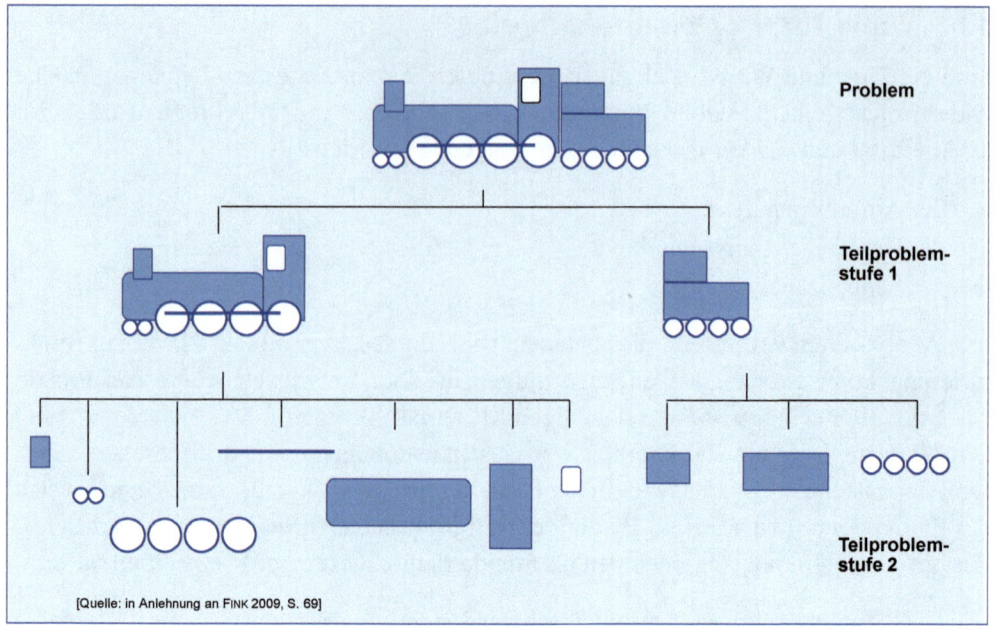

Abb. 4-26: Problemstrukturierung mit Hilfe des Pyramidenprinzips

Zum zentralen Gestaltungsprinzip zählt dabei, dass jede einzelne Stufe die sogenannte **MECE-Bedingung** erfüllen muss. ME *(„mutually exclusive")* ist sie dann, wenn sich die einzelnen Teilaspekte inhaltlich nicht überschneiden. CE *(„collectively exhaustive")* ist die Problemstruktur, wenn die auf jeder Stufe angeordneten Teilaspekte das auf der nächsthöheren Stufe stehende Problem jeweils vollständig abdecken. Diese Gestaltungsregeln lassen sich auf viele betriebswirtschaftliche Problem- und Fragestellungen anwenden – etwa zur Gliederung von Absatzmärkten, zur Strukturierung von Zielgruppen, zur Analyse von Kundengruppen, zur Klärung von Weisungsbefugnissen und Hierarchien oder zur Analyse von finanziellen Strukturen [vgl. FINK 2009a, S. 68 f.].

4.3.1 Aufgabenanalyse

Mit Hilfe der Aufgabenanalyse, der einfachsten Variante einer Pyramidenstruktur, lassen sich nahezu beliebige Zusammenhänge stufenweise in immer feinere Teilaspekte untergliedern. Dabei werden die einzelnen Elemente bzw. Teilaspekte als Aufgaben so formuliert, dass sie dazu beitragen, die übergeordnete Aufgabe zu erfüllen.

Ausgehend von der Spitze der Pyramide, an der bspw. die Ergebnisverbesserung eines Unternehmens als Gesamtaufgabe steht (siehe Abbildung 4-27), gelangt man zur jeweils nächsten Stufe, indem das *Wie* oder das *Was* herausgearbeitet wird. Die Frage „*Wie* kann das Ergebnis verbessert werden?" führt entweder zu einer Erhöhung des Umsatzes oder zu einer Senkung der Kosten. *Was* könnte wiederum getan werden, um den Umsatz zu erhöhen? Es kann der Produktmix verbessert, die Produktverkäufe und/oder der Produktpreis erhöht werden. *Wie* lassen sich die Produktverkäufe steigern? Indem der Absatz der bestehenden Produkte erhöht wird und/oder neue Produkte auf den Markt gebracht werden. Die Aufgabenstruktur wird schließlich soweit aufgelöst, bis auf der untersten Stufe konkrete Ansatzpunkte für eine Problem- bzw. Aufgabenlösung vorliegen und eine weitere Untergliederung nicht mehr sinnvoll ist [vgl. FINK 2009a, S. 69 f.].

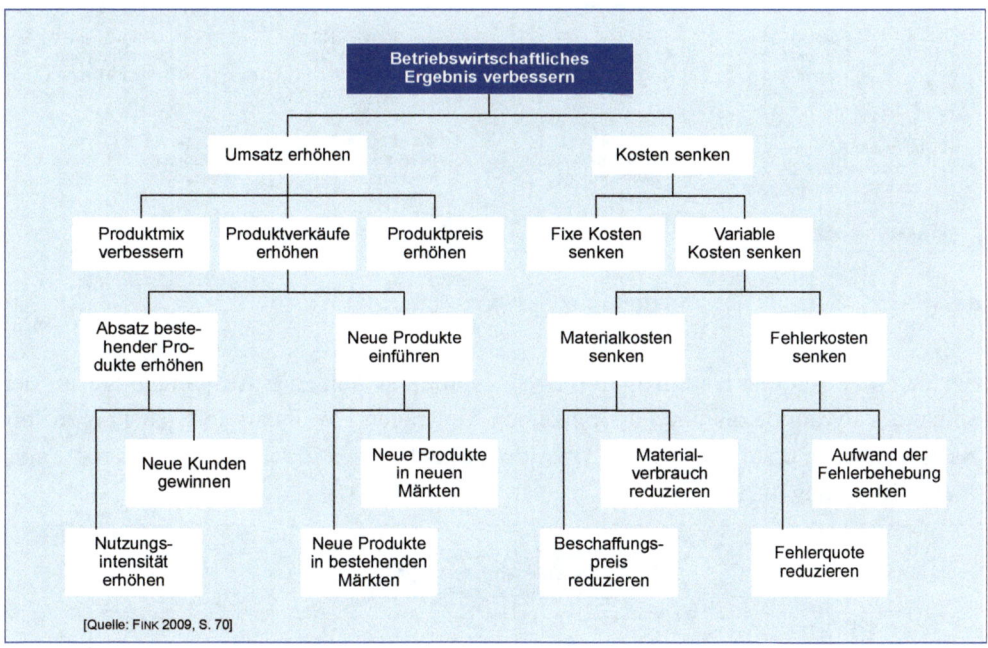

Abb. 4-27: Beispiel einer Aufgabenanalyse

4.3.2 Kernfragenanalyse

Der Unterschied zwischen Aufgabenanalyse und Kernfragenanalyse liegt darin, dass die einzelnen Elemente der Pyramide nicht als Aufgaben, sondern als Fragen formuliert werden. Bei der **Kernfragenanalyse** werden zwei Varianten unterschieden: die deduktive und die dichotome. Die **deduktive Kernfragenanalyse** verläuft analog zur Vorgehensweise der Aufgabenanalyse, d. h. die Ausgangsfrage wird von Stufe zu Stufe in immer detailliertere Teilfragen herunter gebrochen. Abbildung 4-28 liefert eine beispielhafte deduktive Struktur einer Fragenanalyse, wobei die Ausgangsfrage zu beantworten ist, ob die Vertriebsleistung eines Unternehmens verbessert werden muss [vgl. Fink 2009a, S. 70 f.].

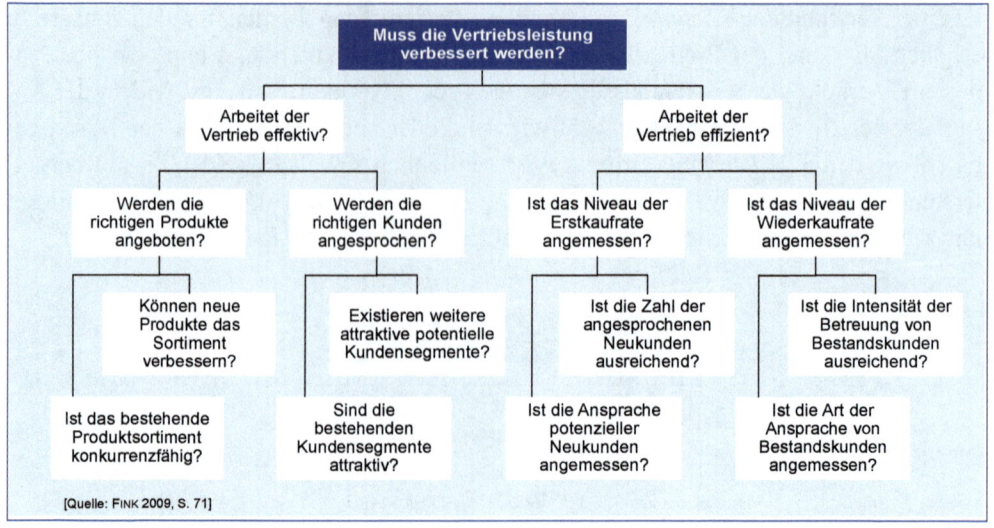

Abb. 4-28:   Beispiel einer deduktiven Kernfragenanalyse

Bei der **dichotomen Kernfragenanalyse** werden sowohl die Ausgangsfrage an der Spitze der Pyramide als auch die einzelnen Teilfragen jeweils als Ja/Nein-Fragen formuliert. Die unterste Stufe der Pyramide besteht aus konkreten Handlungsoptionen (siehe Abbildung 4-29).

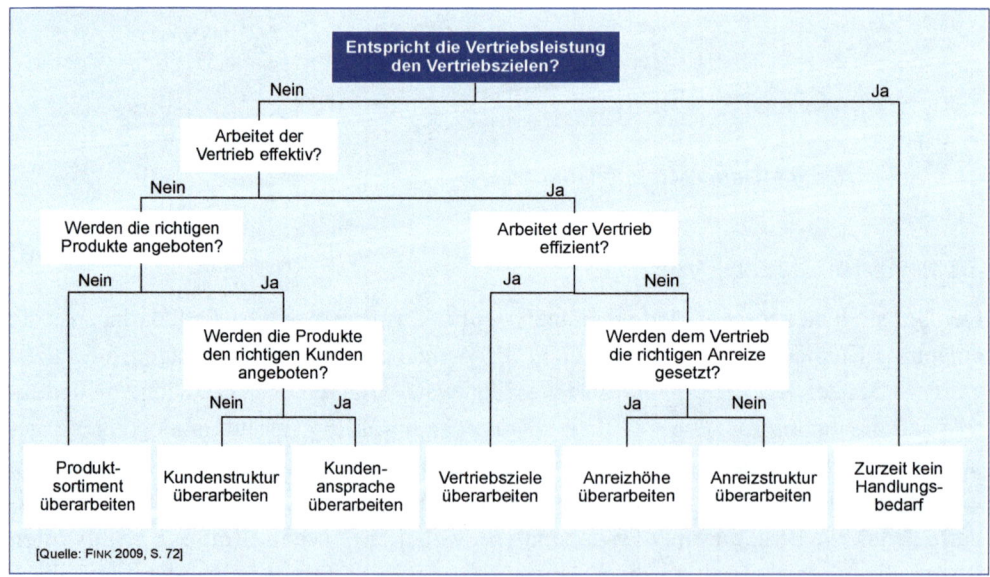

Abb. 4-29:   Beispiel einer dichotomen Kernfragenanalyse

4.3.3 Sequenzanalyse

Die anspruchsvollste Variante des Pyramidenprinzips ist die **Sequenzanalyse**, die neben der logischen Struktur eines Problems auch die Reihenfolge berücksichtigt, in der mögliche Lösungsschritte umgesetzt werden müssen. In Abbildung 4-30 ist eine beispielhafte Sequenzanalyse dargestellt. Die Stufe unterhalb der Pyramidenspitze besteht aus mehreren Ja/Nein-Fragen, die entlang einer vorgegebenen Sequenz zu beantworten sind. In dem Beispiel wird zunächst geklärt, ob das Produkt richtig positioniert ist. Wenn dies der Fall ist, dann ist es sinnvoll, sich mit der Verfügbarkeit zu befassen. Ist diese in ausreichendem Maße vorhanden, muss im nächsten Schritt der Bekanntheitsgrad des Produktes überprüft werden. Die sequenzielle Struktur der Fragen setzt sich nicht nur horizontal, sondern auch vertikal auf den nachgelagerten Stufen in der gleichen Weise fort. Sollte keine der aufgestellten Analyselinien ein Problem offenlegen, so beginnt die Analyse erneut mit dem ersten Schritt – der Überprüfung des Zielmarktes und des Kundennutzens [vgl. FINK 2009a, S. 72 f.].

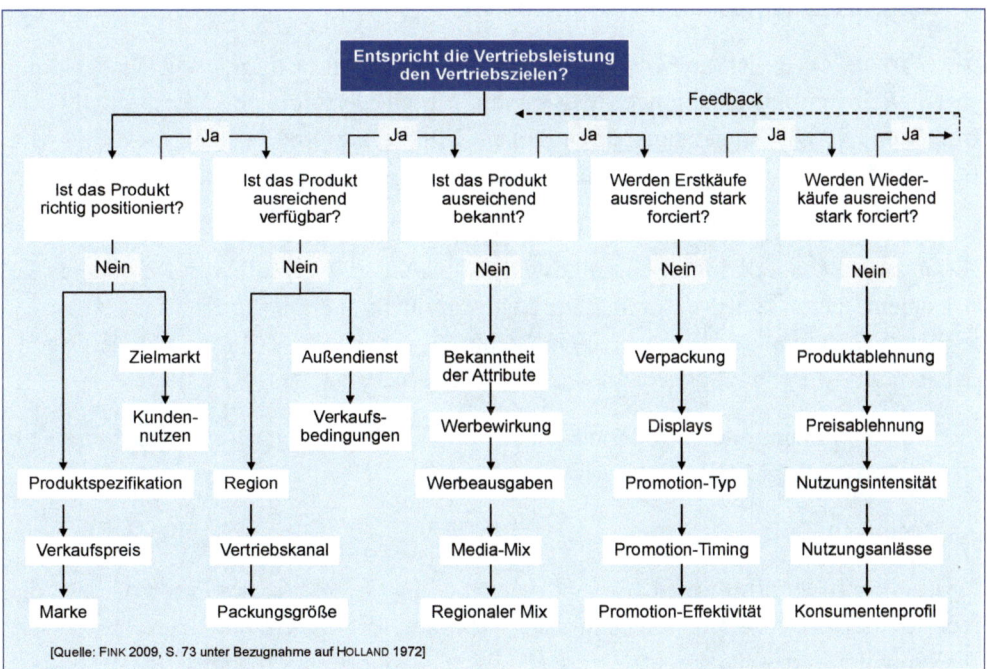

Abb. 4-30: Beispiel einer Sequenzanalyse

Zu den **Vor- und Nachteilen** des Pyramidenprinzips merkt FINK an, dass einerseits die zugrunde liegende Problemstruktur „auf einen Blick" veranschaulicht wird *„und die Komplexität der Lösungsfindung durch einen klaren, logischen Aufbau (...) handhabbar"* gemacht werden kann. Andererseits sei *„die mithilfe des Pyramidenprinzips ent-*

wickelte Problemstruktur, wenn sie einmal aufgestellt wurde, relativ starr" und Diskontinuitäten und überraschende Entwicklungen seien kaum fassbar. Dennoch ist das Pyramidenprinzip *„das in der Beratungspraxis vermutlich meistgenutzte Verfahren zur Strukturierung von Managementproblemen"* [FINK 2009a, S. 74 f.].

4.3.4 4-P-Marketing-Modell

Das 4-P-Marketing-Modell stammt von JEROME MCCARTHY, der in den 1960er Jahren die Idee hatte, das gesamte Marketing-Instrumentarium mit „4Ps" zu beschreiben. Die 4Ps sind die Anfangsbuchstaben der vier klassischen Instrumente des **Marketing-Mix**:

– Produktpolitik (engl. *Product*),
– Preispolitik (engl. *Price*),
– Distributionspolitik (engl. *Place*) und
– Kommunikationspolitik (engl. *Promotion*).

Der Marketing-Mix ist die instrumentelle Perspektive auf das Marketing. Es fasst alle Entscheidungen und Handlungen zusammen, die eine erfolgreiche Vermarktung von Produkten und Dienstleistungen ermöglichen. Mit der Anwendung des Marketing-Mix in der Praxis werden Marketingstrategien und Marketingpläne in konkrete Aktivitäten umgesetzt.

Mit den 4Ps kann jede Marketing-Aktivität dahingehend überprüft werden, ob alle vier Instrumente betrachtet und aufeinander abgestimmt sind. Fehlt die Konsistenz und inhaltliche Abstimmung des Marketingkonzepts, so schafft das 4-P-Modell eine Grundlage, um das Marketingkonzept anzupassen oder neuzugestalten.

Die vier Instrumente des Marketing-Mix lassen sich wie folgt charakterisieren [Vgl. LIPPOLD 2015, S. 157 ff.]:

(1) Produktpolitik

Dieses marketingpolitische Instrument betrachtet die Gestaltung des Produkts bzw. die Facetten der angebotenen Dienstleistung. Hierbei spielen Gestaltungselemente wie Funktionalität, Qualität, Design, Verpackung und Markierung ebenso eine Rolle wie Service- und Garantieleistungen. Hieraus lassen sich als besondere Differenzierungsmerkmale eine Value Proposition bzw. die Unique Selling Proposition ableiten.

(2) Preispolitik

Hier wird festgelegt, zu welchem Preis das Produkt bzw. die Dienstleistung angeboten wird. Neben Preisfindung stehen Preispositionierungs- und Preisdifferenzierungsstrategien im Mittelpunkt dieses Instruments. Aber auch mehr taktische Überlegungen wie das Gewähren von Rabatten, das Einräumen von Zahlungszielen und das Angebot von Finanzierungsmöglichkeiten sind Gegenstand der Preispolitik.

(3) Distributionspolitik

Mit Distribution werden die Aktivitäten beschrieben, die das Produkt für den Kunden verfügbar machen. Dazu zählt die Wahl der Distributionskanäle (Einkanal/Mehrkanal), die Steuerung und Motivation der Distributionsorgane (intern/extern) sowie die Festlegung der Distributionsformen (direkt/indirekt).

(4) Kommunikationspolitik

Darunter fällt die Ausgestaltung der Werbung (above-the-line/below-the-line), die Wahl der Kommunikationsinstrumente und -medien (print/online), des Sponsorings und der Werbebotschaften. Besonders wichtig ist in diesem Zusammenhang auch die Einschätzung des richtigen Werbebudgets.

4.3.5 4-C-Marketing-Modell

So wie die 4Ps die entscheidenden Instrumente bei der Vermarktung aus Sicht des anbietenden Unternehmens beschreiben, so werden mit den 4Cs die gleichen Instrumente aus Sicht des Kunden bezeichnet. Die 4Cs sind:

–   Customer needs (Kundenbedürfnisse)
–   Cost to the customer (Kosten)
–   Convenience (Bequemlichkeit)
–   Communication (Kommunikation).

Das 4-C-Modell geht zurück auf ROBERT F. LAUERBORN, der 1990 aus den unternehmensbezogenen 4Ps kundenbezogene 4Cs machte. Den Hintergrund dazu bot die wachsende Unzufriedenheit mit dem 4P-Modell (siehe auch Abbildung 4-31):

Ein wesentlicher Grund des Unmuts ist offensichtlich. Der Kunde – also das „C" als Abkürzung – kommt im 4-P-Modell nicht vor.

Es ist offensichtlich kein „alter Wein in neuen Schläuchen", denn der Fokus des 4-C-Modells richtet sich eindeutig weg vom Produkt und hin zum Nutzen für den Kunden.

Allerdings scheint die Ausrichtung des 4-C-Modells doch eine ziemlich deutliche „Schlagseite" in Richtung B2C-Marketing zu haben. Deutlich wird dies an der Bezeichnung „Convenience" als Stellvertreter für die Distributionspolitik, die sich im B2B-Bereich sicherlich nicht unbedingt durch „Bequemlichkeit" auszeichnet.

Ansonsten gilt für das 4-C-Modell die gleiche Aussage wie für das 4-P-Konzept: Jede kundenorientierte Marketing-Aktivität kann dahingehend überprüft werden, ob alle vier

Instrumente betrachtet und aufeinander abgestimmt sind. Fehlt die Konsistenz und inhaltliche Abstimmung des Marketingkonzepts, so schafft das 4-C-Modell eine Grundlage, um das Marketingkonzept anzupassen oder neuzugestalten.

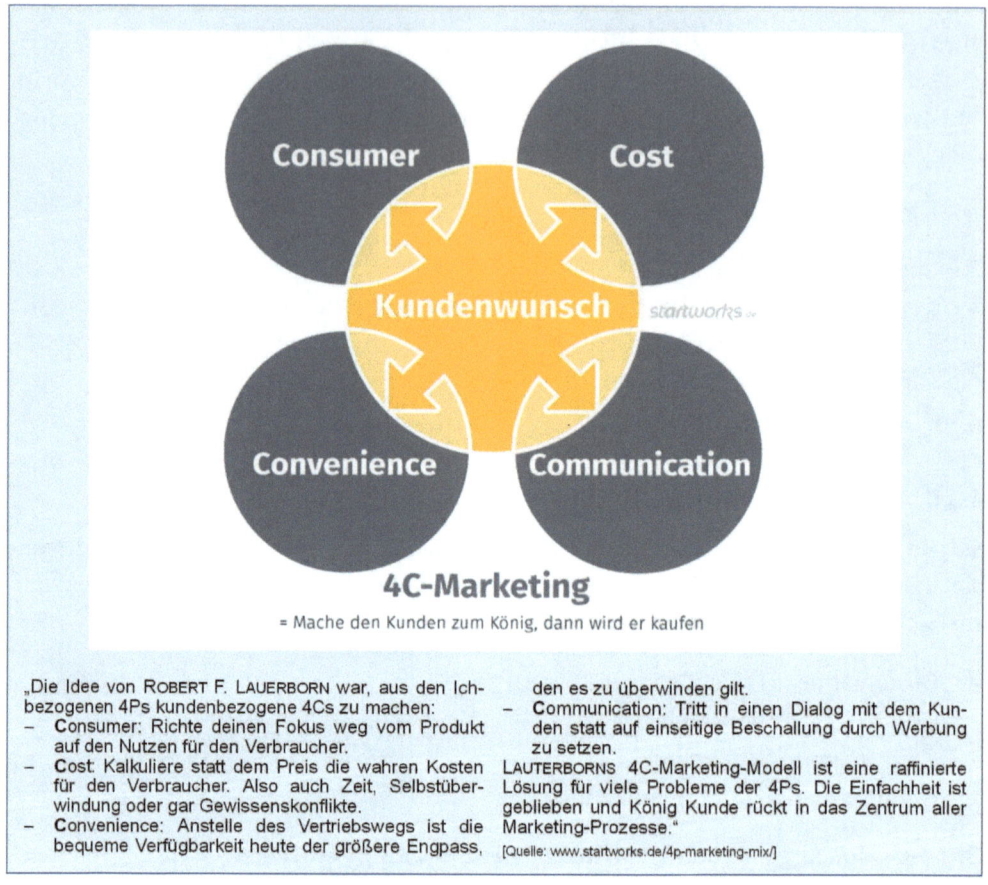

„Die Idee von ROBERT F. LAUERBORN war, aus den Ich-bezogenen 4Ps kundenbezogene 4Cs zu machen:
– Consumer: Richte deinen Fokus weg vom Produkt auf den Nutzen für den Verbraucher.
– Cost: Kalkuliere statt dem Preis die wahren Kosten für den Verbraucher. Also auch Zeit, Selbstüberwindung oder gar Gewissenskonflikte.
– Convenience: Anstelle des Vertriebswegs ist die bequeme Verfügbarkeit heute der größere Engpass,

den es zu überwinden gilt.
– Communication: Tritt in einen Dialog mit dem Kunden statt auf einseitige Beschallung durch Werbung zu setzen.
LAUERBORNS 4C-Marketing-Modell ist eine raffinierte Lösung für viele Probleme der 4Ps. Die Einfachheit ist geblieben und König Kunde rückt in das Zentrum aller Marketing-Prozesse."
[Quelle: www.startworks.de/4p-marketing-mix/]

Abb. 4-31: Das 4-C-Marketing-Modell

4.3.6 Marketing-Gleichung

Die Idee der Marketing-Gleichung beruht auf zwei Grundüberlegungen. Zum einen ist es die Darstellung und Analyse der Wertschöpfungs- und Prozessketten eines Unternehmens, zum anderen ist es die Erkenntnis, dass nur der vom Markt honorierte Wettbewerbsvorteil maßgebend für den nachhaltigen Gewinn eines Unternehmens ist.

(1)   Die Marketing-Wertschöpfungskette

Die Aufgaben von **Marketing und Vertrieb** zählen nach dem Grundmodell von MI-
CHAEL E. PORTER zu den Primäraktivitäten und damit zu den Kernprozessen eines Unternehmens. Weil nach unserem Verständnis auch der **Kundendienst** und zum Teil sicherlich auch die **Marketing-Logistik** („Versand") zur Marketing-Prozesskette gehören, werden die Kernkompetenzen eindeutig von den Marketingaktivitäten dominiert.
Die Primäraktivitäten lassen sich ebenso wie die Prozesse der Sekundäraktivitäten weiter unterteilen in Prozessphasen, Prozessschritte etc. Auf diese Weise können Prozesse
auf unterschiedlichen Ebenen in verschiedenen Detaillierungsgraden betrachtet werden
(siehe Abbildung 4-32).

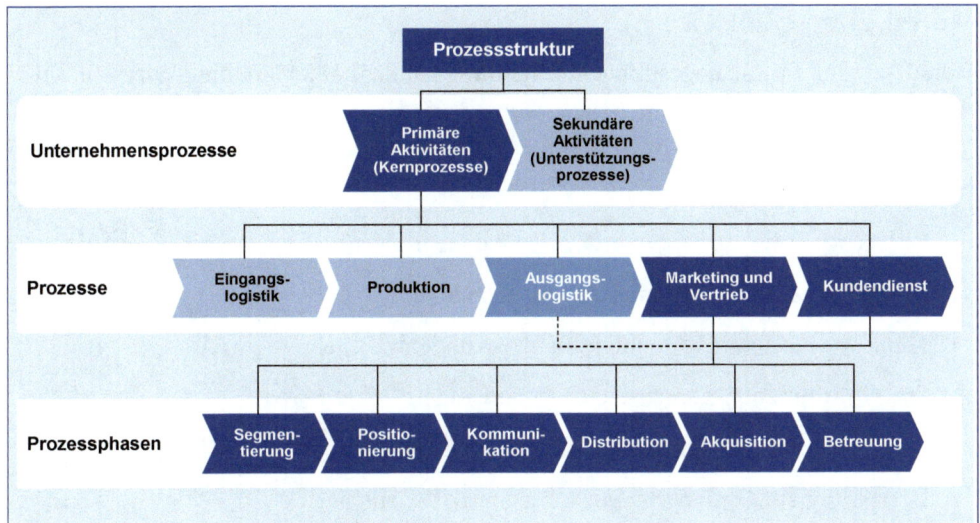

Abb. 4-32: Prozesshierarchie der Marketing-Wertschöpfungskette

(2) Elemente und Aufbau der Marketing-Gleichung

Zentrale Idee des Marketings ist es, die Vorteile des eigenen Unternehmens auf die Bedürfnisse vorhandener und potenzieller Kunden auszurichten. Die Bestimmungsfaktoren dieser Vorteile sind das Produkt- und Leistungsportfolio, die besonderen Fähigkeiten, das Know-how und die Innovationskraft, kurzum, das **Akquisitionspotenzial** des
Unternehmens.

Bereits WROE ALDERSON, einer der herausragenden Marketing-Theoretiker des 20.
Jahrhunderts, nimmt in seinem umfassenden Entwurf zu einer generellen Marketing-
Theorie die zentrale Idee der erst Jahrzehnte später voll entfachten Diskussion um die
Erzielung von Wettbewerbsvorteilen vorweg: *„Der Ansatz der Differenzierungsvor-
teile, ..., geht davon aus, dass niemand in einen Markt eintritt, wenn er nicht die Erwar-*

tung hat, einen gewissen Vorteil für seine Kunden bieten zu können und dass Wettbewerb in dem dauernden Bemühen um die Entwicklung, Erhaltung und Vergrößerung solcher Vorteile besteht. " [ALDERSON 1957, S. 106 zit. nach KUß 2013, S. 233].

Das Akquisitionspotenzial ist der Vorteil, den das Unternehmen gegenüber den Wettbewerbern hat. Dieser **Wettbewerbsvorteil** (an sich) ist aber letztlich ohne Bedeutung. Entscheidend ist vielmehr, dass der Wettbewerbsvorteil auch von den Kunden wahrgenommen wird. Erst die Akzeptanz im Markt sichert den nachhaltigen Gewinn. Genau diese Lücke zwischen dem Wettbewerbsvorteil *an sich* und dem vom Markt *honorierten* Wettbewerbsvorteil gilt es zu schließen. Damit sind gleichzeitig auch die beiden Pole aufgezeigt, zwischen denen die Marketing-Wertschöpfungskette einzuordnen ist. Eine Optimierung des Marketingprozesses führt somit zwangsläufig zur Schließung der Lücke [vgl. LIPPOLD 2010, S. 3 f.].

Voraussetzung für die angestrebte Optimierung ist, dass der Marketingprozess in seine Aktionsfelder *Segmentierung, Positionierung, Kommunikation, Distribution, Akquisition* und *Betreuung* zerlegt wird und diese jeweils einem zu optimierendem **Kundenkriterium** *("Variable")* zugeordnet werden:

- **Segmentierung** zur Optimierung des Kundennutzens

- **Positionierung** zur Optimierung des Kundenvorteils

- **Kommunikation** zur Optimierung der Kundenwahrnehmung

- **Distribution** zur Optimierung der Kundennähe

- **Akquisition** zur Optimierung der Kundenakzeptanz

- **Betreuung** zur Optimierung der Kundenzufriedenheit.

Entsprechend lässt sich folgende Gleichung im Sinne einer Identitätsbeziehung ableiten:

Honorierter Wettbewerbsvorteil = fachlicher Wettbewerbsvorteil + Kundennutzen + Kundenvorteil + Kundenwahrnehmung + Kundennähe + Kundenakzeptanz + Kundenzufriedenheit

Dabei geht es nicht um eine mathematisch-deterministische Auslegung des Begriffs „Gleichung". Angestrebt wird vielmehr der Gedanke eines herzustellenden *Gleichgewichts* (und *Identität*) zwischen dem Wettbewerbsvorteil *an sich* und dem vom Kunden *honorierten* Wettbewerbsvorteil.

Mit anderen Worten, hinter dieser Begriffsbildung steht die These, dass das Gleichgewicht durch die Addition der einzelnen, an Kundenkriterien ausgerichteten Aktionsfelder erreicht werden kann. Zur Veranschaulichung dieser Gleichgewichtsbeziehung dient die in Abbildung 4-33 vorgenommene Darstellung in Form einer Waage.

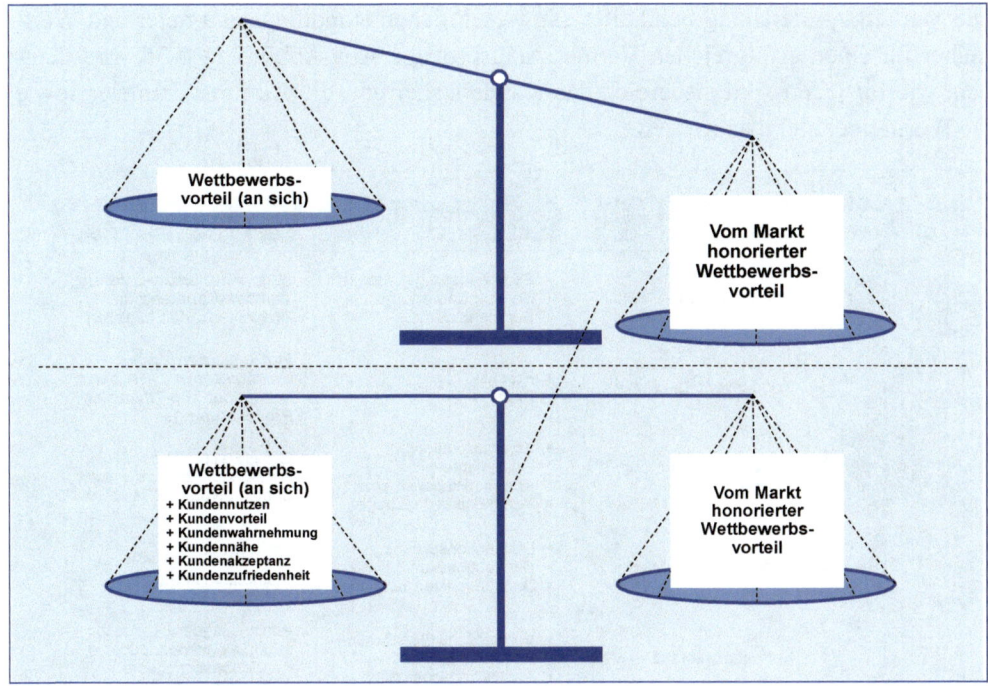

Abb. 4-33: Die Marketing-„Waage"

Abbildung 4-34 veranschaulicht den ganzheitlichen Ansatz der Marketing-Gleichung, indem sie die einzelnen Aktionsfelder in einen zeitlichen und inhaltlichen Wirkungszusammenhang stellt. In dieser Abbildung wird auch deutlich, dass die einzelnen Aktionsfelder zugleich die Hauptprozessphasen der Vermarktung darstellen.

Abb. 4-34: Die Marketing-Gleichung im Überblick

Die Marketing-Gleichung beinhaltet alle wesentlichen Handlungsparameter und Werttreiber für einen erfolgreichen Vermarktungsprozess. Aus Abbildung 4-35 wird deutlich, wie für jeden Aktionsbereich das Kundenkriterium, die Aktionsparameter sowie die Werttreiber sichtbar werden.

Aktionsfeld	Kundenkriterium („Variable")	Aktionsparameter	Werttreiber (Beispiele)
Segmentierung	Kundennutzen → Max!	• Segmentierungskriterien • Segmentbewertung • Segmentauswahl	Segmentvolumen/-potenzial, Wettbewerbsintensität, Preisniveau, Kapitalbedarf
Positionierung	Kundenvorteil → Max!	• Produkt • Preis	Markeneffizienz-Index, div. Markenstärke-Treiber, div. Markenportfolio-Treiber, div. Produktrankings
Kommunikation	Kundenwahrnehmung → Max!	• Kommunikationsinstrumente • Kommunikationsmedien • Kommunikationsbudget	Gross Rating Point (GRP), Klick-Rate, Konversionsrate, Clipping-Rate als Beispiele
Distribution	Kundennähe → Max!	• Distributionsorgane • Distributionskanäle • Distributionsformen	Lieferservice-Niveau, Distributionsgrad
Akquisition	Kundenakzeptanz → Max!	• Vertriebliche Qualifikation • Akquisitionszyklus • Akquisitionscontrolling	Abschlussquote, Umsatzquote, Neukundenquote, Kundenbesuchsquote, Auftrags(besuchs)quote
Betreuung	Kundenzufriedenheit → Max!	• Kundenwert • Kundenbeziehung	Kundenzufriedenheitsindex, Wiederholungskaufrate, Kundenbindungsrate, Kundendurchdringungsrate, Cross-Buying-Rate etc.

Abb. 4-35: Kundenkriterium, Aktionsparameter und Werttreiber

Wie die Abschnitte 4.3.4 bis 4.3.6 zeigen, sind das 4-P-Modell, das 4-C-Modell und die Marketing-Gleichung konzeptionell sehr ähnlich. Alle drei Ansätze haben die Systematik und inhaltliche Abstimmung der Marketing-Instrumente zum Gegenstand. Im Gegensatz zu 4P und 4C gibt die prozessorientierte Marketing-Gleichung zusätzliche Hinweise zu den Aktionsparametern und Werttreibern für jeden Aktionsbereich.

Abbildung 4-36 liefert einen synoptischen Vergleich zwischen dem 4-P-Modell, dem 4-C-Modell und der Marketing-Gleichung. Dabei deuten die Pfeile an, aus welchen Instrumenten bzw. Bereichen sich die einzelnen Aktionsfelder der Marketing-Gleichung speisen.

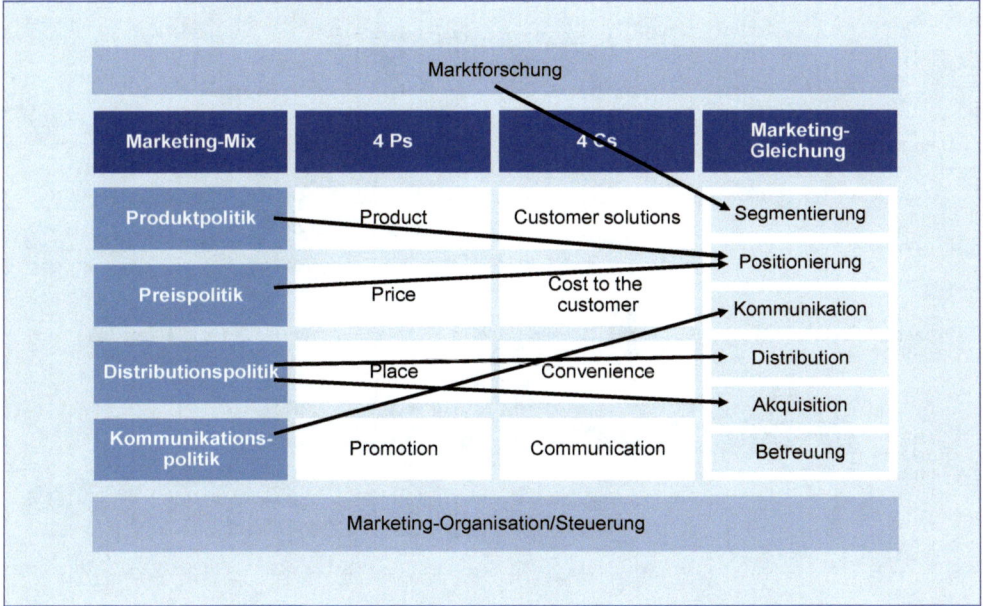

Abb. 4-36: Synopse zwischen 4P, 4C und Marketing-Gleichung

4.3.7 Personalmarketing-Gleichung

Das *Personalmanagement* zählt nach dem Grundmodell von PORTER zu den Sekundär-oder Unterstützungsaktivitäten, die für die Ausübung der Primäraktivitäten die notwendige Voraussetzung sind. Sie liefern somit einen *indirekten* Beitrag zur Erstellung eines Produktes oder einer Dienstleistung. Ebenso wie die Primäraktivitäten lassen sich auch die Prozesse der Sekundäraktivitäten weiter unterteilen in Prozessphasen, Prozessschritte etc. Prozesse können so auf unterschiedlichen Ebenen in verschiedenen Detaillierungsgraden betrachtet werden (siehe Abbildung 4-37). Es soll in diesem Zusammenhang aber nicht unerwähnt bleiben, dass sich das Grundmodell von PORTER in seiner Systematik schwerpunktmäßig auf die Wertschöpfungskette von Industriebetrieben bezieht. So ist bei Handelsbetrieben die Primäraktivität *Produktion* ohne Bedeutung und in der Beratungsbranche zählt das *Personalmanagement* nicht zu den Sekundär-, sondern zu den Primäraktivitäten.

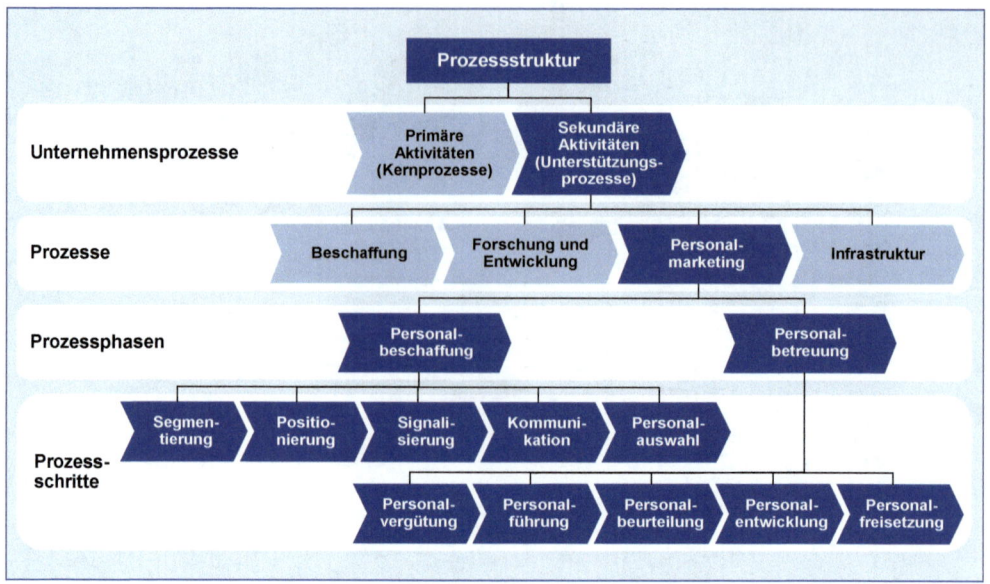

Abb. 4-37: Prozesshierarchie der personalen Wertschöpfungskette

Generell sind es zwei Phasen (= Aktionsbereiche), die die Wertschöpfungskette des Personalmanagements bzw. des Personalmarketings bestimmen:

- Phase (= Aktionsbereich) der *Personalbeschaffung* und die
- Phase (= Aktionsbereich) der *Personalbetreuung*.

Während die Personalbeschaffung auf die *Mitarbeitergewinnung* abzielt, ist die Personalbetreuung auf die *Mitarbeiterbindung* ausgerichtet.

Um den Personalbeschaffungsprozess im Sinne einer Wertorientierung optimieren zu können, ist es sinnvoll, die Prozessphase **Personalbeschaffung** in seine einzelnen Prozessschritte (= Aktionsfelder) zu zerlegen und diese jeweils einem zu optimierenden *Bewerberkriterium* als Prozessziel zuzuordnen:

- **Segmentierung** (des Arbeitsmarktes) zur Optimierung des *Bewerbernutzens*

- **Positionierung** (im Arbeitsmarkt) zur Optimierung des *Bewerbervorteils*

- **Signalisierung** (im Arbeitsmarkt) zur Optimierung der *Bewerberwahrnehmung*

- **Kommunikation** (mit dem Bewerber) zur Optimierung des *Bewerbervertrauens*

- **Personalauswahl und -integration** zur Optimierung der *Bewerberakzeptanz*.

Analog dazu wird die Prozessphase **Personalbetreuung** in ihre Prozessschritte (= Aktionsfelder) aufgeteilt und ebenfalls jeweils einem zu optimierenden *Bindungskriterium* zugeordnet:

- **Personalvergütung** zur Optimierung der *Gerechtigkeit* (gegenüber dem Mitarbeiter)

- **Personalführung** zur Optimierung der *Wertschätzung* (gegenüber dem Mitarbeiter)

- **Personalbeurteilung** zur Optimierung der *Fairness* (gegenüber dem Mitarbeiter)

- **Personalentwicklung** zur Optimierung der *Forderung und Förderung* (des Mitarbeiters)

- **Personalfreisetzung** zur Optimierung der *Erleichterung* (des Mitarbeiters).

Abbildung 4-38 liefert eine Darstellung der Zuordnungsbeziehungen zwischen Prozessphasen, Prozessschritte und Prozessziele im Personalsektor.

Prozessphasen	Prozessschritte	Prozessziele
		Mitarbeitergewinnung
Personalbeschaffung	Segmentierung	Optimierung des Bewerbernutzens
	Positionierung	Optimierung des Bewerbervorteils
	Signalisierung	Optimierung der Bewerberwahrnehmung
	Kommunikation	Optimierung des Bewerbervertrauens
	Auswahl und Integration	Optimierung der Bewerberakzeptanz
		Mitarbeiterbindung
Personalbetreuung	Personalvergütung	Optimierung der Gerechtigkeit
	Personalführung	Optimierung der Wertschätzung
	Personalbeurteilung	Optimierung der Fairness
	Personalentwicklung	Optimierung der Forderung/Förderung
	Personalfreisetzung	Optimierung der Erleichterung

Abb. 4-38: Prozessphasen, Prozessschritte und Prozessziele im Personalmanagement

(1) Wertorientiertes Personalmanagement

Mit der Analyse der Wertschöpfungskette ist zugleich auch die Grundlage für ein *wertorientiertes Personalmanagement* gelegt. Es steht für eine betont quantitative Ausrichtung der *Aktionsparameter*, der *Prozesse* und der *Werttreiber* des Personalsektors am Unternehmenserfolg [vgl. DGFP 2004, S. 27].

- **Aktionsparameter** sind Stellschrauben, die dem Management zur Verbesserung der Effizienz und Effektivität innerhalb eines Aktionsfeldes zur Verfügung stehen. Im Vordergrund steht also die aktive Beeinflussung erfolgswirksamer Personalmaßnahmen im Sinne der angestrebten Aktionsfeldziele.

- **Prozesse** im Personalsektor sind durch Vielfalt und Vielzahl gekennzeichnet. Gleichwohl stellen die oben als Aktionsfelder bezeichneten Prozessschritte die strategisch und im Hinblick auf die Entwicklung des Unternehmenswertes wichtigsten Prozesse dar.

- **Werttreiber** sind betriebswirtschaftliche Größen, die einen messbaren ökonomischen Nutzen für den Unternehmenserfolg liefern. Sie operationalisieren Aktionsparameter und Prozesse in messbaren Größen und beeinflussen unmittelbar den Wert des Unternehmens.

Das inhaltliche Rahmenkonzept des wertorientierten Personalmanagements geht von den Aktionsparametern aus, ordnet diesen die betreffenden Prozesse zu und zeigt für jeden Prozess die jeweils relevanten Werttreiber auf.

In Abbildung 4-39 sind die konzeptionellen Zusammenhänge zwischen Aktionsparameter, Prozesse und Werttreiber dargestellt.

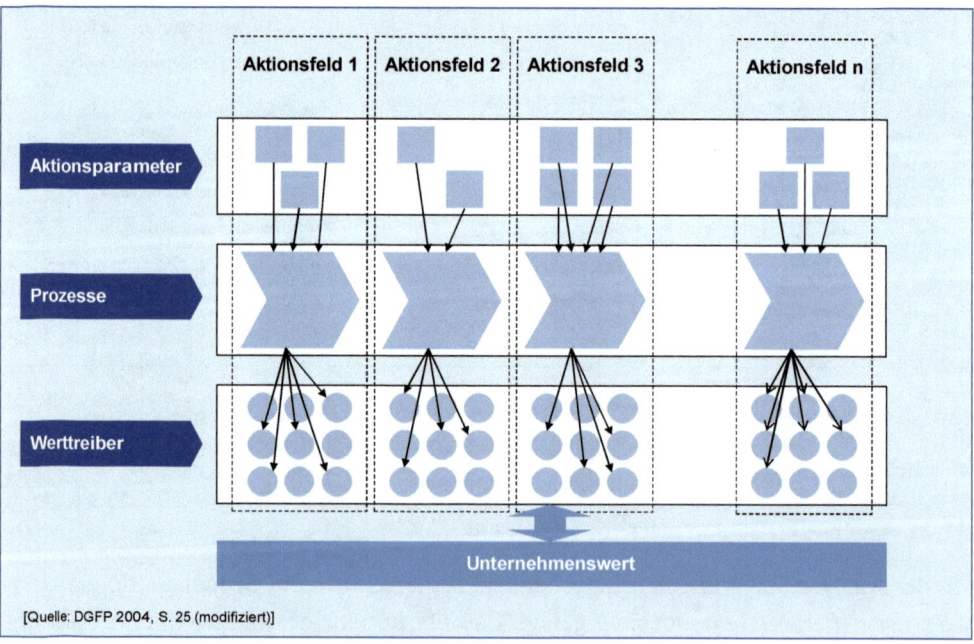

Abb. 4-39: Konzeptionelle Zusammenhänge im wertorientierten Personalmanagement

Da die einzelnen Branchen-, Markt- und Umfeldbedingungen für jedes Unternehmen unterschiedlich sind, kann es auch kein einheitliches Standardkonzept für das wertorientierte Personalmanagement geben. Jedes Unternehmen muss daher sein eigenes wertorientiertes Konzept für den Personalsektor entwickeln. Im Rahmen dieser Ausarbeitung werden für alle Prozessschritte (= Aktionsfelder) der Personalgewinnung und Personalbetreuung entsprechende Aktionsparameter und Werttreiber beispielhaft vorgestellt [vgl. DGFP 2004, S. 30 ff.].

(2) Analogien zum klassischen Marketing

Beide Teilziele der personalen Wertschöpfungskette, also die Personalgewinnung und die Personalbindung, lassen sich nur dann erreichen, wenn es dem Personalmanagement gelingt, die Vorteile des eigenen Unternehmens auf die Bedürfnisse vorhandener und potentieller Mitarbeiter (Bewerber) auszurichten. Die Bestimmungsfaktoren dieser Vorteile sind neben dem Leistungsportfolio, den besonderen Fähigkeiten, dem Know-how und der Innovationskraft auch die Unternehmenskultur, kurzum: das **Akquisitionspotenzial** des Unternehmens.

Das Akquisitionspotenzial ist der Vorteil, den das Unternehmen gegenüber dem Wettbewerb hat. Dieser **Wettbewerbsvorteil** (an sich) ist aber letztlich ohne Bedeutung. Entscheidend ist vielmehr, dass der Wettbewerbsvorteil auch von den Bewerbern (innerhalb der Prozesskette *Personalbeschaffung*) und von den eigenen Mitarbeitern (innerhalb der Prozesskette *Personalbetreuung*) wahrgenommen wird. Erst die Akzeptanz im Bewerbermarkt und bei den Mitarbeitern sichert die Gewinnung bedarfsgerechter Bewerbungen einerseits und die Bindung wertvoller personaler Ressourcen andererseits. Genau diese Lücke zwischen dem Wettbewerbsvorteil *an sich* und dem vom Bewerbermarkt und den eigenen Mitarbeitern **honorierten Wettbewerbsvorteil** gilt es zu schließen. Damit sind gleichzeitig auch die Pole aufgezeigt, zwischen denen die beiden Prozessphasen der personalen Wertschöpfungskette einzuordnen sind. Eine Optimierung des Beschaffungsprozesses und des Betreuungsprozesses führt somit zwangsläufig zur Schließung der oben skizzierten Lücke [vgl. Lippold 2010, S. 3 f.].

Diese Aufgabenstellung erfordert eine Vorgehensweise, die in enger Analogie zum Vorgehen auf den Absatzmärkten steht. Im *Absatz*marketing (also im klassischen Marketing) ist der *Kunde* mit seinen Nutzenvorstellungen Ausgangspunkt aller Überlegungen. Im *Personal*marketing ist der gegenwärtige und zukünftige Mitarbeiter der Kunde. Die Anforderungen der Bewerber (engl. *Applicant*) und der Mitarbeiter (engl. *Employee*) an den (potenziellen) Arbeitgeber (engl. *Employer*) bilden die Grundlage für ein gezieltes Personalmarketing [vgl. Simon et al. 1995, S. 64].

Aus den beiden Teilzielen der personalen Wertschöpfungskette (Personalgewinnung und Personalbindung) lassen sich zwei *Zielfunktionen* ableiten, eine zur Optimierung der Prozesskette *Personalbeschaffung* und eine zur Optimierung der Prozesskette *Per-

sonalbetreuung. Dieser Optimierungsansatz lässt sich in seiner Gesamtheit auch – analog zur Marketing-Gleichung im Absatzmarketing [vgl. LIPPOLD 2012, S. 31 ff.] – als (zweigeteilte) *Personalmarketing-Gleichung* darstellen:

(1) Für den **Personalbeschaffungsprozess**:

> Vom Bewerber honorierter Wettbewerbsvorteil = fachlicher Wettbewerbsvorteil + Bewerbernutzen + Bewerbervorteil + Bewerberwahrnehmung + Bewerbervertrauen + Bewerberakzeptanz

(2) Für den **Personalbetreuungsprozess**:

> Vom Mitarbeiter honorierter Wettbewerbsvorteil = fachlicher Wettbewerbsvorteil + Gerechtigkeit + Wertschätzung + Fairness + Forderung/Förderung + Erleichterung

Dabei geht es nicht um eine mathematisch-deterministische Auslegung dieses Begriffs. Angestrebt ist vielmehr der Gedanke eines herzustellenden *Gleichgewichts* (und Identität) zwischen dem Wettbewerbsvorteil an sich und dem vom Bewerber bzw. Mitarbeiter honorierten Wettbewerbsvorteil. Mit anderen Worten, hinter dieser Begriffsbildung steht die These, dass das Gleichgewicht durch die Addition der einzelnen, an Bewerberbzw. Bindungskriterien ausgerichteten Aktionsfelder erreicht werden kann. Zur Veranschaulichung dieser Gleichgewichtsbeziehungen dienen die in Abbildung 4-40 und 4-41vorgenommenen Darstellungen in Form einer Personalmarketing-Waage".

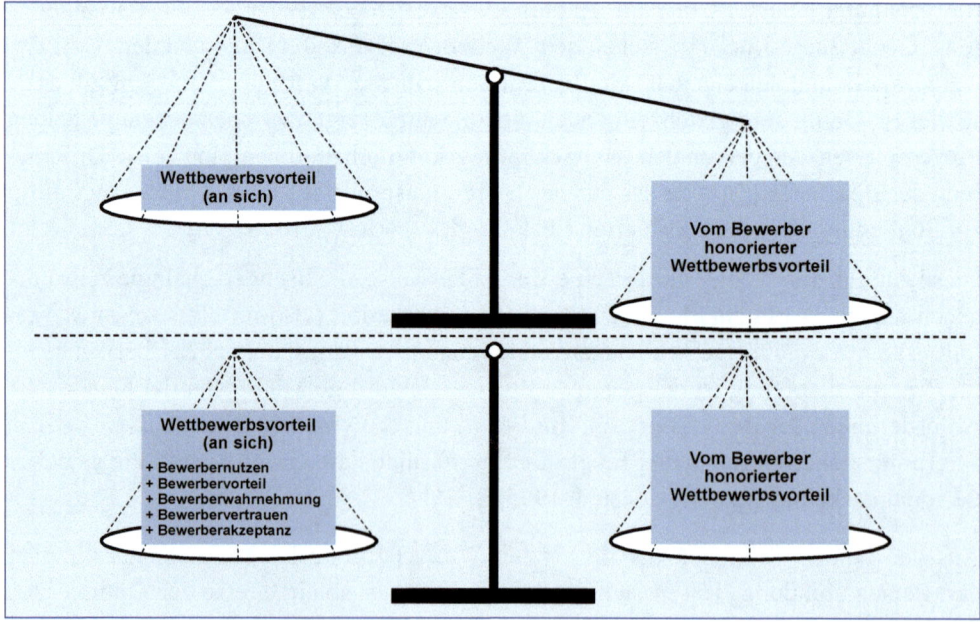

Abb. 4-40: Die Personalmarketing-„Waage" für den Personalbeschaffungsprozess

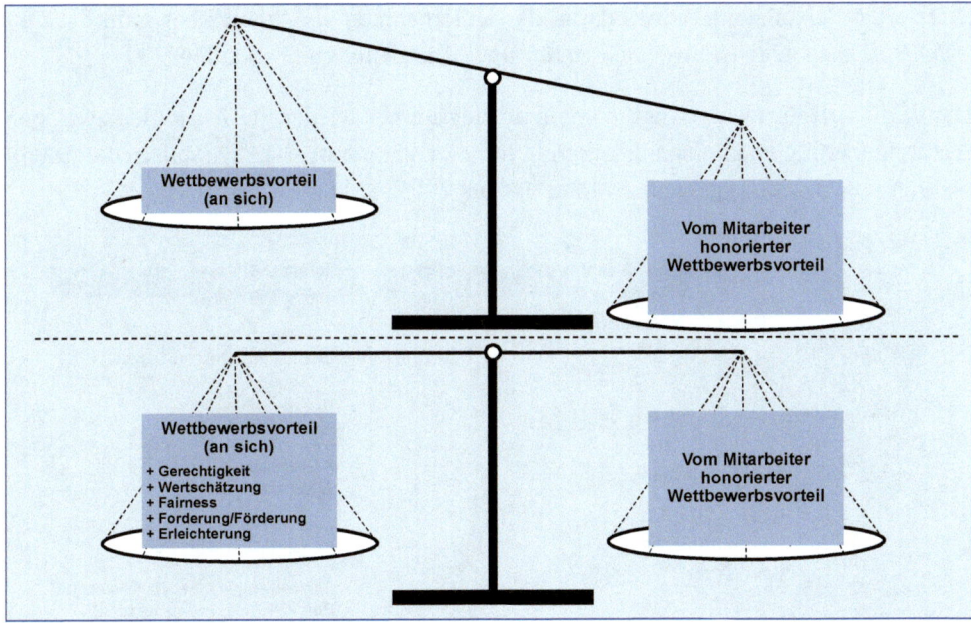

Abb. 4-41: Die Personalmarketing-„Waage" für den Personalbetreuungsprozess

Abbildung 4-42 veranschaulicht darüber hinaus den ganzheitlichen Ansatz der Personalmarketing-Gleichung, indem sie die einzelnen Aktionsfelder in einen zeitlichen und inhaltlichen Wirkungszusammenhang stellt.

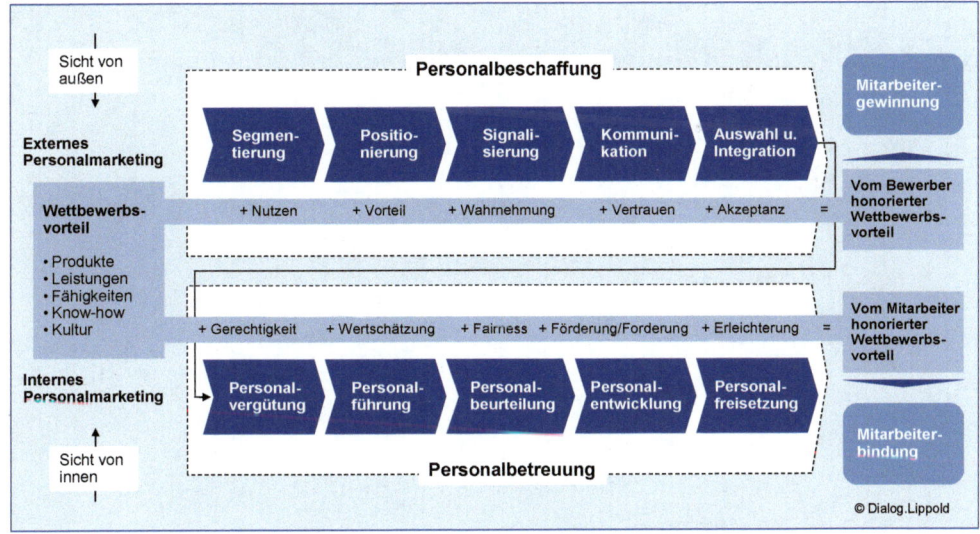

Abb. 4-42: Die Personalmarketing-Gleichung im Überblick

In dem Bewusstsein, dass sich der Arbeitsmarkt zu einem *Käufermarkt* für hoch qualifizierte Fach- und Nachwuchskräfte gewandelt hat, besteht der Grundgedanke des hier skizzierten Personalmarketings darin, das Unternehmen als Arbeitgeber samt Produkt *Arbeitsplatz* an gegenwärtige und zukünftige Mitarbeiter zu „verkaufen".

Damit dies erfolgreich gelingt, sollte man sich immer wieder die Analogien zwischen Absatzmarketing und Personalmarketing – wie in Abbildung 4-43 synoptisch dargestellt – vor Augen führen [vgl. auch SCHAMBERGER 2006, S. 11].

Abb. 4-43: Gegenüberstellung von Absatzmarketing und Personalmarketing

5. Tools zur Problemlösung

Nachdem die verschiedenen Verfahren und Tools zur Zielformulierung als Ausgangs-punkt des Problemlösungsprozesses beschrieben wurden, geht es nun um den Prob-lemlösungsprozess an sich. Dabei soll nicht verschwiegen werden, dass ein Berater sehr häufig ein ganz anderes Problem- und auch Problemlösungsverständnis hat als seine Kunden. Um ein Problem zu lösen – also um die Lücke zwischen Soll und Ist zu schlie-ßen – hat sich in der Praxis eine ganze Reihe von Problemlösungsmethoden etabliert, von denen im Folgenden die aus Beratersicht wichtigsten Ansätze vorgestellt werden sollen. Dabei sollte berücksichtigt werden, dass *„standardisierte Problemlösungsme-thoden oder Beratungsprodukte (...) in der Regel nichts anderes als Flussdiagramme des Phasenablaufs eines bestimmten Lösungsvorgehens (sind), das sich in der Praxis über Jahre oder gar Jahrzehnte hinweg als sinnvoll, realisierbar und erfolgreich erwie-sen hat"* [NIEDEREICHHOLZ 2008, S. 208].

5.1 Planungs- und Kreativitätstechniken

Eine wichtige Rolle im Rahmen des Problemlösungsprozesses nehmen Kreativitätstech-niken ein. Dabei steht die Suche nach alternativen und innovativen Ideen im Vorder-grund. Aus dem nahezu unbegrenzten Katalog an Kreativitätstechniken (= Techniken der Ideenfindung) sollen hier kurz sechs grundlegende Techniken, dessen Anwendung vom Berater immer wieder erwartet wird, vorgestellt werden:

- Brainstorming
- Brainwriting
- Methode 635
- Synektik
- Bionik
- Morphologischer Kasten
- Mind Mapping
- Osborn-Methode

5.1.1 Brainstorming

Die Brainstorming-Technik stützt sich auf das Prinzip der Assoziation, um möglichst viele problembezogene Ideen hervorzubringen. Es handelt sich dabei um die Methode eines gemeinsamen Nachdenkens innerhalb einer Problemlösungsgruppe. ALEX F. OS-BORNE, der Erfinder der Methode, benannte sie nach ihrem Wesen, nämlich *„using the brain to storm a problem"*. Durch einen vergleichsweise genau geregelten Ablauf, bei der während der Brainstorming-Sitzung von den Teilnehmern keinerlei Kritik an den

https://doi.org/10.1515/9783110696226-006

Ideen anderer geübt werden darf, sollen möglichst viele Ideen entwickelt werden, d. h. Quantität geht vor Qualität. In Abbildung 5-01 sind die Vorgehensweise sowie die wichtigsten Regeln zusammengefasst.

Als Einsatz- bzw. Anwendungsgebiet wird häufig die Werbung genannt. Brainstorming kommt aber ebenso mit mehr oder weniger Erfolg bei der Produktentwicklung oder allgemein bei der Ideenfindung in den unterschiedlichsten Bereichen zum Einsatz.

Brainstorming gilt als leicht zu erlernende, einfach durchzuführende Kreativitätstechnik, deren Einsatz zudem nur mit geringen Kosten verbunden ist. Die Güte der Ergebnisse ist allerdings sehr von der Zusammensetzung der Teilnehmer abhängig. Auch besteht die Gefahr von gruppendynamischen Konflikten bei unterschiedlichen hierarchischen Ebenen der Teilnehmer.

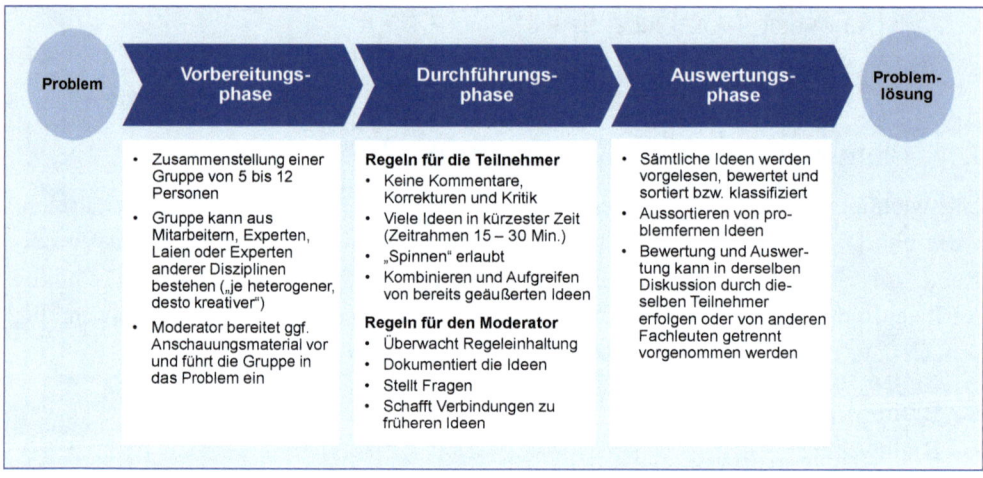

Abb. 5-01: Vorgehensweise und Regeln der Brainstorming-Methode

5.1.2 Brainwriting

Brainwriting ist im Prinzip die *schriftliche* Variante des Brainstormings. Das Besondere beim Brainwriting ist, dass jeder Teilnehmer in Ruhe Ideen sammeln und diese schriftlich festhalten kann. Auch sind im Gegensatz zum Brainstorming die Anonymität und damit die Gleichwertigkeit der Ideen gewährleistet. Beim Brainwriting wird wie beim Brainstorming darauf geachtet, dass alle Faktoren, die den Prozess der Ideenfindung hemmen, ausgeschaltet werden. Die Teilnehmer sollen ohne jede Einschränkung Ideen produzieren und diese mit anderen Ideen kombinieren. Im Idealfall inspirieren sich die Teilnehmer während des Schreibprozesses gegenseitig mit ihren Ideen, die sie dann weiterentwickeln können. Ebenso wie beim Brainstorming gibt es auch beim Brainwriting verschiedene Techniken und Ausprägungen.

5.1.3 Methode 635

Die Methode 635 ist die bekannteste Form der Brainwriting-Techniken. Danach besteht die Gruppe aus *sechs* Teilnehmern, die jeweils ein gleich großes Blatt Papier erhalten (siehe Abbildung 5-02). Dieses ist mit drei Spalten und sechs Zeilen in 18 Kästchen aufgeteilt. Jeder Teilnehmer wird aufgefordert, in der ersten Zeile *drei* Ideen (je Spalte eine) zu einem bestimmten Problemfeld zu formulieren. Jedes Blatt wird nach angemessener Zeit – je nach Schwierigkeitsgrad der Problemstellung etwa 3 bis 5 Minuten – von allen gleichzeitig, im Uhrzeigersinn weitergereicht. Der Nächste soll versuchen, die bereits genannten Ideen aufzugreifen, zu ergänzen und weiterzuentwickeln. Diese Ideen werden so lange weitergereicht, bis jeder Teilnehmer sämtliche Blätter eingesehen hat, d. h. jede Idee wird *fünf* Mal weitergereicht. Sechs Teilnehmer mit je drei Ideen, die fünf Mal weitergereicht werden - daher die Bezeichnung der Methode [vgl. ROHRBACH 1969, S. 73 ff.].

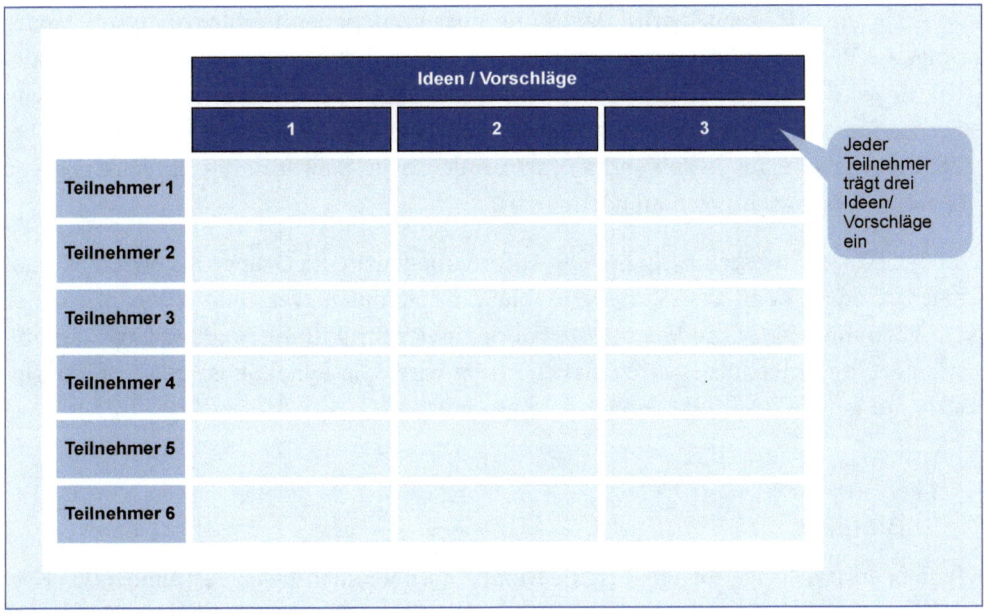

Abb. 5-02: Das Arbeitspapier der Methode 635

Die Methode, die 1968 vom Unternehmensberater BERND ROHRBACH entwickelt wurde, wird eingesetzt bei Spannungen oder Schwierigkeiten in der Gruppe, bei dominanten Gruppenmitgliedern sowie bei komplexen Ideen, die schwierige Denkprozesse erfordern. Der Vorteil der Methode liegt in der Fülle von Ideen in kurzer Zeit (ca. 30 Minuten). Die Ideen werden nicht zerredet, sondern jeder Teilnehmer kann selbständig arbeiten und sich von den Ideen der anderen anregen lassen. Nachteilig kann sein, dass zu wenig Zeit bleibt, um seine Ideen klar darzulegen und dass viele Redundanzen auftreten.

5.1.4 Synektik

Die Synektik zählt zu den verfremdenden Kreativitätstechniken, bei denen die Suche nach ähnlichen oder vergleichbaren Strukturen und Mustern in anderen Erfahrungsbereichen im Vordergrund steht. Mit dieser Analogiebildung sollen problemfremde Strukturen übertragen bzw. sachlich nicht zusammenhängende Wissenselemente kombiniert werden. Aus diesem Vorgang leitet sich auch der Name der Methode ab: Synektik (griech. *synechein* = etwas miteinander in Verbindung bringen, verknüpfen). WILLIAM GORDON entwickelte diese Methode 1944 auf der Grundlage intensiver Studien über Denk- und Problemlösungsprozesse. Bei der Synektik entfernen sich die Teilnehmer bewusst vom eigentlichen Problem. Es geht darum, Wissen aus völlig anderen Sachbereichen (Natur, Technik, Politik, Gesellschaft) mit dem Ausgangsproblem zu verknüpfen und daraus kreative Lösungsmöglichkeiten abzuleiten.

Das Grundprinzip der Synektik heißt: *„Mache Dir das Fremde vertraut und verfremde das Vertraute."* Begonnen wird daher mit einer gründlichen Problemanalyse. Danach erfolgt die Verfremdung der ursprünglichen Problemstellung durch Bildung von Analogien. Es wird versucht, durch Analogieschlüsse neue und überraschende Lösungsansätze zu finden (Fallschirm – Pusteblume; Regenschirm – Fliegenpilz). Insgesamt besteht die Methode aus zehn Schritten, wobei der letzte Schritt in die Entwicklung von konkreten Lösungsansätzen mündet.

Die Synektik stellt regelmäßig höhere Anforderungen an die Gruppe als andere Kreativitätsmethoden, denn der Verfahrensablauf ist zeitintensiver und durch die vielen Schritte komplizierter. Zudem muss das Prinzip der Strukturübertragung bzw. -kombination geübt werden, bis es effizient beherrscht wird. Die Synektik ist zwar trainingsintensiv, für geübte Anwender jedoch sehr effektiv.

5.1.5 Bionik

Weniger anspruchsvoll angelegt ist die Bionik, die ebenfalls zu den verfremdenden Kreativitätstechniken zählt. Bionik beschäftigt sich mit der Entschlüsselung von Erfindungen der Natur und ihre innovative Umsetzung in die Technik. Das Wort Bionik ist ein Kofferwort und kombiniert die Begriffe *Bio*logie und Tech*nik* und bringt damit zum Ausdruck, wie für technische Anwendungen Prinzipien verwendet werden können, die aus der Biologie abgeleitet werden. Im Laufe der Evolution hat die Natur viele optimierte Lösungen für bestimmte mechanische, strukturelle oder organisatorische Probleme hervorgebracht. Die Bionik analysiert diese vorhandenen natürlichen Lösungen zunächst. Anschließend können die gefundenen Prinzipien aufbereitet und in einer abstrahierten Form der Technik zugänglich gemacht werden. Die Bionik stellt keine Blaupausen für die Technik bereit, sondern lebt vom Austausch von Experten aus verschiedenen Fachrichtungen. So können interdisziplinär Naturwissenschaftler und Ingenieure mit Architekten, Philosophen oder Designern zusammenarbeiten. Als großer Vordenker und Protagonist der Bionik gilt LEONARDO DA VINCI. Beispiele für Entsprechungen von technischen Entwicklungen und Natur sind:

- Regentropfen als Vorbild für die Lupe
- Saugnäpfe, die auch bei Kraken und Käfern vorkommen
- Strahltriebwerk, das dem Rückstoßprinzip bei Quallen und Tintenfischen entspricht
- Propeller, deren Funktionsweise der Flügelfrucht des Ahorns entspricht etc.

5.1.6 Morphologischer Kasten

Die morphologische Methode ist eine systematisch-strukturierende Kreativitätstechnik. Sie versucht, eine Darstellung aller theoretisch denkbaren Kombinationen und Variationen von Lösungen zu einem gegebenen Problem zu finden. Die bekannteste morphologische Technik ist der von dem Schweizer Physiker FRITZ ZWICKY (1898 – 1974) entwickelte morphologische Kasten.

Die Methode des morphologischen Kastens eignet sich besonders gut bei der Produktentwicklung. Dabei werden für verschiedene Parameter alle denkbaren Kombinationsmöglichkeiten an Merkmalsausprägungen dargestellt und auf ihre Eignung hin überprüft. Viele der Möglichkeiten werden aufgrund technischer oder wirtschaftlicher Gegebenheiten sinnlos sein. Doch möglicherweise werden auch zukunftsträchtige Kombinationsmöglichkeiten erkannt, an die bisher noch niemand gedacht hat. Diese sind anhand von geeigneten Kriterien (Preis, Funktion, Herstellkosten, Absatzchancen, bestehende Konkurrenzprodukte etc.) weiter zu analysieren. Wenn diese in besonders hohem Maße Kundenerwartungen und zugleich technisch herstellbar sind, ist der Weg frei für eine Produktinnovation.

In Abbildung 5-03 ist ein anschauliches Beispiel eines morphologischen Kastens für ein zu entwickelndes Lastfahrzeug dargestellt. Dabei wird deutlich, dass die Methode die Nutzung des Kastens als Ordnungsgerüst vorsieht, indem die verschiedenen Teillösungsansätze zusammengetragen werden und so ein Gesamtlösungssystem entwickelt werden kann [vgl. MACHARZINA/WOLF 2010, S. 856].

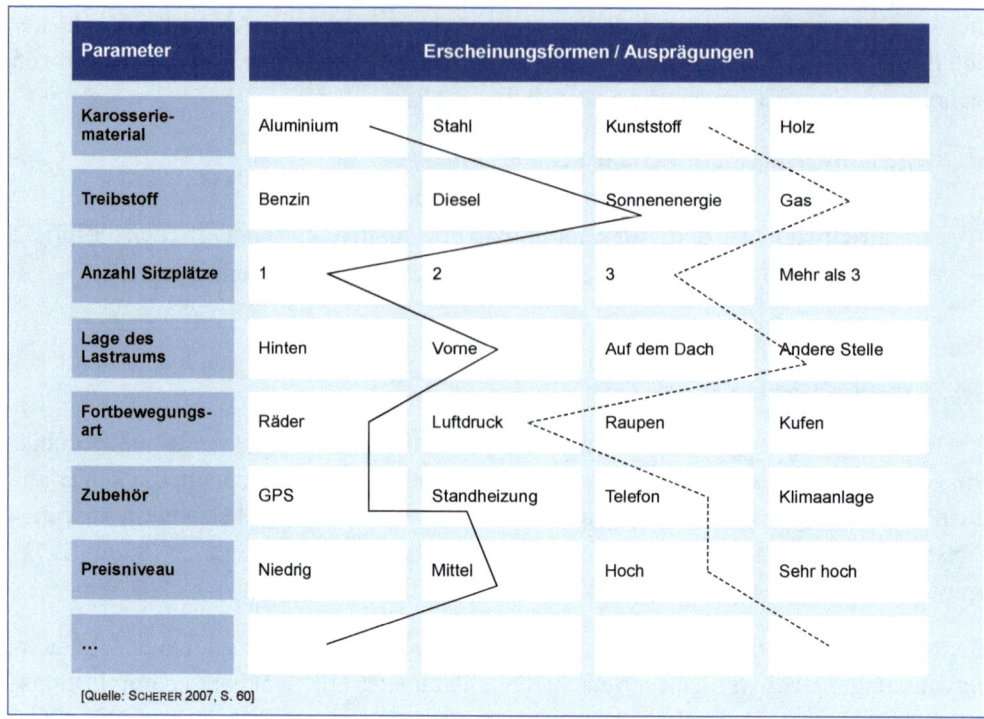

Parameter	Erscheinungsformen / Ausprägungen			
Karosserie-material	Aluminium	Stahl	Kunststoff	Holz
Treibstoff	Benzin	Diesel	Sonnenenergie	Gas
Anzahl Sitzplätze	1	2	3	Mehr als 3
Lage des Lastraums	Hinten	Vorne	Auf dem Dach	Andere Stelle
Fortbewegungs-art	Räder	Luftdruck	Raupen	Kufen
Zubehör	GPS	Standheizung	Telefon	Klimaanlage
Preisniveau	Niedrig	Mittel	Hoch	Sehr hoch
...				

[Quelle: SCHERER 2007, S. 60]

Abb. 5-03:   Beispiel eines morphologischen Kastens

5.1.7 Mind Mapping

Mind Mapping ist eine Arbeitsmethode, die zum Erschließen und visuellen Darstellen eines Themengebietes, zum Planen oder für Mitschriften genutzt werden kann. TONY BUZAN entwickelte die Methode in den 1970er Jahren auf der Grundlage von gehirn-physiologischen Hypothesen. Mind Mapping ist eine spezielle Art, sich übersichtliche Notizen zu machen. Hierbei soll das Prinzip der Assoziation helfen, Gedanken frei zu entfalten und die Fähigkeit des Gehirns zur Kategorisierung zu nutzen. Die Mindmap wird nach bestimmten Regeln erstellt und gelesen (siehe Abbildung 5-04). Den Prozess bzw. das Themengebiet bzw. die Technik bezeichnet man als Mind Mapping.

Im Gegensatz zur klassischen linearen Struktur der Aufzeichnungen, ist die Mindmap eine auf den ersten Blick übersichtliche Gedanken(land)karte, die das zentrale Thema sofort erkennbar machen soll. Im Zentrum der Darstellung steht das Thema als wesent-licher Aspekt. Von da aus verzweigen sich alle Gedanken. In dieser Darstellung der Verzweigungen kann man übersichtlich lernen, planen und organisieren, auch Referate und Präsentationen strukturieren [Quelle: www.methodenpool.uni-koeln.de/down-load/mindmapping.pdf].

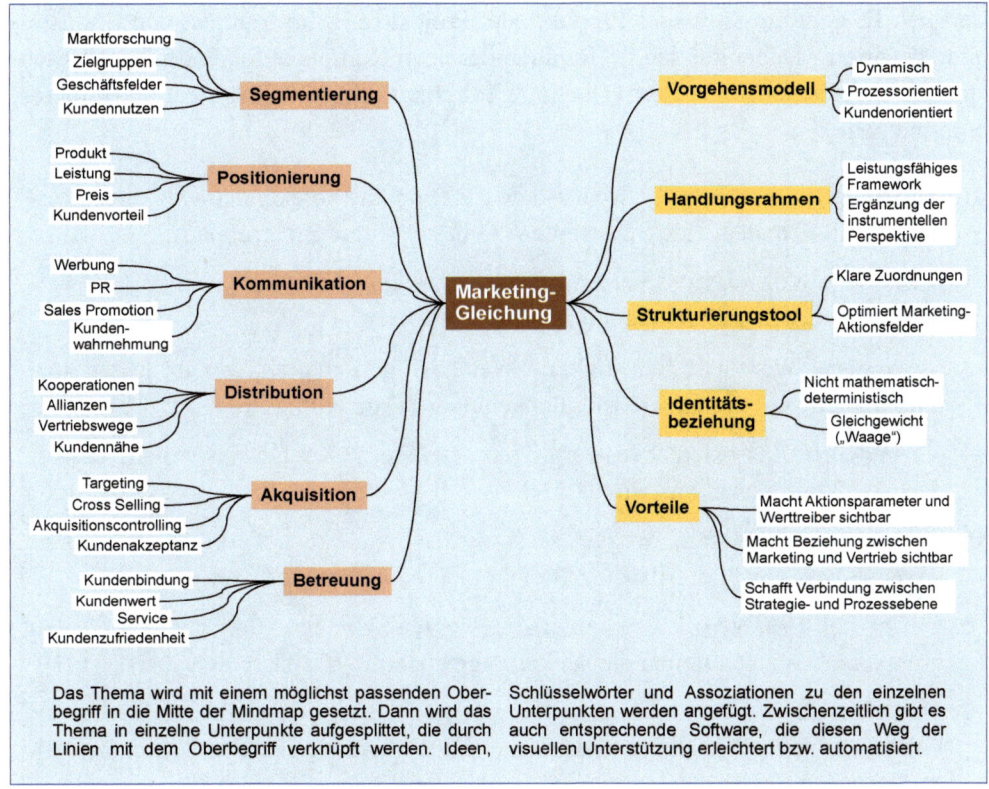

Abb. 5-04: Darstellung einer Mindmap

5.1.8 OSBORN-Methode

Die OSBORN-Methode ist eine Technik, die durch Umstrukturierung eines Problems durch bestimmte Fragen neue Lösungen generieren soll. Der amerikanische Werbefachmann ALEXANDER OSBORN entwickelte in den 1950er Jahren die Methode, die einen Fragenkatalog nutzt, der **neun Komplexe** umfasst.

Diese Technik eignet sich besonders dann, wenn es um die Weiterentwicklung bestehender Ideen, Produkte, Projekte etc. geht. Die Fragenliste kann beliebig ergänzt werden. Ziel der Osborn-Methode ist es, andere Aspekte zu gewinnen und gemeinsam neue Möglichkeiten zu entwickeln. Entscheidend ist, dass jede Frage der Liste beantwortet und bis zum Ende durchdacht wird. Erst wenn einem nichts mehr zu einer Frage einfällt, sollte zur nächsten Frage gewechselt werden.

Beispiel: Es geht um ein neues Produkt oder Projekt (z.B. im Rahmen von Brainstorming generiert). Dabei müssen im Rahmen der neun Komplexe folgende Fragen nacheinander durchgegangen werden [Quelle: www.blueprints.de/artikel/kreativitaet/die-osborn-methode]:

1. **Alternative Verwendung:** Wofür kann das Produkt/Projekt noch verwendet werden? Kann es anders eigesetzt werden? Gibt es weitere Zielgruppen?

2. **Anpassen:** Weist das Problem auf andere Ideen hin? Was kann nachgeahmt werden? Ist es etwas anderem ähnlich?

3. **Verändern:** Was lässt sich ändern? Welche Eigenschaften, Inhalte lassen sich umgestalten? Gibt es andere Möglichkeiten der Darstellung?

4. **Vergrößern:** Lässt sich etwas vergrößern, erweitern? Kann etwas verlängert werden? Wie fügt man etwas hinzu?

5. **Verkleinern:** Was kann weggelassen werden? Was kann verkürzt, verkleinert werden? Was macht das Produkt/Projekt kleiner, kompakter, kürzer?

6. **Umformen/Ersetzen:** Was kann ersetzt werden? Übungen und Instrumente neu gruppieren? Wie kann man die Reihenfolge ändern? Was lässt sich austauschen?

7. **Umkehren/Umstellen/Ins Gegenteil verkehren:** Wie verschlechtert man das Produkt/Projekt? Wie kann man Ursache und Wirkung vertauschen? Kann der Ablauf umgekehrt werden?

8. **Kombinieren:** Können Ideen kombiniert werden? Ist eine Mischung mit anderen Inhalten möglich? Lassen sich unterschiedliche Produkte/Projekte verbinden?

9. **Transformieren:** Kann die Reihenfolge oder Struktur verändert werden? Gibt es andere Darstellungsformen?

Diese analytische Vorgehensweise schafft Transparenz über Ursachen und Wirkungen der Problemelemente. Sie intensiviert den Entwicklungsprozess von Lösungsalternativen oder Alternativen. Die Methode ist einfach und leicht verständlich. Sie kann sowohl in der Einzel- als auch in der Gruppenarbeit eingesetzt werden [vgl. SCHAWEL/BILLING 2014, S.183 f.].

5.2   Tools zur Strategiewahl

Im nächsten Schritt der strategischen Planung geht es um die Auswahl und Festlegung der richtigen Unternehmensstrategie. Hierzu bieten sich mit den Konzepten der **Erfahrungskurve** und dem **Produktlebenszyklus** zwei Tools zur Wahl der richtigen

Markteintritts- (und Marktaustritts-)strategie an. Darauf aufbauend hat die **Portfoliotechnik** mit ihren verschiedenen Ausprägungen und Varianten eine zentrale Bedeutung bei der Bestimmung von Produkt-Markt-Strategien erlangt.

5.2.1 Erfahrungskurve

Im Zusammenhang mit der Wahl der richtigen Markteintrittsstrategie spielen die Erkenntnisse über den sog. *Erfahrungskurveneffekt* eine wichtige Rolle. Aufgrund von empirischen Untersuchungen hat die BOSTON Consulting Group festgestellt, dass die auf die Wertschöpfung bezogenen preisbereinigten Stückkosten eines Produkts konstant um 20 bis 30 Prozent zurückgehen, wenn sich im Zeitablauf die kumulierte Produktionsmenge verdoppelt. In Abbildung 5-05 ist der Kostenverlauf in Abhängigkeit von der kumulierten Menge einmal bei linearer Skaleneinteilung und einmal bei logarithmischer Einteilung des Ordinatenkreuzes dargestellt. Besonders deutlich wird das Phänomen der Erfahrungskurve mit *konstanten* Änderungsraten der Kosten bei einem logarithmisch gewählten Ordinatensystem [vgl. BECKER 2009, S. 422 f.].

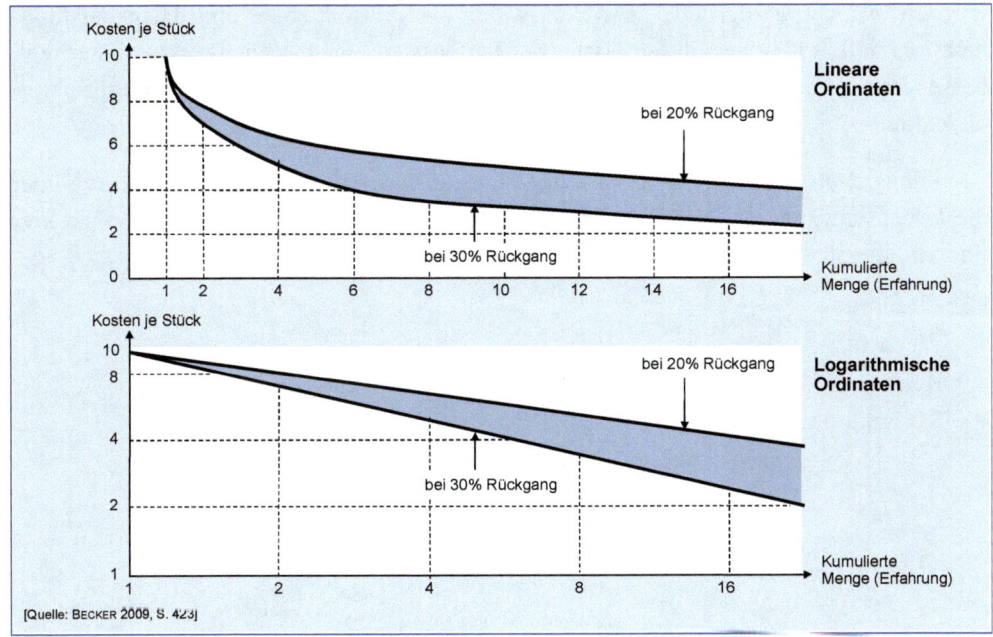

Abb. 5-05: Kosten-Erfahrungskurve bei linearen und logarithmischen Ordinaten

Die Ursache der Stückkostendegression ist vornehmlich auf zwei Faktoren zurückzuführen. Zum einen ist es die **Lernkurve**, die davon ausgeht, dass bei steigendem Produktionsvolumen Lerneffekte in Form von

- geringeren Ausschüssen,
- besserer Koordination der Arbeitsabläufe,
- effizienterer Planung und Kontrolle sowie durch einen
- höheren Ausbildungsgrad der Mitarbeiter

erzielt werden. Zum anderen sind es **Skaleneffekte** (engl. *Economies of Scale*), die davon ausgehen, dass ein Unternehmen bei wachsender Ausbringungsmenge von sinkenden Kosten profitiert (u. a. bei Einkauf und Lagerhaltung). Diese auch als „Gesetz der Massenproduktion" bekannten *Größendegressionseffekte*, die besagen, dass mit einer Erhöhung des Inputs eine überproportionale Erhöhung des Outputs realisiert werden kann, wirken einerseits als Kostensenkungs- und andererseits als Erlöserhöhungspotenziale [vgl. MÜLLER-STEWENS/LECHNER 2001, S. 199].

5.2.2 Lebenszyklusmodelle

Lebenszyklusmodelle untersuchen und beschreiben die Verbreitung und das wettbewerbsstrategische Potenzial von Produkten und Dienstleistungen im Zeitablauf. Dabei wird die Annahme zugrunde gelegt, dass sich ein Produkt (oder eine Dienstleistung) nicht unendlich lang verkaufen lässt, sondern dass es einem Lebenszyklus unterliegt, dessen Länge und Verlauf im Voraus nicht bekannt sind, dessen Existenz aber prinzipiell endlich ist.

Abbildung 5-06 zeigt den idealtypischen Verlauf von Absatz- und Gewinnkurve über die Lebensdauer eines Produkts. Im Rahmen des **Lebenszyklusmodells** können vier Phasen unterschieden werden:

- Einführung
- Wachstum
- Reife
- Sättigung bzw. Rückgang.

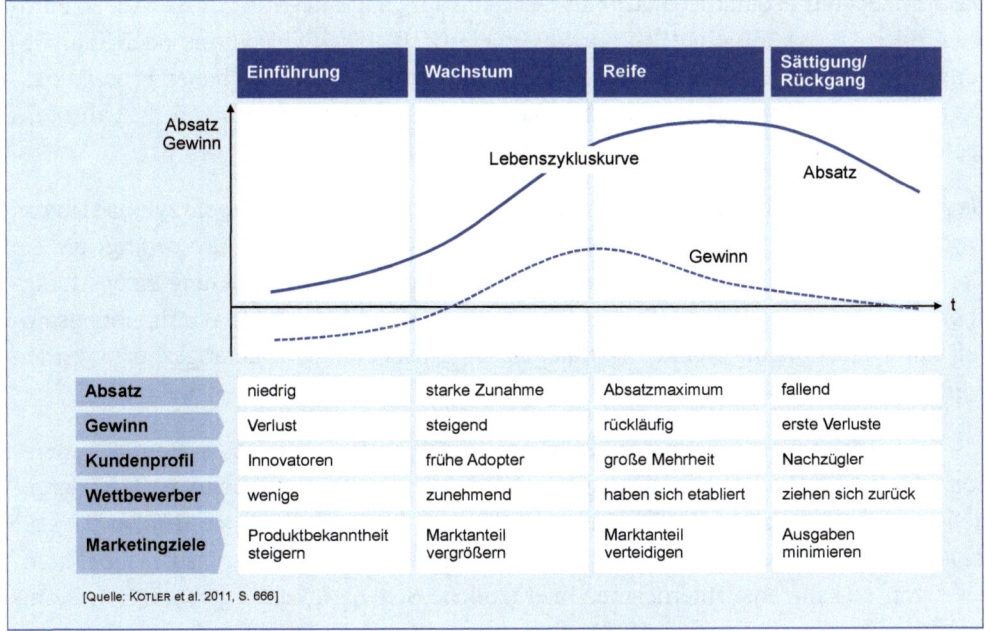

Abb. 5-06: Der Produktlebenszyklus

In der **Markteinführungsphase** wächst der Absatz langsam. Gewinne entstehen aufgrund der hohen Einführungskosten noch nicht und die Anzahl der Wettbewerber ist gering. Auch ist das Marktpotenzial noch nicht überschaubar und die Entwicklung der Marktanteile ist nicht vorhersehbar.

Die **Wachstumsphase** ist durch eine starke Zunahme des Absatzes gekennzeichnet. Erste Gewinne werden erzielt und weitere Wettbewerber treten in den Markt ein. In dieser Phase gilt es, den eigenen Marktanteil signifikant zu vergrößern.

In der anschließenden **Reifephase** verlangsamt sich das Absatzwachstum. Die Gewinne geraten unter Druck, der Wettbewerb hat sich etabliert. Das Produkt muss durch erhöhte Marketingaufwendungen gegen den Wettbewerb verteidigt werden.

In der **Sättigungsphase** geht der Absatz zurück und die Gewinne brechen ein. Wettbewerber ziehen sich zurück. Das Unternehmen steht vor der Frage, ob das Produkt auslaufen und durch einen Nachfolger ersetzt werden soll, oder ob das Produkt durch weitere Verbesserungen (engl. *Relaunch*) noch einmal reanimiert werden kann.

Nicht jedes Produkt folgt zwangsläufig diesem idealtypischen Verlauf des Lebenszyklusmodells. Einige Produkte verschwinden sehr schnell wieder vom Markt, andere können nach Eintritt in die Sättigungsphase durch Relaunching-Maßnahmen in eine neue Wachstumsphase gebracht werden.

Das Konzept des Produktlebenszyklus lässt sich auf ganze **Produktklassen** (z. B. Fernseher oder Autos), auf eine **Produktkategorie** (z. B. Flachbildschirme oder Sportwagen) oder eben auf einzelne Produkte/Leistungen anwenden. Dabei haben Produktklassen naturgemäß den längsten Lebenszyklus. Darüber hinaus wird das Lebenszykluskonzept auch für ganze **Märkte** bzw. **Branchen** unterstellt.

Da sich in der Regel nicht bestimmen lässt, in welcher Phase des Lebenszyklus sich das Produkt zum aktuellen Zeitpunkt befindet, eignet sich das Modell nur bedingt für die Vorhersage von Erfolgsaussichten eines Produkts oder zur Entwicklung einer Marketingstrategie. Dennoch kann die Lebenszyklusanalyse durchaus als Beschreibungsmodell zur Unterstützung marketingstrategischer Entscheidungen herangezogen werden [vgl. KOTLER et al. 2011, S. 669].

Als ein Beispiel hierfür kann der verspätete Markteinstieg einer neuen Produktgeneration oder Produktgruppe herangezogen werden. Lässt sich die in Abbildung 5-07 dargestellte zeitliche Verzögerung der Markteinführung der Produktgruppe B (also B2 statt B1) und der damit verbundene Umsatzausfall (Gesamtumsatzkurve 2 statt 1) nicht kompensieren, so kann das Unternehmen in erhebliche Schwierigkeiten geraten. Eine Kompensation für dieses **Time-to-Market-Problem** könnte hier nur durch eine Verlängerung des Lebenszyklus der Produktgruppe A erreicht werden z. B. durch Kundenbindungsmaßnahmen, laufende Überprüfung der Kundenzufriedenheit und eine anwender- statt technologieorientierte Marketingpolitik (vgl. LIPPOLD 1998, S. 149 unter Bezugnahme auf WIMMER et al. 1993, S. 20).

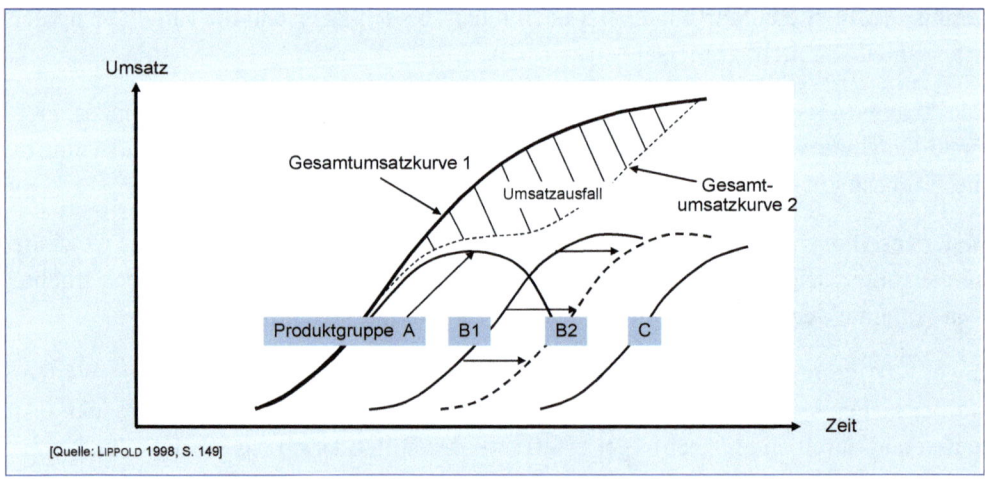

Abb. 5-07: Lebenszyklusanalyse bei verspätetem Markteinstieg

5.3 Portfoliotechniken

Mit seinen verschiedenen Varianten hat die **Portfoliotechnik,** die auf den grundlegenden Annahmen des Lebenszykluskonzepts und der Erfahrungskurve beruht, unter den vorliegenden Tools zur Bestimmung von *Produkt-Markt-Strategien* eine zentrale Bedeutung erlangt. Die strategieorientierte Portfoliotechnik wurde ursprünglich zur optimalen Aufteilung des Vermögens auf verschiedene Anlageformen wie Geldvermögen, Wertpapiere und Sachgegenstände zum Zweck der Ertragsmaximierung und Risikominimierung für den Anleger entwickelt. Dieses Grundkonzept wurde dann später zu einer systematischen Analyseform für *Mehrproduktunternehmen* weiterentwickelt. Es setzt eine klare Abgrenzung der Produktlinien mit einer Aufgliederung des Produktspektrums in *strategische Geschäftseinheiten* voraus. Folgende Varianten des *absatzmarktorientierten* Portfolios sollen hier vorgestellt werden:

- **4-Felder-Matrix der** BOSTON **Consulting Group (BCG)** (auch als Marktanteils-Marktwachstums-Portfolio bezeichnet)

- **9-Felder-Matrix von** MCKINSEY (auch als Marktattraktivitäts-Wettbewerbsstärke-Portfolio bezeichnet)

- **20-Felder-Matrix von** ATHUR D. LITTLE **(ADL)** (auch als Marktlebenszyklus-Wettbewerbsposition-Portfolio bezeichnet).

5.3.1 BCG-Matrix (4-Felder-Matrix)

In ihrer einfachsten Form als **4-Felder-Matrix** werden das *Marktwachstum* und der *relative Marktanteil* als Ordinaten sowie deren Unterteilung in „niedrig" und „hoch" benutzt, um die Produkte in die Matrix einzuordnen. Die Verbindung zwischen dem Lebenszykluskonzept, der Erfahrungskurve und der Portfolio-Analyse verdeutlicht Abbildung 5-08. Somit findet sich der Grundgedanke in der 4-Felder-Matrix wieder, dass für die zeitliche Entwicklung eines Produkts ein *idealtypischer* Lebenszyklus angenommen wird, der sich im Uhrzeigersinn vom linken oberen zum linken unteren Quadranten der Matrix spannt. Je nach Positionierung in der **Marktanteils-Marktwachstums-Matrix** ist jedes Produkt einem der vier folgenden Felder zugeordnet:

- **Fragezeichen** (engl. *Question marks*) sind Produkte, die sich in der Einführungsphase befinden. Ihr relativer Marktanteil sowie das Marktwachstum sind gering, die Stückkosten dagegen hoch.

- **Sterne** (engl. *Stars*) sind Produkte, die sich in der Wachstumsphase befinden. Sie verfügen sowohl über einen hohen relativen Marktanteil als auch über ein hohes Marktwachstum. Zudem sind die Stückkosten gering.

- **Melkkühe** (engl. *Cash cows*) befinden sich in der Reifephase des Lebenszyklus. Sie zeichnen sich durch einen hohen relativen Marktanteil und niedrige Stückkosten aus. Allerdings ist das Marktwachstum gering.

- **Arme Hunde** (engl. *Poor dogs*) sind solche Produkte, die bereits länger auf dem Markt sind und sich in der Sättigungsphase befinden. Sie verfügen über einen niedrigen relativen Marktanteil, hohe Stückkosten und nur noch über ein geringes Marktwachstum.

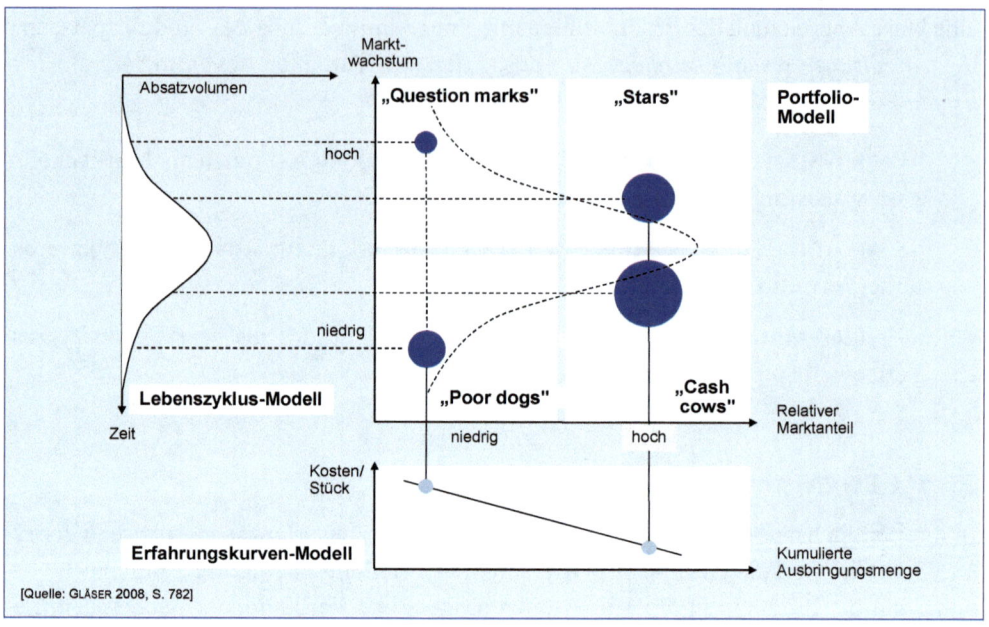

Abb. 5-08:   Theoretische Grundlagen der Marktanteils-Marktwachstums-Matrix

Die Portfolio-Analyse als 4-Felder-Matrix wurde von der BOSTON Consulting Group vornehmlich zur optimalen Positionierung von strategischen Geschäftseinheiten (SGEs) eines Unternehmens entwickelt. Für die Verteilung der SGEs in den vier Quadranten werden folgende Parameter herangezogen [vgl. BECKER 2009, S. 424 f.]:

- **Umsatz** (grafisch verdeutlicht als unterschiedlich große Kreise, die der jeweiligen Umsatzbedeutung der SGE entsprechen)

- **Relativer Marktanteil** (als Marktanteil der eigenen SGE, dividiert durch den Marktanteil des stärksten Wettbewerbers; dabei bedeutet die vertikale Trennlinie 1,0 auf der Abszisse, dass eine SGE, die rechts von dieser Trennlinie positioniert ist, einen relativen Marktanteil > 1 hat und damit Marktführer ist)

- **Zukünftiges Marktwachstum** (wobei sich die horizontale Trennlinie bei verändertem Marktwachstum im Laufe der Zeit auch verschieben kann).

In Abbildung 5-09 ist die Ableitung eines Portfolios für ein Beispiel-Unternehmen mit fünf strategischen Geschäftseinheiten auf unterschiedlichen Märkten dargestellt.

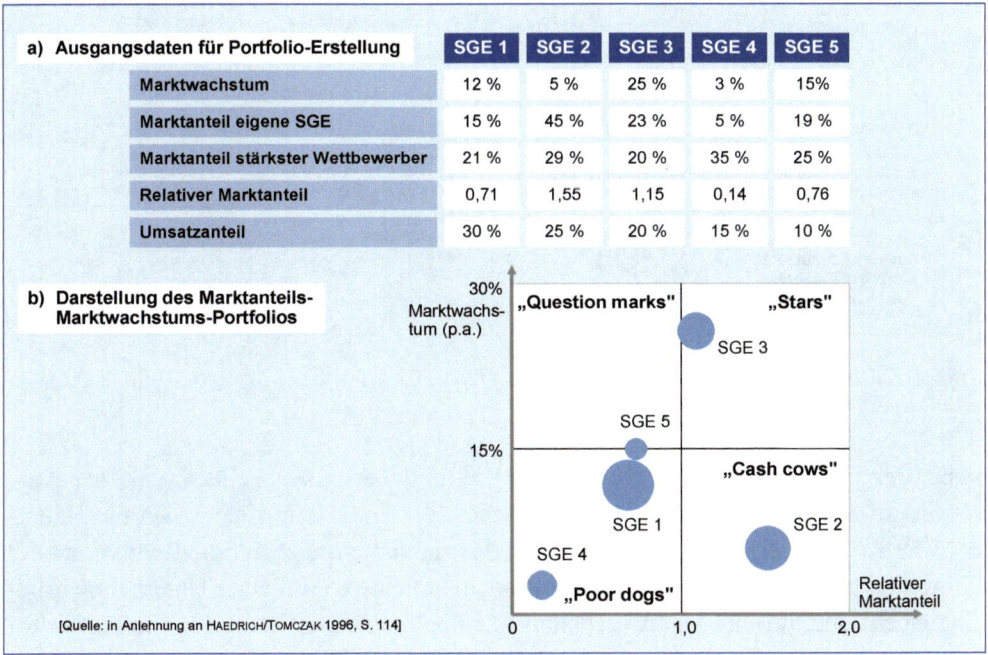

Abb. 5-09: Ableitung eines Portfolios für ein Beispiel-Unternehmen

Auf der Grundlage dieser Portfolio-Ableitung lassen sich nunmehr Strategieempfehlungen als sogenannte **Normstrategien** unmittelbar ableiten. Die Normstrategien für die 4-Felder-Matrix lassen sich wie folgt auf den Punkt bringen:

Neue Produkte sollten energisch unterstützt werden, damit sie zu Stars werden. Stars reifen zu Cows. Die von den Cows erwirtschafteten Finanzmittel sollten genutzt werden, um aus Question marks Stars zu machen. Die Dogs sind zu eliminieren.

Grundsätzlich basieren diese Normstrategien auf der Idee, ein Portfolio von Geschäftseinheiten durch Zuteilung von Finanzmittelüberschüssen aus erfolgreichen Einheiten an andere, vielversprechende Geschäftseinheiten zu managen. Eine erfrischend andere Sichtweise der klassischen BCG-Matrix ist in Abbildung 5-10 der herkömmlichen Normstrategie gegenübergestellt. Die Gegenüberstellung macht deutlich, dass eine sklavische Anwendung und Interpretation der Normstrategie durchaus zu irreführenden strategischen Empfehlungen führen kann [vgl. ANDLER 2008, S. 208 unter Bezugnahme auf GLASS 1996].

Normstrategien		Alternative Handlungsempfehlungen	
„Question marks"	**„Stars"**	**„Question marks"**	**„Stars"**
• Schwache Position in einem Wachstumsmarkt • Kann mit genügend Investitionen zum Star werden	• Starke Position in einem schnell wachsenden Markt • Investieren, da hier die Zukunft liegt, selbst wenn kurzfristig keine Gewinne eintreten	• Der Wachstumsmarkt wird bald viele Neueinsteiger haben • Markt verlassen und an einen „gläubigen" Käufer verkaufen	• Wachsender Markt zieht Konkurrenten an • Von den Fehlern der anderen lernen • Aufkaufen der Konkurrenten/Produkte, die den Markt verlassen
„Poor dogs"	**„Cash cows"**	**„Poor dogs"**	**„Cash cows"**
• Schwache Position in einem stagnierenden Markt • Marktanteile können nur von Konkurrenten kommen – abstoßen!	• Investitionen lohnen nicht, da Markt kaum wächst • Überschüssiges Geld lieber in Stars investieren	• Trotz Stagnation kann es Potential geben • Gezielt gute Schnäppchen auswählen und vorsichtig attackieren	• Aufgrund der guten Ausgangslage sollte das Geschäft revitalisiert werden, anstatt das Geld in hungrige Stars zu investieren

[Quelle: ANDLER 2008, S. 208 unter Bezugnahme auf GLASS 1996]

Abb. 5-10: Normstrategien und alternative Handlungsempfehlungen für BCG-Matrix

Neben der grundsätzlichen **Kritik**, dass die Portfolio-Technik einen idealtypischen Kurvenverlauf des Lebenszyklus quasi als gesetzmäßig unterstellt, richtet sich die Hauptkritik an der Portfolio-Analyse als 4-Felder-Matrix vornehmlich auf die Reduktion aller Einflussfaktoren auf den Marktanteil (als hochverdichtete Größe der Unternehmensbedingungen) und auf das Marktwachstum (als hochverdichte Größe der Umweltbedingungen). Innovationen, Technologien, Verbundeffekte, Allianzen u. ä. werden nicht berücksichtigt.

5.3.2 MCKINSEY-Matrix (9-Felder-Matrix)

Die kritische Auseinandersetzung mit der 4-Felder-Matrix hat zur Entwicklung weiterer Ausprägungen der Portfolio-Analyse geführt. Besonders hervorzuheben ist die **Marktattraktivitäts-Wettbewerbsstärke-Matrix**, die MCKINSEY in Zusammenarbeit mit GENERAL ELECTRIC (GE) entwickelt hat. Um die Komplexität des Analysefeldes stärker zu berücksichtigen, wird die Matrix in neun (statt vier) Felder unterteilt. Zusätzlich stellen die beiden Ordinaten jeweils Aggregate einer durch den Anwender selbst zu bestimmenden Menge quantifizierbarer Variablen dar. So wird die Umweltordinate *Marktwachstum* aus der 4-Felder-Matrix durch ein Faktorenbündel mit der Bezeichnung **Marktattraktivität** ersetzt. Die Marktattraktivität setzt sich aus Faktoren wie Marktwachstum, Marktprofitabilität, Marktvolumen, Preisniveau oder Wettbewerbsintensität zusammen. Die Unternehmensordinate *relativer Marktanteil* aus der 4-Felder-Matrix wird durch das Faktorenbündel **Wettbewerbsstärke** ersetzt. Hierzu zählen Faktoren wie Marktanteil, Marktanteilswachstum, Kosten- bzw. Preisposition, Profitabilität oder

Kapazitäten. Das grundsätzliche Problem besteht hierbei allerdings in der Erfassung und vor allem Gewichtung der Faktoren [vgl. MÜLLER-STEWENS/LECHNER 2001, S. 229 f.].

Unter der Voraussetzung, dass die angesprochenen Faktoren für jede Geschäftseinheit tatsächlich vorliegen, können mit der 9-Felder-Matrix Normstrategien weitaus differenzierter durchgeführt werden. Dazu hat MCKINSEY die 9-Felder-Matrix in zwei grundlegende Zonen aufgeteilt (siehe Abbildung 5-11). Die Zone rechts oberhalb der Matrix-Diagonalen legt Wachstums- bzw. Investitionsstrategien (Zone der Mittelbindung) und die Zone links unterhalb der Matrix-Diagonalen legt Abschöpfungs- bzw. Desinvestitionsstrategien (Zone der Mittelfreisetzung) nahe [vgl. BECKER 2009, S. 432 f.].

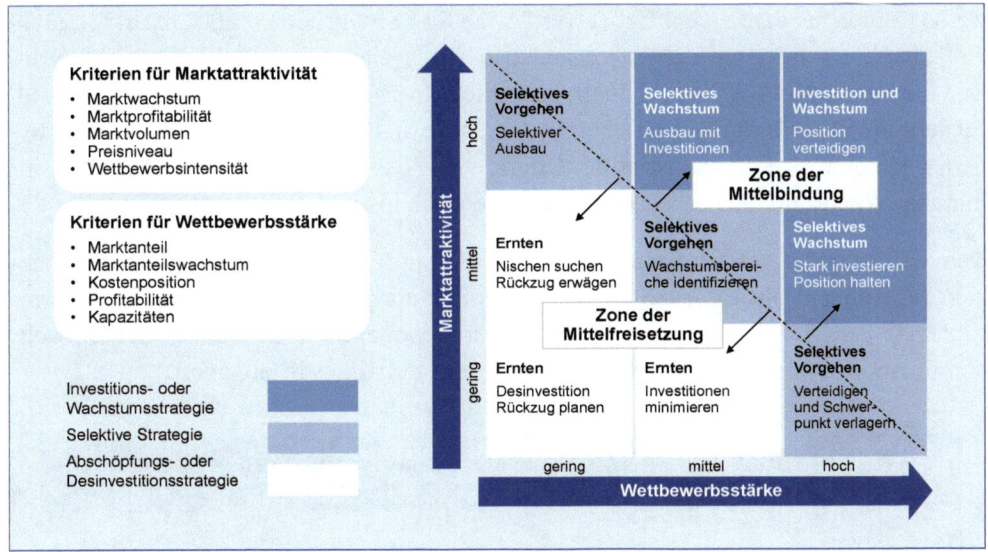

Abb. 5-11: Normstrategien der 9-Felder-Matrix von MCKINSEY

Neben den allgemeinen Kritikpunkten gegenüber Portfolio-Analysen und gegenüber Normstrategien ist es vor allem die **Kritik** an der Komplexität der Analyse und der vorgelagerten Datenbeschaffung, die gegenüber der MCKINSEY-Matrix vorgebracht werden. Vor allem die Gewichtung der einzelnen Faktoren, aus denen sich die Marktattraktivität und die Wettbewerbsstärke zusammensetzt, ist immer wieder kritisiert worden. Andererseits ist ein Gewichtungsprozess unvermeidbar, wenn der Einschätzung einer strategischen Geschäftseinheit mehrere Bewertungsfaktoren zugrunde gelegt werden sollen [vgl. FINK 2009a, S. 221].

5.3.3 ADL-Matrix (20-Felder-Matrix)

Ein weiterer Portfolio-Ansatz ist die **Marktlebenszyklus-Wettbewerbsposition-Matrix**, die in den 1970er Jahren von der Managementberatung ARTHUR D. LITTLE entwickelt wurde. Der Ansatz greift die Grundidee der BCG- und der MCKINSEY-Matrix auf, indem zur Einschätzung von strategischen Geschäftseinheiten einerseits die unternehmensexternen, nicht beeinflussbaren Kräfte der Unternehmensumwelt (Marktattraktivität) und andererseits die spezifischen Stärken eines Unternehmens (Wettbewerbsstärke) berücksichtigt werden. Im Gegensatz zur BCG-Matrix werden zur Bestimmung der Wettbewerbsstärke nicht *ein* quantitatives Kriterium wie der relative Marktanteil, sondern – vergleichbar mit dem McKinsey-Ansatz – mehrere Ausprägungen der Wettbewerbsposition herangezogen. Dabei werden die fünf Stufen „dominant", „stark", „günstig", „haltbar" und „schwach" unterschieden. Ein weiterer Unterschied besteht darin, dass die Marktattraktivität nicht durch das Kriterium „Marktwachstum" abgebildet wird, sondern unmittelbar durch die Lebenszyklusphase, in der sich die Geschäftseinheit befindet. Bei fünf Wettbewerbspositionen und vier Phasen des Marktlebenszyklus (Einführung, Wachstum, Reife, Rückgang) ergeben sich insgesamt 20 Matrixfelder.

Den Matrixfeldern werden sodann die in Abbildung 5-12 dargestellten 20 Normstrategien zugeordnet. Die Liste dieser Strategieempfehlungen ähnelt durchaus den Normstrategien der BCG- und der MCKINSEY-Matrix, wobei die ADL-Matrix die Umweltkonstellationen in Form der Lebenszyklusphasen stärker ausdifferenziert.

Wettbewerbs-position	Lebenszyklusphase			
	Einführung	**Wachstum**	**Reife**	**Rückgang**
Dominant	Marktanteil hinzugewinnen oder mindestens halten	Position halten, Marktanteil halten	Position halten, mit der Branche wachsen	Position halten
Stark	Investieren, um Position zu verbessern; Marktanteilsgewinnung (intensiv)	Investieren, um Position zu verbessern; selektive Marktanteilsgewinnung	Position halten, mit der Branche wachsen	Position halten oder ernten
Günstig	Selektive oder volle Marktanteilsgewinnung; selektive Verbesserung der Wettbewerbsposition	Versuchsweise Position verbessern; selektive Marktanteilsgewinnung	Minimale Investition zur Instandhaltung; Aufsuchen einer Nische	Ernten oder stufenweise Reduzierung des Engagements
Haltbar	Selektive Verbesserung der Wettbewerbsposition	Aufsuchen und Erhalten einer Nische	Aufsuchen einer Nische oder stufenweise Reduzierung des Engagements	Stufenweise Reduzierung des Engagements oder Liquidierung
Schwach	Starke Verbesserung oder Rückzug	Starke Verbesserung oder Liquidierung	Stufenweise Reduzierung des Engagements	Liquidierung

[Quelle: BEA/HAAS 2005, S. 156 unter Bezugnahme auf DUNST 1983, S. 59]

Abb. 5-12: Normstrategien der 20-Felder-Matrix von ARTHUR D. LITTLE

Die Berater von ARTHUR D. LITTLE nutzen die Marktlebenszyklus-Wettbewerbsposition-Matrix aber nicht nur zur Ableitung von Normstrategien, sondern auch zur Leistungsanalyse, d. h. zur Überwachung der Implementierung. Das zu diesem Zweck von ADL zusätzlich entwickelte Instrument, der sogenannte **Ronagraph** (abgeleitet von RONA = *Return on Net Assets*), bildet auf der Ordinate den RONA (also die Nettokapitalrendite) einer Geschäftseinheit und auf der Abszisse den Anteil der von einer Geschäftseinheit erwirtschafteten und von ihr selbst weiterverwendeten finanziellen Mittel ab (siehe Abbildung 5-13). Bei einem Wert von 100 Prozent werden sämtliche Mittel in die betreffende Geschäftseinheit reinvestiert. Ist der Wert über 100 Prozent, wird die Geschäftseinheit zu einem Mittelverbraucher, bei einem Wert unter 100 Prozent zu einem Mittelfreisetzer. Ein negativer Wert bedeutet, dass eine Veräußerungs- oder Liquiditätsstrategie verfolgt wird. Entsprechend können im Ronagraph eine Subventionierungs-, eine Beitrags- und eine Liquidierungszone unterschieden werden [vgl. FINK 2009a, S. 230 f.].

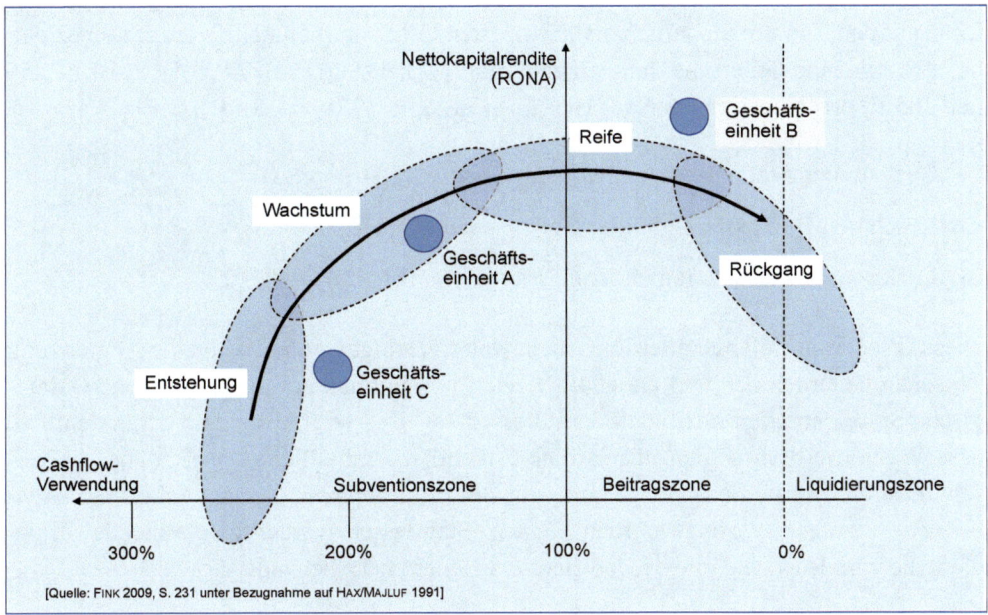

Abb. 5-13: Der Ronagraph

Die am Portfolio-Ansatz von Arthur D. Little geübte **Kritik** richtet sich neben der „Gesetzeshypothese" eines idealtypischen Lebenszyklusverlaufs vor allem auf die generellen Schwierigkeiten einer Orientierung an Normstrategien, insbesondere weil hier die Vielzahl der Handlungsempfehlungen die Gefahr einer allzu mechanischen Ableitung strategischer Vorgehensweisen in sich bergen. Hinzu kommt, dass einige Strategietypen nicht überschneidungsfrei und präzise formuliert sind [vgl. FINK 2009a, S. 231 f.].

Fazit: Portfolio-Matrizen wurden maßgeblich von Unternehmensberatungen entwickelt und zählen zu den bekanntesten Instrumenten der Strategielehre. So ist es auch nicht verwunderlich, dass die Portfolio-Analyse auch heute noch mit der Managementberatung assoziiert wird. Zweifelsohne hat die Portfolio-Analyse Beiträge von bleibendem Wert für die unternehmerische Praxis geliefert. Gleichwohl birgt ihre Anwendung aber auch Gefahren, die sich insbesondere aus Fehlinterpretationen oder Simplifizierung ergeben können [vgl. SCHERR et al. 2012, S. 86].

5.4   Tools zur Formulierung der strategischen Stoßrichtungen

Strategien werden bewusst gestaltet und sind somit geplant. Der Prozess der Strategieformulierung ist vernunftgeleitet. Strategien sind der Weg, der zum Ziel führen soll. Sie werden aus den Unternehmenszielen abgeleitet und bilden das Fundament für die Maßnahmenrealisierung. Da sich die Beschäftigung mit Unternehmensstrategien in erster Linie auf den Typ der modernen diversifizierten Großunternehmen (Konzerne) bezieht, hat sich folgende Unterscheidung eingebürgert [vgl. MACHARZINA/WOLF 2010, S. 256 und 265 ff. unter Bezugnahme auf HOFER/SCHENDEL 1978, S. 18 f.]:

- Gesamtunternehmensstrategien (engl. *Corporate Strategies*)
- Geschäftsbereichsstrategien (engl. *Corporate Unit Strategies*)
- Funktionsbereichsstrategien (engl. *Functional Area Strategies*).

Diese Gliederung soll hier allerdings nicht weiterverfolgt werden, weil eine Abgrenzung zwischen Unternehmen und Geschäftsbereich im Hinblick auf einzuschlagende strategische Stoßrichtungen nicht zielführend erscheint. Das wird besonders daran deutlich, dass Wettbewerbsstrategien, die ja eine wesentliche inhaltliche Ausrichtung der Geschäftsbereichsstrategien sind, genauso gut von Unternehmen, die über keine Geschäftsbereiche verfügen, verfolgt werden können. Stattdessen werden hier folgende Strategien, die zum Rüstzeug eines jeden Beraters zählen, kurz behandelt:

- Wachstumsstrategien
- Strategien in schrumpfenden Märkten
- Wettbewerbsstrategien
- Markteintrittsstrategien.

5.4.1 Wachstumsstrategien

Um die groben Ausrichtungsdimensionen der Produkte bzw. strategischen Geschäftseinheiten eines Unternehmens zu bestimmen, kann die sog. **Produkt-Markt-Matrix**

von ANSOFF herangezogen werden. Die danach generell möglichen strategischen Stoßrichtungen (ANSOFF [1966, S. 132] spricht von *Wachstumsvektoren*) lassen sich durch
vier grundlegende Produkt-/Markt-Kombinationen **(Marktfelder)** beschreiben (siehe
Abbildung 5-14). Die strategische Stoßrichtung für jedes Produkt/jede Dienstleistung
bzw. jede Geschäftseinheit wird auch als **Marktfeldstrategie** bezeichnet [vgl. BECKER
2009, S. 148 ff.].

Diese bietet vier Optionen an:

- **Marktdurchdringungsstrategie** (gegenwärtiges Produkt/gegenwärtige Dienstleistung im gegenwärtigen Markt)

- **Marktentwicklungsstrategie** (gegenwärtiges Produkt/gegenwärtige Dienstleistung in einem neuen Markt)

- **Produktentwicklungsstrategie** (neues Produkt/neue Dienstleistung im gegenwärtigen Markt)

- **Diversifikationsstrategie** (neues Produkt/neue Dienstleistung in einem neuen
  Markt).

Um die prinzipielle Entscheidung, welches oder welche Marktfelder auszuwählen sind,
kommt kein Unternehmen herum. Typisch für die Produkt-Markt-Entscheidung ist,
dass einzelne, aber auch mehrere Marktfelder besetzt werden können. Dies kann gleichzeitig geschehen, oder aber in einer bestimmten Abfolge [vgl. BECKER 2009, S. 148].

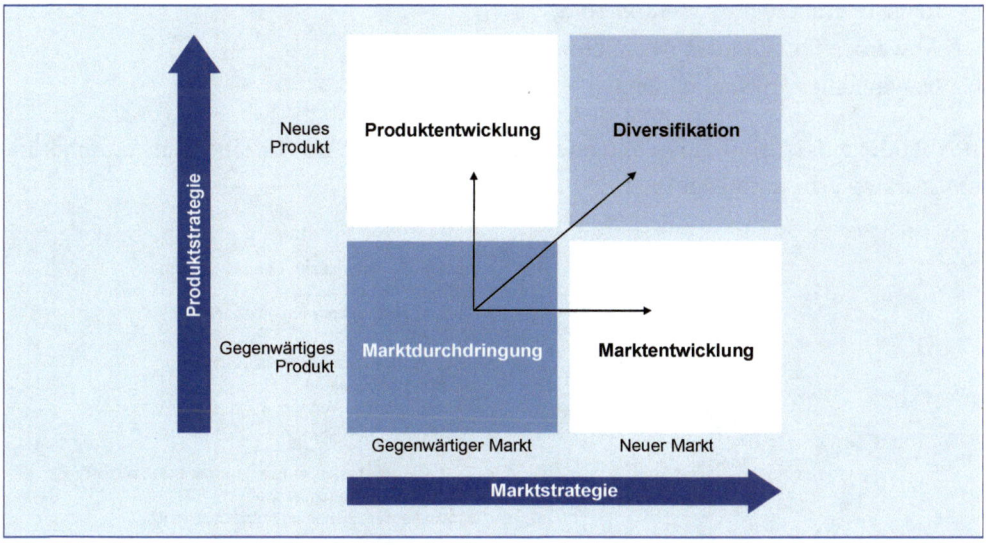

Abb. 5-14: Produkt-Markt-Matrix nach ANSOFF

(1) Marktdurchdringungsstrategie

Das Strategiefeld der Marktdurchdringung wird auch als die *„marketingstrategische Urzelle eines Unternehmens"* [BECKER 2009, S. 148] bezeichnet, weil es die nahe liegende Strategierichtung des Unternehmens ist. Ansatzpunkte für die Ausschöpfung des gegenwärtigen Marktes mit den gegenwärtigen Produkten sind [vgl. KOTLER et al. 2007, S. 106]:

- **Erhöhung der gegenwärtigen Produktnutzungsrate bei bestehenden Kunden**, z. B. durch Verbesserung des Produkts (Produktmodifikationen), Beschleunigung des Ersatzbedarfs durch künstliche Veralterung (engl. *Planned Obsolescence*) oder Vergrößerung der Verkaufseinheit (Familienflasche bei alkoholfreien Getränken);

- **Kunden vom Wettbewerb gewinnen**, z. B. durch wettbewerbsorientierte Preisstellung (entsprechende Preissenkung oder -anhebung);

- **Akquisition von Neukunden**, z. B. durch die Wahl neuer Vertriebswege (z. B. Online-Vertrieb), Schaffung eines Einstiegsprodukts oder aktivierender Probiergelegenheiten bei Nahrungsmitteln.

Die Beispiele der strategischen Ansatzpunkte machen deutlich, dass Unternehmen latente Potenziale für bestehende Produkte/Leistungen in bestehenden Märkten auf drei verschiedenen Basiswegen ausschöpfen können [vgl. BECKER 2009, S. 148]:

- Intensivierung der Produktnutzung
- Abwerben von Kunden des Wettbewerbs
- Gewinnung von Neukunden.

In Abbildung 5-15 sind die wichtigsten Anknüpfungspunkte für eine Marktdurchdringungsstrategie zusammengefasst.

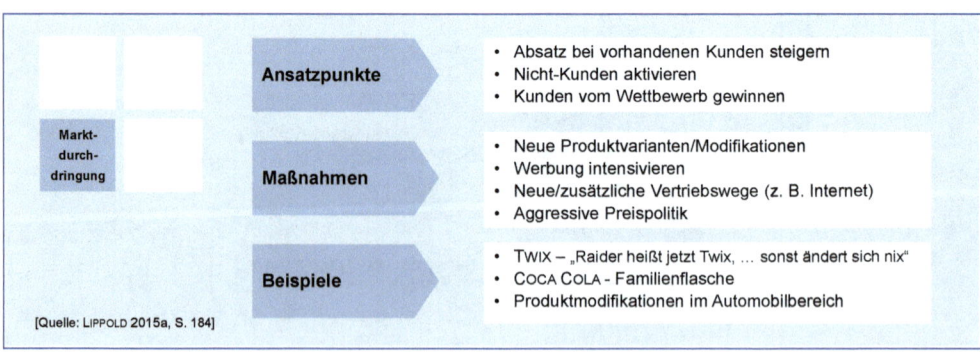

Abb. 5-15: Grundlagen der Marktdurchdringungsstrategie

(2) Marktentwicklungsstrategie

Diese strategische Stoßrichtung zielt darauf ab, ein bestehendes Produkt künftig auch in anderen, bislang nicht genutzten Märkten bzw. Marktsegmenten zu etablieren. Anknüpfungspunkte für Markterweiterungen sind [vgl. MEFFERT et al. 2008, S. 262]:

- **Gebietserweiterungen**, d.h. räumliche Ausdehnung auf Märkte, die bislang noch nicht bearbeitet wurden (z. B. Softwarehäuser, die ihre Produkte jetzt auch europaweit anbieten);

- **Gewinnung neuer Marktsegmente** durch speziell auf bestimmte neue Zielgruppen abgestimmte Produktvarianten (z. B. SAP-Software für den Mittelstand).

Abbildung 5-16 liefert einen Überblick über wichtige Anknüpfungspunkte bei der Marktentwicklungsstrategie.

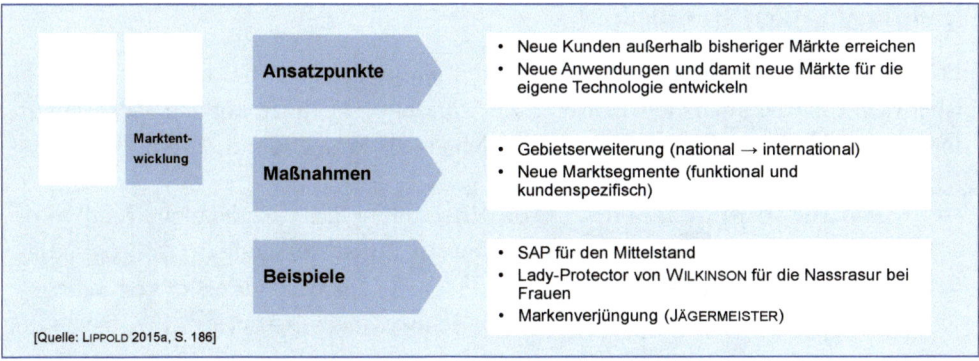

[Quelle: LIPPOLD 2015a, S. 186]

Abb. 5-16: Grundlagen der Marktentwicklungsstrategie

(3) Produktentwicklungsstrategie

Die Strategie der Produktentwicklung ist Folge einer systematischen Innovationspolitik, die durch die verschärften Wettbewerbsbedingungen geradezu erzwungen wird. Als Ansatzpunkte bieten sich an [vgl. BECKER 2009, S. 156 f.]:

- **Schaffung von Innovationen** im Sinne echter Marktneuheiten, d. h. originäre Produkte, die es ursprünglich überhaupt nicht gab;

- **Quasi-neue Produkte**, d. h. neuartige Produkte, die an bestehende Produkte/Produktleistungen anknüpfen;

- **Me-too-Produkte**, d. h. Nachahmungsprodukte, die sich vom Original zumeist nur im Äußeren oder ggf. im Preis unterscheiden (z. B. Zweitmarken von Konsumgüterherstellern).

Abbildung 5-17 zeigt wichtige Ansatzpunkte für die Produktentwicklungsstrategie.

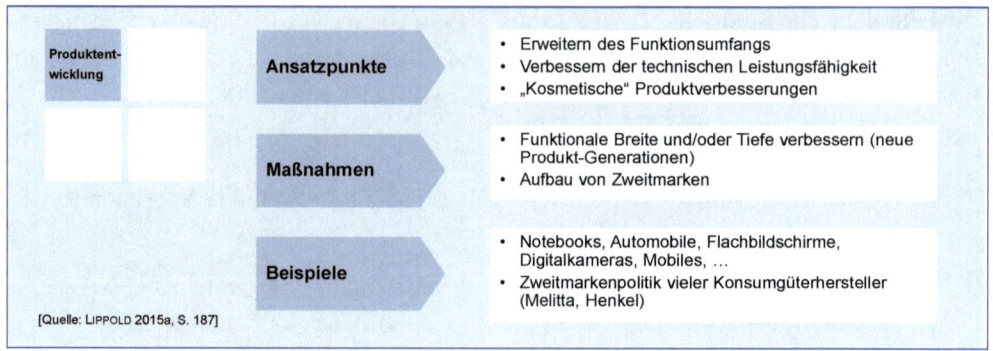

Abb. 5-17: Grundlagen der Produktentwicklungsstrategie

(4) Diversifikationsstrategie

Für die strategische Stoßrichtung *Diversifikation*, die das Angebot neuer Produkte auf bisher vom Unternehmen nicht bearbeiteten Märkten bezeichnet, können wiederum drei Stoßrichtungen unterschieden werden [vgl. MEFFERT et al. 2008, S. 262 f.]:

- **Horizontale Diversifikation**, d. h. die Erweiterung des bestehenden Produktprogramms auf verwandte Branchen der gleichen Wirtschaftsstufe (z. B. Programmerweiterung eines PKW-Herstellers durch leichte LKWs, Hersteller von Schokoladentafeln erweitert sein Angebot durch Schokoladenaufstrich);

- **Vertikale Diversifikation**, d. h. die Ausweitung des bisherigen Produktprogramms durch Zukauf von Betrieben vor- oder nachgelagerter Wirtschaftsstufen (Unternehmensberater steigen ins Outsourcing-Geschäft ein);

- **Laterale Diversifikation**, d. h. Vorstoß in völlig neue Produkt- und Marktgebiete, wobei die neuen Produkte in keinem sachlichen Zusammenhang zum bisherigen Produktangebot stehen (Zigarettenhersteller engagiert sich im Buchmarkt). Gelegentlich wird diese Strategie auch als *konglomerate Diversifikation* bezeichnet.

Die Abgrenzung dieser drei Arten der Diversifikation ist nicht immer eindeutig. Auch besteht keine Einigkeit darüber, wie wenig verwandt oder wie fern ein neues Produkt – bezogen auf das bisherige Programm – sein muss, um überhaupt von einer echten Diversifikation sprechen zu können [vgl. BECKER 1993, S. 140].

Abbildung 5-18 gibt einen Überblick über die Stoßrichtungen der Diversifikationsstrategie.

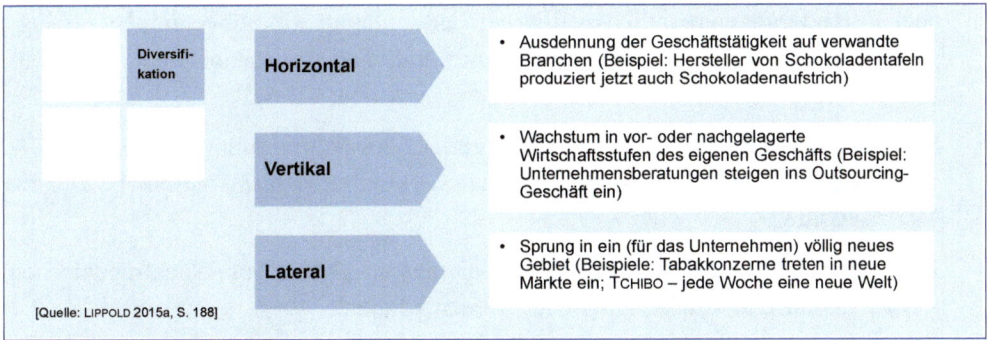

Abb. 5-18: Stoßrichtungen der Diversifikationsstrategie

Es soll in diesem Zusammenhang erwähnt werden, dass **Private-Equity-Unternehmen** – häufig auch als Finanzinvestoren bezeichnet – mit ihren Portfolio-Unternehmen ebenfalls als diversifizierte Unternehmen interpretiert werden können. Bekannte Private-Equity-Gesellschaften sind die BLACKSTONE Group, die CARLYLE Group, KOHLBERG, KRAVIS, ROBERTS & Co. (KKR) oder APOLLO Management. Diese Gesellschaften halten Unternehmen wie DUNKIN' DONUTS, A.T.U. (Auto-Teile-Unger), NORWEGIAN CRUISE LINE oder HILTON Hotels in ihren Portfolios. Allerdings besteht von vornherein die Absicht, die gekauften Unternehmen nach einiger Zeit möglichst gewinnbringend wieder zu veräußern [vgl. HUNGENBERG/WULF 2011, S. 140].

5.4.2 Strategien in schrumpfenden Märkten

Während den Wachstumsstrategien seit jeher eine besondere Aufmerksamkeit geschenkt wird, hat sich die betriebswirtschaftliche Literatur bislang nur wenig mit der Stagnation oder Schrumpfung von Märkten befasst. Doch genauso wie das Wachstum verlangt auch die Schrumpfung von Märkten, die in demografischen und technologischen Entwicklungen, im Wertewandel oder in veränderten staatlichen Rahmenbedingungen begründet sein können, ein strategisches und rational gestaltetes Vorgehen.

Als Grundlage der Formulierung von Schrumpfungsstrategien sollten die Umwelt- und Unternehmensfaktoren analysiert und prognostiziert werden, die sich auf die Vorteilhaftigkeit der möglichen Schrumpfungsstrategien auswirken. In Bezug auf die *externen* Unternehmensdaten sollten diese oder ähnliche Fragen beantwortet werden (vgl. WELGE/AL-LAHAM 1992, S. 344):

- Lassen die Ursachen des Nachfragerückgangs (z.B. Marktsättigung, demografische Entwicklungen, technologische Verbesserungen oder Innovationen, Wertewandel

oder Veränderungen rechtlich-politischer Bedingungen wie Subventionen, Gesetz-
gebung) Rückschlüsse auf mögliche Trendwenden oder verbleibende Marktpoten-
ziale zu?

- Bestimmt die Geschwindigkeit und der Verlauf des Schrumpfungsprozesses sowie
  die daraus resultierende 'Restnachfrage' die Gewinnpotenziale der Branche und die
  Marktaustritte?

- Inwieweit bedingt die Differenzierbarkeit des Produktes, ob Nachfragenischen
  (über markentreue Käufer) aufgebaut werden können?

- Beeinflusst die Nachfragemacht des Handels die eigene Position bei Preisverhand-
  lungen?

Als *unternehmensinterne* Größen sind die Differenzierbarkeit des Produktes, die Wettbewerbsposition des Unternehmens, die Güte der Wahrnehmung des Schrumpfungsprozesses sowie die Austrittsbarrieren relevant. Besonders die **Austrittsbarrieren** eines
Marktes bestimmen in hohem Maße die Möglichkeiten eines Ausstiegs in stagnierenden
oder schrumpfenden Märkten. Dabei können im Wesentlichen folgende Barrieren unterschieden werden [vgl. BECKER 1993, S. 140]:

- **Vorhandene Betriebsmittel** mit hoher Spezifität (z. B. Spezialanlagen mit Aus-
  sicht auf nur geringe Liquidationserlöse, weil der Interessentenkreis zu klein ist)

- **Hohe Austrittskosten** (z. B. wegen Konventionalstrafen aufgrund langfristiger
  Verträge, Sozialplan oder zu hoher Garantieleistungen auf Produkte)

- **Negative Verbundwirkung** auf andere Geschäftsbereiche

- **Emotionale Barrieren** (Weigerung zum Eingeständnis des Misserfolgs, persönliche Identifikation des Managements oder der Anteilseigner mit aufzugebendem
  Bereich).

Die genannten Austrittsbarrieren können hoch oder niedrig sein. Dabei ergeben sich
auch Beziehungen zu den (ursprünglichen) Eintrittsbarrieren (siehe Abbildung 5-19).

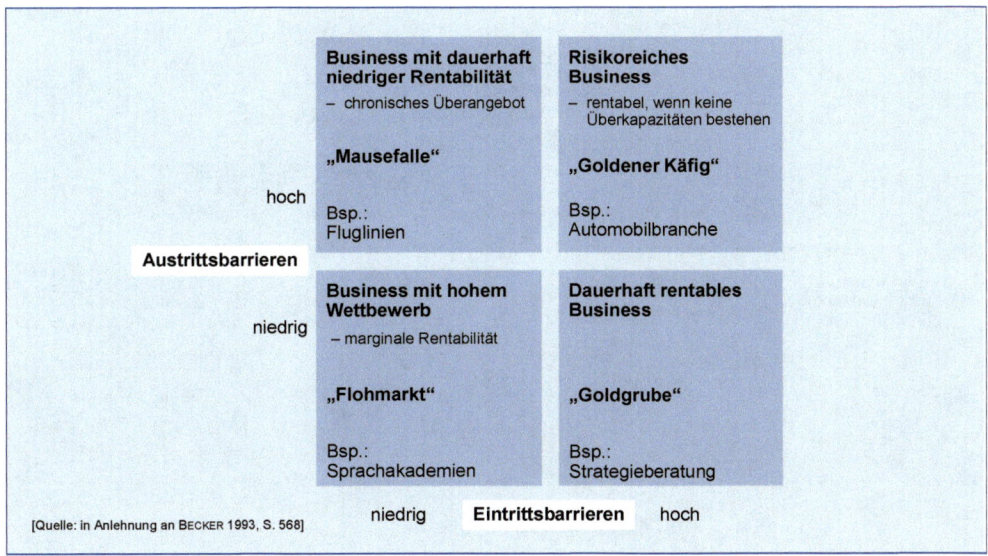

Abb. 5-19: Konstellationen von Marktbarrieren

Die Ausstiegsmöglichkeiten aus einem Markt hängen somit auch von den Ursprungsbedingungen ab. Je niedriger die Eintrittsbarrieren in einem Markt ursprünglich waren, desto mehr Anbieter gehörten in der Regel später diesem Markt an und umso schwieriger ist die Realisierung einer mehr „passiven Strategie des Überlebenden", weil zu viele andere Wettbewerber den Markt erst verlassen müssen, ehe er wirksam zu Gunsten des eigenen Verbleibens entlastet wird [vgl. BECKER 2009, S, 752].

Grundsätzlich bestehen in schrumpfenden bzw. stagnierenden Märkten die Möglichkeiten zur Umsetzung einer Stabilisierungsstrategie oder einer Schrumpfungsstrategie (Desinvestitionsstrategie). Während sich bei der Stabilisierungsstrategie die Optionen einer Haltestrategie oder einer Konsolidierungsstrategie ergeben, besteht bei der Schrumpfungsstrategie die Möglichkeit der Veräußerung oder der Liquidation.

Abbildung 5-20 gibt einen Überblick über die genannten strategischen Stoßrichtungen.

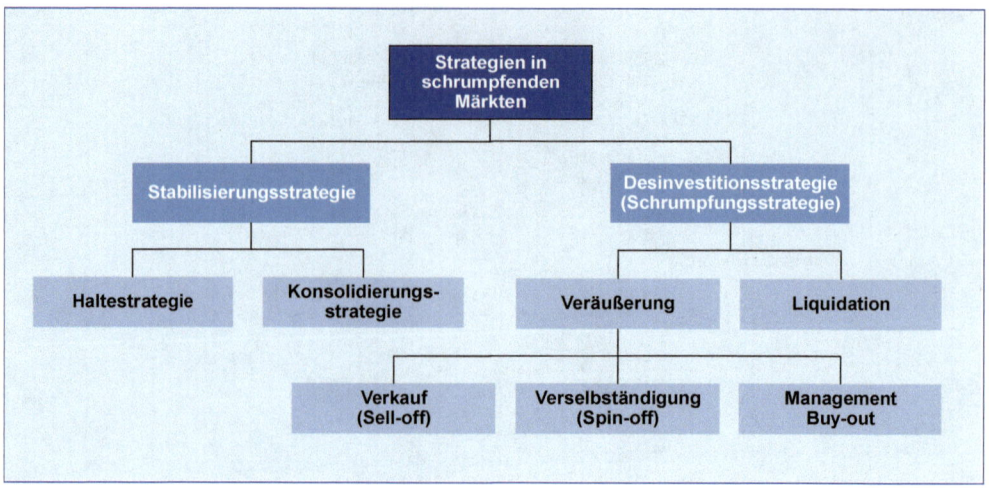

Abb. 5-20:   Strategien in schrumpfenden Märkten

(1) Stabilisierungsstrategien

Die Stabilisierungsstrategie ist dadurch charakterisiert, dass weder eine Ausweitung noch einer Schrumpfung des Produkt-/Leistungsprogramms erfolgt. Stabilisierungsstrategien umfassen zwei Ausprägungen [vgl. WELGE/AL-LAHAM 1992, S. 292 f.]:

- Bei Halte- oder Normalstrategien wird der gegenwärtige Zustand beibehalten und auf die Verfolgung weiterer Strategien verzichtet.

- Konsolidierungsstrategien zielen dagegen auf die Effizienz der Aktivitäten und damit auf eine Verbesserung der Ertragssituation.

Konsolidierungsstrategien stellen somit Rationalisierungsbemühungen in den Vordergrund. Sie verzichten bewusst auf Wachstum. Daher werden solche Strategien häufig nach Phasen der Prosperität eingeschlagen. Folgende Maßnahmenbündel sind denkbar:

- Abbau von Überkapazitäten
- Kostensenkungsmaßnahmen, z.B. durch Reduktion von Lägern und Lagerbeständen
- Unterlassung von Neuinvestitionen
- Verbesserung der Organisationsstruktur und der Prozessabläufe
- Reduktion von Produktvarianten
- Einschränkung von Serviceleistungen.

(2) Desinvestitionsstrategien

Bei Desinvestitionsstrategien erfolgt eine Reduzierung des Produkt- und Leistungsprogramms. Überlegungen zur Desinvestition sind insbesondere dann anzustellen, wenn die

Nachfrage auf dem Absatzmarkt abnimmt und damit eine *externe Schrumpfung* vorliegt. Mit dem Aufkommen des Shareholder Value und der Beschränkung auf Kernkompetenzen kann es allerdings auch bei anderen Marktkonstellationen sinnvoll sein, eine *interne Schrumpfung*, z.B. durch Konzentration auf Kernkompetenzen und Verringerung der Fertigungstiefe, vorzunehmen.

Bei der **externen Schrumpfung** kommt es häufig zu einem intensiven Preiswettbewerb und wachsendem Preisbewusstsein der Kunden. Sinkende Auftragseingänge und mangelnde Kapazitätsauslastungen sowie Ertragsprobleme sind die Folge. In derartigen Situationen stehen dem betroffenen Unternehmen folgende Desinvestitionsformen zur Verfügung [vgl. BEA/ HAAS 2005, S. 182 ff.]:

- Veräußerung des Desinvestitionsobjektes
- Liquidation, d. h. Aufgabe des Desinvestitionsobjektes.

Bei der **Veräußerung des Desinvestitionsobjektes** (Unternehmen, Geschäftsbereich, Produktgruppe, Produkt) bieten sich wiederum drei Möglichkeiten an:

- **Sell-off**, d. h. ein Unternehmensteil wird an ein anderes Unternehmen verkauft.

- **Spin-off**, d. h. ein Unternehmensteil wird aus dem Unternehmensverbund herausgelöst und rechtlich verselbständigt.

- **Management Buy-out**, d. h. das bisherige Management des Unternehmens übernimmt das Unternehmen oder einen Unternehmensteil.

Im Gegensatz zur Veräußerung des Desinvestitionsobjektes, bei der der betreffende Unternehmensteil erhalten bleibt, handelt es sich bei der **Liquidation** um die vollständige Aufgabe bzw. Stilllegung dieser Geschäftstätigkeit.

5.4.3 Wettbewerbsstrategien

Der **Produkt- bzw. Leistungsvorteil** auf der einen und der **Preisvorteil** auf der anderen Seite bilden die beiden grundsätzlichen Alternativen zur Beeinflussung des Abnehmerverhaltens und damit zur Erzielung eines Wettbewerbsvorteils. Demzufolge können die Unternehmen zwischen zwei grundlegenden Wettbewerbshebeln bzw. Mechanismen der Marktbeeinflussung wählen [vgl. BECKER 2009, S. 180]:

- **Qualitätswettbewerb** (engl. *Non-Price Competition*) und
- **Preiswettbewerb** (engl. *Price Competition*).

Das Denken in Wettbewerbsvorteilen ist die zentrale Idee der beiden grundlegenden Strategiemuster:

- **Präferenzstrategie** und
- **Preis-Mengen-Strategie**.

Beide strategischen Beeinflussungsformen von Märkten bezeichnet JOCHEN BECKER als **Marktstimulierungsstrategien**. Die Präferenzstrategie verfolgt das Ziel, durch den Einsatz von nicht-preislichen Wettbewerbsmitteln eine bevorzugte Stellung bei den Abnehmern zu erzeugen. Die Preis-Mengen-Strategie dagegen konzentriert alle Marketingaktivitäten auf preispolitische Maßnahmen [vgl. BECKER 2009, S. 180].

In der Strategiesystematik von MICHAEL E. PORTER [1995, S. 63 ff.] werden die beiden Alternativen als

- **Qualitätsführerschaft** (Differenzierungsstrategie) und
- **Kostenführerschaft** (aggressive Preisstrategie)

bezeichnet. Sie bilden die Eckpfeiler der PORTERschen **Wettbewerbsstrategien** und entsprechen damit im Prinzip den Marktstimulierungsstrategien. Wenn es auch im Detail Unterschiede zwischen beiden Strategiesystematiken geben mag [zur Diskussion über diese Unterschiede siehe insbesondere BECKER 2009, S. 180 und MEFFERT et al. 2008, S. 299], so gehen doch beide Ansätze von zwei identischen Wettbewerbsvorteilen aus: dem Produkt- bzw. Leistungsvorteil einerseits und dem Preisvorteil andererseits. Diese Wettbewerbsvorteile nehmen Kunden entweder in Form von *Leistungsunterschieden*, d. h. bessere Leistung bei gleichem Preis, oder in Form von *Preisunterschieden*, d. h. niedrigerer Preis bei gleicher Leistung, wahr. Daher sind auch in Abbildung 5-21 beide Ansätze zu einer Grafik zusammengefasst.

Auf der Seite des **Qualitätswettbewerbs** ist die **Alleinstellung** *(*engl. *Unique Selling Proposition = USP)* eine wichtige Voraussetzung für eine erfolgreiche Präferenzstrategie bzw. Qualitätsführerschaft, denn besonders die Einzigartigkeit der Leistung begründet aus Sicht des Kunden einen Wettbewerbsvorteil. Quellen der Alleinstellung können unterschiedliche Faktoren sein:

- *Objektiv* beurteilbare Faktoren wie spezielle Funktionalitäten oder Ausstattungen eines Produktes oder ein flächendeckendes Händler- und Servicenetz;
- *Subjektiv* empfundene Faktoren wie die Aktualität der Markenführung oder ein exklusiver Ruf (Image).

Unternehmen, die eine **Preis-Mengen-Strategie** und damit die **Kostenführerschaft** verfolgen, verfügen über Produkte, die sie günstiger anbieten, obwohl sich diese materiell kaum von den Wettbewerbsprodukten unterscheiden. Um diesen Preisvorteil auch dauerhaft im Markt halten zu können, muss das Unternehmen zugleich auch Kostenführer sein. Beim Preiswettbewerb steht also die Realisierung eines Kostenvorsprungs (Erfahrungskosten-, Skalen- und Verbundeffekte) im Vordergrund einer erfolgreichen Preis-Mengen-Strategie.

	Qualitätswettbewerb	Preiswettbewerb	
Strategiebezeichnung nach BECKER	Präferenzstrategie	Preis-Mengen-Strategie	Marktstimulierungs-strategien
Strategiebezeichnung nach PORTER	Qualitätsführerschaft (Differenzierungsstrategie)	Kostenführerschaft (aggressive Preisstrategie)	Wettbewerbs-strategien
Wettbewerbsvorteil	Produkt- bzw. Leistungsvorteil	Preisvorteil	
Ziel	Gewinn vor Umsatz/Marktanteil	Umsatz/Marktanteil vor Gewinn	
Charakteristik	• Hochpreiskonzept über den Aufbau von Präferenzen durch Image, Design, Qualität, Service etc. • Erarbeitung eines „monopolistischen Bereichs" • Kundenfindung/-bindung durch klares Markenimage	• Niedrigpreiskonzept durch Verzicht auf Aufbau echter Präferenzen, dafür Preisvorteil • Kundenfindung/-bindung allein über aggressive Preispolitik • Kostenvorsprung u.a. durch Skaleneffekte, Verbundeffekte, Erfahrungskurveneffekte	
Hauptzielgruppe	Markenkäufer	Preiskäufer	
Wirkungsweise	„Langsam-Strategie" – Aufbau einer Markenpräferenz ist langwierig	„Schnell-Strategie" – angestrebtes Preisimage kann relativ schnell geschaffen werden	
Dominanter Bereich	Marketingbereich	Produktionsbereich	

[Quelle: BECKER 2009, S. 231 f.]

Abb. 5-21: Unterschiede zwischen Qualitäts- und Preiswettbewerb

PORTER betont in diesem Zusammenhang, dass Unternehmen sich eindeutig für eine der beiden Optionen entscheiden müssen, da sonst die Gefahr eines *„Stuck in the Middle"*, also einer Zwischenposition ohne klare Wettbewerbsvorteile, drohe [vgl. PORTER 1986, S. 38 f.].

Abbildung 5-22 verdeutlicht diesen Zusammenhang. Allerdings stellt sich die Frage, ob eine einmalige Entscheidung zwischen Kostenführerschaft und Qualitätsführerschaft (Differenzierung) ausreicht, um den langfristigen Erfolg zu sichern. Ist es nicht vielmehr naheliegend, angesichts der laufenden Veränderungen im Markt- und Wettbewerbsumfeld auch eine Veränderung der strategischen Stoßrichtung bzw. eine Kombination beider Optionen vorzunehmen? Die hiermit angesprochenen **hybriden Wettbewerbsstrategien** verstoßen zwar auf den ersten Blick gegen die klassische Zweiteilung, wenn Unternehmen jedoch zum richtigen Zeitpunkt zwischen Kostenführerschaft und Differenzierung wechseln, können sie Wettbewerbern durchaus überlegen sein [vgl. MÜLLER-STEWENS/LECHNER 2001, S. 201].

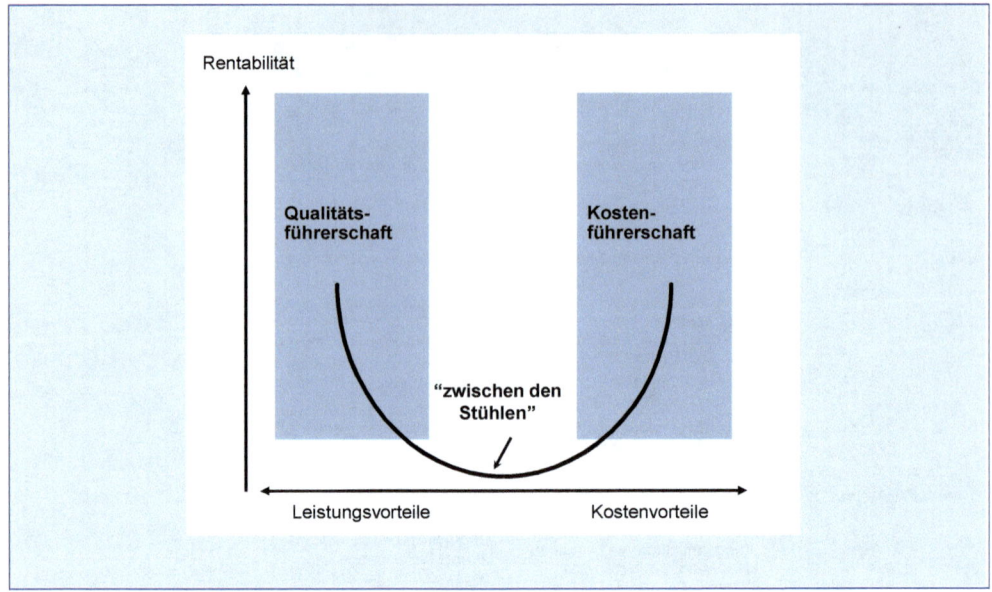

Abb. 5-22: Die „Stuck-in-the-Middle"-Position

Mit jeder Wettbewerbsstrategie ist auch die Entscheidung über die **Breite der Markt-bearbeitung** verbunden, da bei weitem nicht alle Unternehmen in der Lage sind, eine Abdeckung des Gesamtmarktes vorzunehmen. Somit stellt sich in einer *zweiten* Dimension die Frage nach der Fokussierung auf bestimmte Kundengruppen oder auf abgegrenzte Regionen. Solche **Fokus- oder Nischenstrategien** sind damit – neben der Differenzierung und Kostenführerschaft – der dritte *generische* Strategietyp nach PORTER.

Wesentlicher Vorteil dieser Konzentration ist, dass sich der Produzent voll und ganz auf die speziellen Anforderungen der Kunden im speziellen Marktsegment ausrichten kann. Besonders kleine und mittlere Anbieter fokussieren sich auf einzelne Segmente, während größere Wettbewerber zumeist versuchen, den Markt breit anzugehen. Auch bei der Nischenstrategie stehen den Anbietern zwei Optionen zur Verfügung: der Differenzierungs- und der Kostenfokus (siehe Abbildung 5-23).

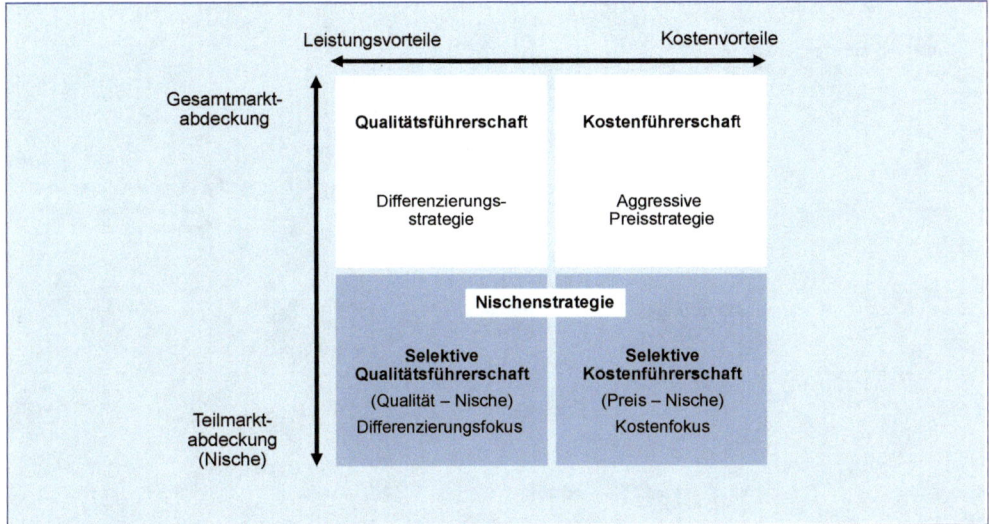

Abb. 5-23:   Wettbewerbsstrategien nach PORTER

Der **Differenzierungsfokus** empfiehlt sich dann, wenn ein Unternehmen ein spezifisches Bedürfnis, das Gesamtmarktanbieter nicht gut genug befriedigen können, besser bedienen kann. Ebenso kann es sein, dass ein Unternehmen einen *Kostenvorsprung* gegenüber den Gesamtmarktanbietern in Form einer **selektiven Kostenführerschaft** zu realisieren vermag [vgl. MÜLLER-STEWENS/LECHNER 2001, S. 204].

Neben der Art des Wettbewerbsvorteils (Leistungs- oder Kostenvorteil) und der Breite der Marktbearbeitung (Gesamt- oder Teilmarktabdeckung) hat noch eine *dritte* Dimension Bedeutung: die **Art der Marktbearbeitung**. Im Kern geht es dabei um die Ausgestaltung des Geschäftssystems (also der Wertschöpfungskette). In welcher Form soll das Geschäftssystem zu dem angestrebten Wettbewerbsvorteil beitragen? Versucht ein Unternehmen, seinen Wettbewerbsvorteil mit einem Geschäftssystem zu realisieren, das kaum von den Geschäftssystemen der Wettbewerber abweicht, dann spricht man vom „alten Spiel". Ein „neues Spiel" wird dagegen gespielt, wenn das Unternehmen sein Geschäftssystem andersartig gestaltet als dies bislang in der Branche üblich war (Beispiel: Das IKEA-Geschäftssystem in der Möbelbranche) [vgl. HUNGENBERG/WULF 2011, S. 163 f.].

Stellt man nun alle Handlungsmöglichkeiten entlang der drei genannten Dimensionen dar, so erhält man das sogenannte strategische Spielbrett, das in Abbildung 5-24 dargestellt ist.

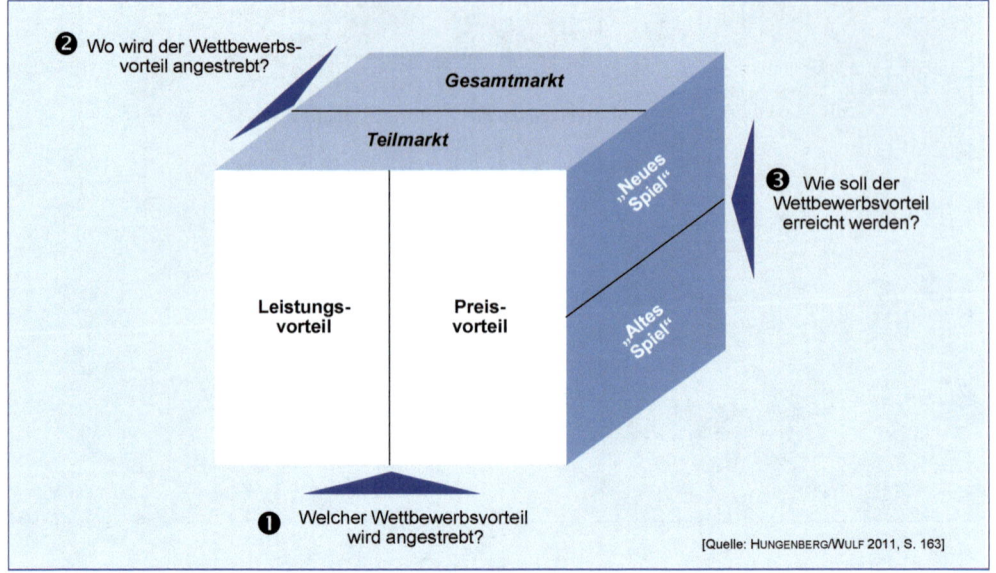

Abb. 5-24:   Strategisches Spielbrett

5.4.4 Markteintrittsstrategien

Nachdem die Fragen geklärt sind, welcher Wettbewerbsvorteil wo und in welcher Art und Weise erreicht werden soll, kann die *Entwicklung und Auswahl der Markteintritts-strategie* erfolgen. Dabei sind vor allem die Entscheidungen über den Markteintrittszeit-punkt sowie über die Form des Markteintritts von strategischer Bedeutung.

(1) Strategien für den Markteintrittszeitpunkt

Die technologie-orientierten strategischen Stoßrichtungen beim Markteintritt (engl. *Time-to-Market*) sind die Pionierstrategie und die Nachfolgerstrategie. Letztere unter-teilt sich wiederum in Strategien des frühen Nachfolgers und des späten Nachfolgers (siehe Abbildung 5-25).

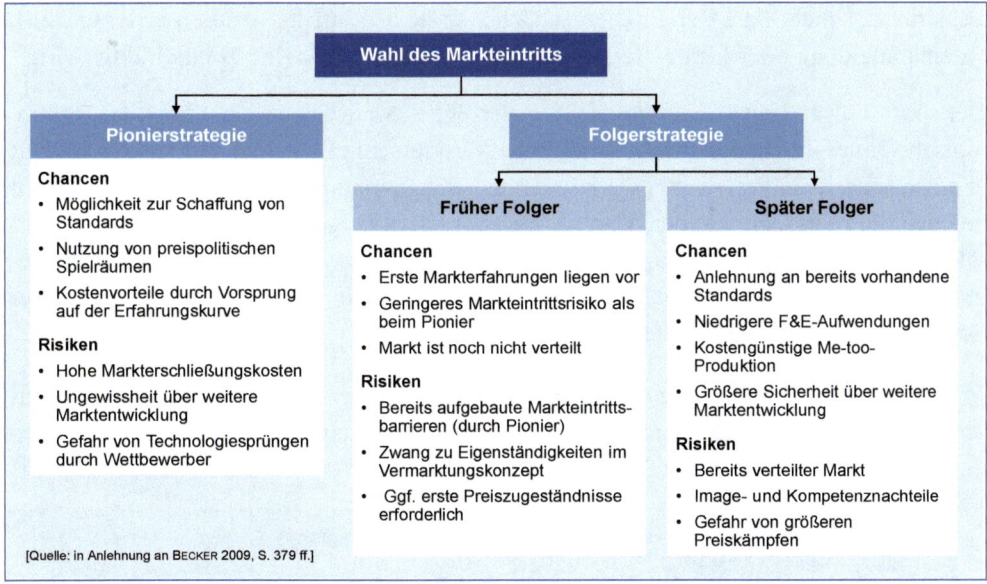

Abb. 5-25:   Typische Markteintrittsmuster

Die **Pionierstrategie** (engl. *First-to-Market*), bei dem das Unternehmen mit dem neuen Produkt als Erstes in den Markt eintritt, hat zunächst einmal den Vorteil einer kurzzeitigen Monopolstellung. Damit hat der Pionier – zumindest vorübergehend – die Möglichkeit, den Preis abzuschöpfen und Marktstandards zu setzen. Der Schwerpunkt dieser Strategie liegt zunächst in der Markterschließung, später in der Verteidigung der Marktposition. So kann der Pionier wirksame Markteintrittsbarrieren erzeugen und in der Regel das Produkt über einen längeren Zeitraum absetzen als die Nachfolger. Dem hohen Chancenpotenzial sind jedoch die Nachteile eines Pioniers gegenüberzustellen, die vor allem aus den hohen Kosten und dem Zeitaufwand für die Forschung und Entwicklung, den hohen Kosten der Markterschließung (von denen auch die nachfolgenden Unternehmen profitieren), dem Markt- bzw. Nachfragerisiko und dem technologischen Risiko bestehen.

Der **frühe Folger** (engl. *Second-to-Market*) tritt vergleichsweise kurz nach dem Pionier in den Markt ein und kann unmittelbar an das Pionier-Konzept anknüpfen. Der frühe Folger hat durchaus gute Marktchancen, muss aber bereits mit ersten Preiszugeständnissen rechnen. Die Strategie des frühen Folgers bringt die Vorteile mit sich, ähnliche, wenn auch geringer ausgeprägte Absatz-, Kosten- und Preisvorteile wie der Pionier erreichen und langfristig einen relativ großen Marktanteil erzielen zu können. Gleichzeitig werden aber die anfangs hohen Risiken des Pioniers vermieden. Aus dem beobachtbaren Verhalten des Pioniers und der Kunden können zusätzliche Erkenntnisse für den eigenen späteren Markteintritt gewonnen werden. Das Risiko der Strategie des frühen Folgers ist darin zu sehen, dass der Pionier zunächst so hohe Eintrittsbarrieren errichtet (z.B. Patentanmeldung oder Limit-Preis-Angebote), dass ein Markteintritt unattraktiv wird.

Der **späte Folger** (engl. *Later-to-Market*) verfügt entweder noch nicht über das technologische Know-how oder er scheut das hohe Markterschließungsrisiko. Dadurch riskiert er einen schärferen Preiswettbewerb und muss Image- und Kompetenznachteile in Kauf nehmen. Die Strategie hat den Vorteil, dass der späte Folger von den Entwicklungsbemühungen der Vorgänger profitieren und deren Fehler vermeiden kann. Risiken bestehen allerdings in den bis dahin aufgebauten hohen Markteintrittsbarrieren und der Schwierigkeit, noch Marktanteile zu erringen.

In Abbildung 5-26 sind einige bekannte Beispiele aus der dem Bereich der Informationstechnologie und Telekommunikation (ITK-Branche) aufgeführt, in denen nicht immer die Pionierstrategie „das Rennen" gemacht hat.

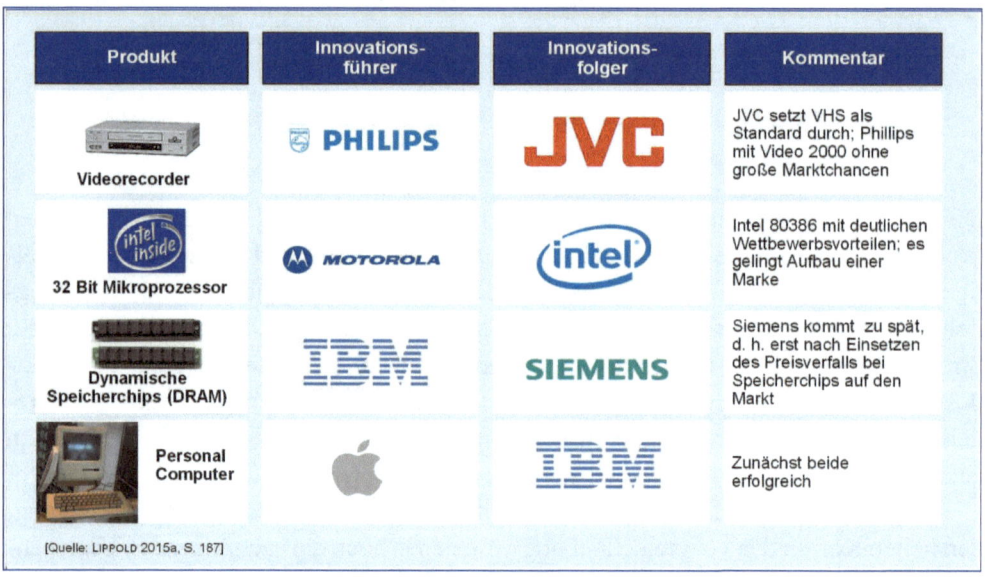

Abb. 5-26:   Beispiele für Innovationsführer und Innovationsfolger in der ITK-Branche

Die Diskussion der Vor- und Nachteile verdeutlicht, dass es keine Markteintrittsstrategie gibt, die ausschließlich Vorteile mit sich bringt. Zwar sind die Erfolgsaussichten der späten Folger schon aufgrund der hohen Markteintrittsbarriere insgesamt als geringer einzustufen, dennoch können auch sie von den technologie- bzw. marketing-konzeptionellen Fehlern des Pioniers bzw. frühen Folgers profitieren. Die Wahl der richtigen Markteintrittsstrategie hängt von verschiedenen Faktoren ab und ist in hohem Maße situationsabhängig. Risikofreudige Unternehmen mit ehrgeizigen Wachstumszielen werden eher Pionierkonzepte verfolgen. In der Konsumgüterbranche, deren Forschungs- und Entwicklungsaufwand im Schnitt deutlich geringer ist als bei Industriegütern, haben

Folger mindestens genauso gute Chancen wie Pioniere. Neben Risikobereitschaft und strukturellen Branchenbedingungen spielt auch der Grad der Innovation eine beeinflussende Rolle bei der Wahl der Timing-Strategie. So setzen echte Pionierstrategien vor allem auf Basisinnovationen mit großen Ertragschancen unter Inkaufnahme eines hohen Risikos (siehe hierzu Abbildung 5-27) [vgl. BECKER 2009, S. 380 ff.].

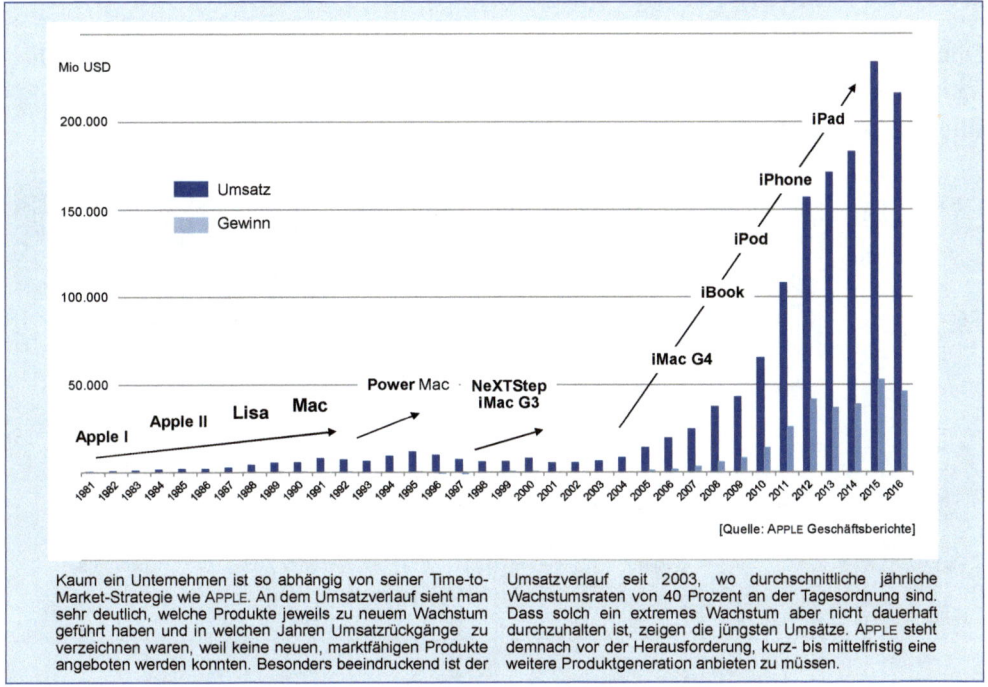

Kaum ein Unternehmen ist so abhängig von seiner Time-to-Market-Strategie wie APPLE. An dem Umsatzverlauf sieht man sehr deutlich, welche Produkte jeweils zu neuem Wachstum geführt haben und in welchen Jahren Umsatzrückgänge zu verzeichnen waren, weil keine neuen, marktfähigen Produkte angeboten werden konnten. Besonders beeindruckend ist der Umsatzverlauf seit 2003, wo durchschnittliche jährliche Wachstumsraten von 40 Prozent an der Tagesordnung sind. Dass solch ein extremes Wachstum aber nicht dauerhaft durchzuhalten ist, zeigen die jüngsten Umsätze. APPLE steht demnach vor der Herausforderung, kurz- bis mittelfristig eine weitere Produktgeneration anbieten zu müssen.

Abb. 5-27: Umsatz- und Gewinnentwicklung APPLE 1981 bis 2016

(2) Strategien für die Form des Markteintritts

Bei der Planung des Markteintritts ist neben dem Zeitpunkt auch die Form festzulegen. Hierbei kann grundsätzlich zwischen einem internen und einem externen Wachstumsweg unterschieden werden. Beim **internen Eintritt** versucht das Unternehmen, durch eigene Forschungs- und Entwicklungstätigkeiten sein Leistungsprogramm zu erweitern und die entsprechenden innovativen Produkte in bekannte oder neue Märkte einzuführen. Dieser Eigenaufbau wird auch als interne Eintrittsstrategie im engeren Sinne bezeichnet. Interne Eintrittsstrategien im weiteren Sinne sind dagegen der Kauf von Lizenzen und Patenten sowie die Aufnahme von Handelswaren (vgl. BECKER, 2001, S. 171 f.).

Ein **externer Markteintritt** liegt vor, wenn ein Unternehmen nicht selbständig, sondern zusammen mit einem bereits auf dem betreffenden Markt agierenden Unternehmen tätig wird. Für diese Art des Markteintritts besteht zum einen die Möglichkeit der Unternehmensakquisition, d.h. des Erwerbs von oder der Beteiligung an Unternehmen bzw. Unternehmensteilen (Unternehmenskauf). Zum anderen kann der Markteintritt über eine Kooperation erfolgen, z.B. über ein Joint Venture, eine strategische Allianz oder über sonstige Formen vertraglich geregelter partnerschaftlicher Zusammenarbeit (Partnerkauf) [vgl. WELGE/AL-LAHAM 1992, S. 308].

Die internen und externen Markteintrittsstrategien sind in Abbildung 5-28 hinsichtlich ihrer Wirkungen auf die Auswahlkriterien Zeit, Kosten, Organisationsprobleme und Risiko charakterisiert.

Realisierungs-formen des Marktein-tritts ⟍ Auswahl-kriterien	Interne Markteintrittsstrategien			Externe Markteintrittsstrategien	
	Eigene Forschung und Entwicklung (= Eigenaufbau)	Lizenzüber-nahme (= Know-how-Kauf)	Aufnahme von Handelsware (= Produktkauf)	Kooperation in Form von Joint Ventures (= Partnerkauf)	Unternehmensbe-teiligung/-zusam-menschluss (= Unternehmens-kauf)
Zeitfaktor	langsam	schnell	schnell	ziemlich schnell	ziemlich schnell
Kosten	hoch	ziemlich niedrig	ziemlich niedrig	niedrig	niedrig
Organisations-probleme	wenige	praktisch keine	praktisch keine	wenige	zahlreiche
Risiko	groß	klein	klein	relativ groß	relativ groß

[Quelle: Becker 2009, S. 172]

Abb. 5-28: Interne und externe Markteintrittsstrategien

Auch hier gibt es nicht den Königsweg, obwohl der interne Markteintritt im weiteren Sinne (also Lizenzübernahme oder die Produktaufnahme als Handelsware) im Durchschnitt die besten Wirkungen auf die vier Auswahlkriterien zeigen. Der Markteintritt mit selbst entwickelten Produkten weist die geringsten organisatorischen Anforderungen auf. Dagegen stehen allerdings erhebliche Zeit- und Kostennachteile gegenüber den externen Markteintrittsstrategien.

5.5 Beratungsprodukte

Die „höchste" Form der Standardisierung ist das Produkt. Beratungsprodukte sind somit die ausgeprägteste Form der Standardisierung und lassen sich am leichtesten im Markt kommunizieren (siehe auch Abschnitt 4.1.3). Im Folgenden sollen unter der Vielzahl von existierenden Beratungsprodukten fünf Beispiele vorgestellt werden:

- Gemeinkostenwertanalyse (GWA)
- Zero-Base-Budgeting (ZBB)
- Nachfolgeregelung
- Mergers & Acquisitions (M&A)
- Business Process Reengineering.

5.5.1 Gemeinkostenwertanalyse

Fragt man in der Beratungsszene nach bekannten Beratungsprodukten, so wird zuerst immer wieder die **Gemeinkostenwertanalyse (GWA)** genannt. Sie ist wohl weltweit nicht nur das bekannteste, sondern auch eines der effektivsten Produkte im Beratungsumfeld. Die Gemeinkostenwertanalyse (engl. *Overhead Value Analysis – OVA*) wurde zu Beginn der 1970er Jahre von zwei MCKINSEY-Partnern in New York entwickelt und zur Sanierung von mehreren Unternehmen erfolgreich eingesetzt. Es zeigte sich, dass gerade im Gemeinkostenbereich, der bis dahin kaum angetastet wurde, ein erhebliches Kosteneinsparungspotenzial besteht. Bereits 1985 wurde die GWA in mehr als 100 deutschen Unternehmen eingesetzt. Es wird davon ausgegangen, dass der aus der Analyse unmittelbar hervorgegangene materielle Nutzen über die Höhe des Kostensenkungspotenzials zwischen 10 Prozent und 20 Prozent des ursprünglichen Gemeinkostenvolumens liegt [vgl. MACHARZINA/WOLF 2010, S. 828 unter Bezugnahme auf ROEVER 1985, S. 20 f.].

Die GWA ist ein von Beratern begleitetes Interventionsprogramm mit dem Ziel der Kostensenkung im Verwaltungsbereich von Unternehmen durch

- den Abbau nicht zielgerichteter, d. h. unnötiger Leistungen (= Effektivität) und

- eine rationellere Aufgabenerfüllung (= Effizienz), d. h. erhaltenswerte Leistungen sollen kostengünstiger erstellt werden.

In einem systematischen Prozess, der aus **drei Phasen** besteht (siehe Abbildung 5-29), wird nach dem Prinzip der Wertanalyse untersucht, ob in den einzelnen Gemeinkostenstellen Kosten und Nutzen der erbrachten Leistungen in einem sinnvollen Verhältnis zueinanderstehen. Hauptziel des Prozesses ist die Senkung der Gemeinkosten um bis zu 40 Prozent.

MCKINSEY knüpft den Erfolg der GWA (also die Senkung der Gemeinkosten um bis zu 40 Prozent) an einige wesentliche Bedingungen [vgl. SCHWARZ 1983, S. 5 f.]:

- Die GWA muss höchste Priorität im Unternehmen haben und von den obersten Führungskräften uneingeschränkt unterstützt werden.

- Die GWA dient nicht der Vergangenheitsbewältigung und kennt keine „heiligen Kühe" und Tabus.

- Die GWA erfordert den Zugang zu allen Unterlagen und die Analyse sämtlicher Kosten-Nutzen-Verhältnisse.

- Die GWA soll nur von den besten Mitarbeitern durchgeführt werden.

Ausgehend von der jeweiligen Zielsetzung (z. B. 15 oder 20 Prozent Gemeinkostensenkung) wird in der **Vorbereitungsphase** der organisatorische Rahmen des Projekts festgelegt. Dazu zählt neben der Bestimmung der Untersuchungseinheiten und des Projektteams vor allem die Ernennung der Hauptbeteiligten des Verfahrens. Hierzu zählen in erster Linie der GWA-Verantwortliche, ein Lenkungsausschuss, der aus Mitgliedern der Geschäftsleitung gebildet wird, die Leiter der Untersuchungseinheiten sowie die begleitenden externen Berater. In der vorbereitenden Phase werden auch die notwendigen Informations- und Schulungsmaßnahmen festgelegt. Ein weiterer wichtiger Punkt ist das Einfrieren des gegenwärtigen Personalbestandes, das mit einem sofortigen Einstellungsstopp verbunden ist.

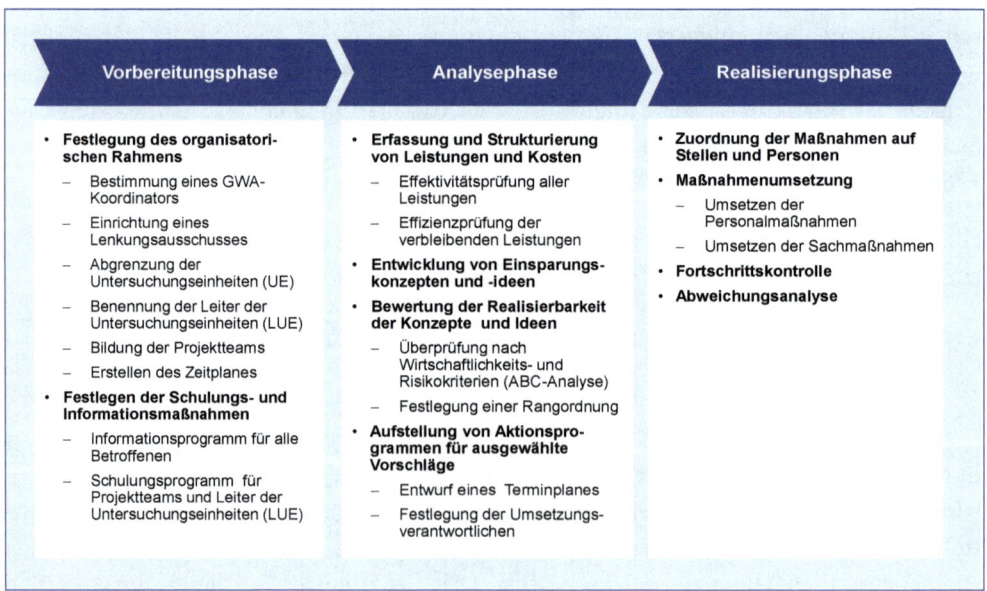

Abb. 5-29: Ablauf der Gemeinkostenwertanalyse

In der anschließenden **Analysephase** haben die Leiter der Untersuchungseinheiten anzugeben, welche Leistungen für wen erbracht werden und welche Kosten dadurch entstehen. Danach erfolgt eine Gegenüberstellung von Ist-Kosten und Ist-Beitrag (Nutzen) sowie die Antizipation eines bewusst unrealistischen (hypothetischen) Kostensenkungsziels, um die Suche nach Reduktionsmöglichkeiten bewusst zu intensivieren. Danach werden Einsparungsvorschläge erarbeitet und nach Wirtschafts- und Risikokriterien überprüft. Schließlich werden die von der obersten Führungsebene akzeptierten und entschiedenen Ideen in Handlungsprogramme sowie in einen Terminplan gefasst und die Umsetzungsverantwortlichen bestimmt [vgl. MACHARZINA/WOLF 2010, S. 830].

In der **Realisierungsphase** erfolgt die faktische Umsetzung der Handlungsprogramme. Der Lenkungsausschuss bestimmt einen Realisierungsverantwortlichen, der die verabschiedeten Maßnahmen in laufenden Fortschrittskontrollen durch Soll-Ist-Vergleiche absichert. In besonderen (Not-) Fällen muss er in Abstimmung mit dem Lenkungsausschuss Maßnahmenkorrekturen durchführen.

Die **Reaktionen** auf die von MCKINSEY durchgeführten Gemeinkostenwertanalysen sind unterschiedlich. Gegner der GWA führen an, dass Änderungen in der Organisationsentwicklung harmonisch und nicht wie bei der GWA abrupt und unter Druck verlaufen sollten. Auch seien Freistellungen der besten Mitarbeiter für die Durchführung der GWA häufig nicht möglich. Schließlich wird angeführt, dass die Berater von MCKINSEY durch ihre aggressive Vorgehensweise zu viel Unruhe ins Unternehmen bringen. Die Befürworter der Methode berufen sich vor allem auf die nachgewiesenen Einsparungen sowie auf zusätzliche Effekte wie eine erhöhte Schlagkraft durch Abbau von Bürokratie und die Sammlung von zusätzlichen Ideen zur Stärkung der Wettbewerbsfähigkeit über die reine Kostensenkung hinaus [vgl. SCHWARZ 1983, S. 13 ff.].

5.5.2 Zero-Base-Budgeting

Neben der Gemeinkostenwertanalyse ist das **Zero-Base-Budgeting (ZBB)** das zweite wichtige Verfahren der Gemeinkostensenkung. Während die GWA ausschließlich auf eine Kostensenkung innerhalb der Gemeinkostenbereiche abzielt, will die Null-Basis-Budgetierung hingegen nicht nur unnötige Tätigkeiten erkennen und eliminieren und damit Kosten senken, sondern über Ressourcenumverteilungen zu einer Effizienzsteigerung des Gesamtunternehmens gelangen. Im Vergleich zur GWA werden Strukturen, Aufgaben und Prozesse im Unternehmen noch radikaler in Frage gestellt.

Die Null-Basis-Budgetierung wurde in den 1960er Jahren von PETER PHYRR (TEXAS INSTRUMENTS) erarbeitet. Die Methode besteht aus einem **neun Stufen** umfassenden Analyse- und Planungsprozess, der von jeder Führungskraft abverlangt, dass sie ihr Budget vollständig und detailliert begründet (siehe Abbildung 5-30). Wie auch bei einer Unternehmensgründung geht man bei der Budgetvergabe von der „Basis Null" aus, d.

h. die bisherigen Festlegungen werden vollständig in Frage gestellt. Dazu hat der Manager jeweils zu begründen, warum überhaupt welche Kosten verursacht werden [vgl. WEBER 2006, S. 291].

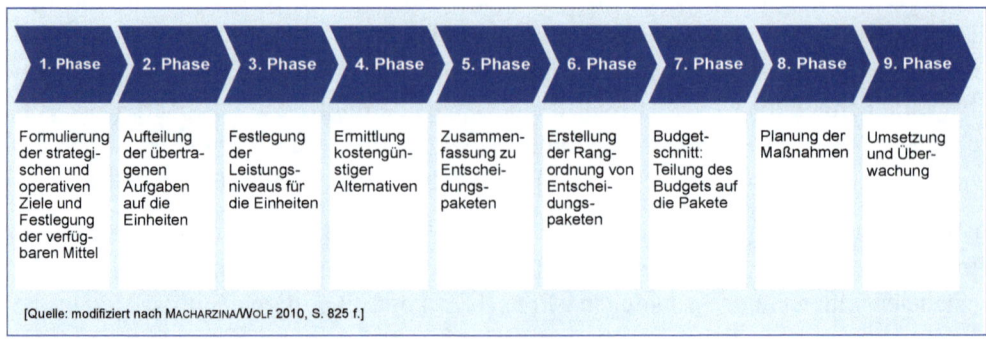

Abb. 5-30: Der Zero-Base-Budgeting-Prozess

Der Analyse- und Planungsprozess des ZBB zeigt noch einen weiteren wesentlichen Unterschied zur GWA: Während die GWA das Kostensenkungsziel „Top-down" vorgibt, ist es beim ZBB genau umgekehrt. Hier wird von Null ausgehend – also „Bottom-up" – Schritt für Schritt ermittelt, welche Pakete realisiert werden sollen (Budget-schnitt). Abbildung 5-31 soll diesen Unterschied verdeutlichen.

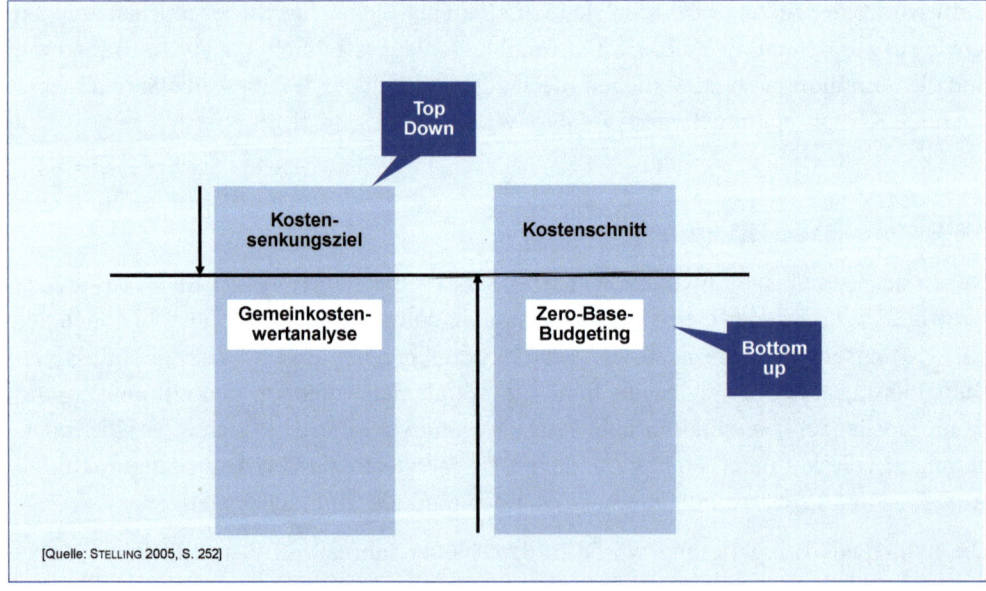

Abb. 5-31: Unterschiedliche Vorgehensweisen von GWA und ZBB

Die ZBB-Methode findet seit Jahren eine breite Anwendung in den USA, vor allem in den öffentlichen Verwaltungen, zunehmend aber auch im privatwirtschaftlichen Bereich. In Deutschland gilt die Methode aufgrund des großen Arbeitsaufwandes, der für den exakten Ablauf der Phasen betrieben werden muss, immer noch als begrenzt praxistauglich. Andererseits sind die Akzeptanzprobleme geringer als bei der GWA, da das ZBB nicht primär auf die Senkung von Personalkosten abzielt. Trotzdem kann es zu Motivationsproblemen kommen, da das ZBB große organisatorische und auch personelle Veränderungen mit sich bringen kann [vgl. STELLING 2005, S. 252].

Bei einem direkten Vergleich der beiden Gemeinkostensenkungstechniken kommen MACHARZINA/WOLF [2010, S. 829] zu dem Ergebnis, dass *„das Zero-Base-Budgeting im Hinblick auf die konzeptionelle Geschlossenheit der Gemeinkosten-Wertanalyse überlegen"* ist.

5.5.3 Nachfolgeregelung

Mit der Regelung seiner Nachfolge muss sich jeder Unternehmer zwangsläufig früher oder später befassen. **Nachfolgeregelung** wird als Synonym für den Begriff *Unternehmensnachfolge* verwendet und beschreibt den Prozess der Übergabe der Leitung eines typischerweise mittelständischen Unternehmens an einen Nachfolger. Da die Nachfolgeregelung aus Sicht des Beraters zu den wiederholbaren, standardisierten Problemlösungsprozessen zählt, lässt sich die Nachfolgeregelung ebenfalls den *Beratungsprodukten* zuordnen. Zwar gibt es eine Vielzahl von individuellen Varianten und Gestaltungsmöglichkeiten einer Nachfolgeregelung, jedoch ist das Ablaufschema, also das Phasenkonzept bzw. das Flussdiagramm für die beraterische Unterstützung von Fall zu Fall nahezu identisch und damit standardisierbar.

Die **Nachfolgeregelungsberatung** umfasst folgende Schwerpunkte [vgl. NIEDEREICHHOLZ 2008, S. 240]:

- Suche und Auswahl eines Nachfolgers
- Regelung der schrittweisen Führungsübergabe
- Planung der Übergangsregelungen
- Einsetzen eines Beirats
- Vermeidung unnötiger Liquiditätsabflüsse (z. B. vorweggenommene Erbfolge durch Schenkung).

Der Standardprozess für die beraterische Unterstützung der Nachfolgeregelung besteht in der Regel aus den folgenden **fünf Phasen**, die zusätzlich in Abbildung 5-32 aufgelistet sind [vgl. NIEDEREICHHOLZ 2008, S. 241 ff.]:

In der **Vorbereitungsphase** sammelt der Berater zunächst sämtliche Informationen über das Unternehmen, über den Unternehmer und sonstige beteiligte Personen. Mit dem Unternehmer werden eine gemeinsame Definition der Ziele sowie ein Projektplan über das weitere Vorgehen festgelegt. Zusätzlich wird ein Beirat gebildet, der sich aus dem Unternehmer, den betroffenen Familienangehörigen sowie Externen (Steuerberater, Rechtsanwalt, Berater) zusammensetzt.

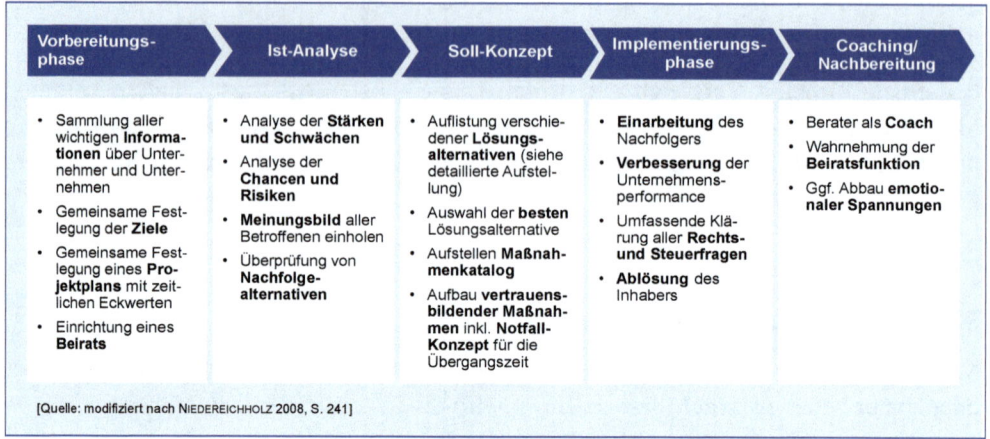

[Quelle: modifiziert nach NIEDEREICHHOLZ 2008, S. 241]

Abb. 5-32: Prozessphasen der Nachfolgeregelung

In der anschließenden **Ist-Analyse** werden die Stärken und Schwächen sowie die Chancen und Risiken des Unternehmens unter dem besonderen Aspekt der Finanzkraft bzw. des Finanzierungspotenzials analysiert. Darüber hinaus verschafft sich der Berater ein Meinungsbild aller betroffenen Personen und stellt Nachfolgealternativen gegenüber. Mit dem **Soll-Konzept** beginnt der konzeptionelle Teil des Prozesses. Zunächst werden – sofern der Nachfolger nicht bereits feststeht – die verschiedenen Lösungsalternativen zur Regelung der Nachfolge aufgelistet. Neben der familieninternen Nachfolgeregelung gibt es eine Reihe externer Alternativen (siehe auch Abbildung 5-33):

- Verkauf
- Verpachtung
- Vermietung
- Management-Buy-Out
- Management-Buy-In
- Stiftung
- Gang an die Börse

Nach Auswahl der besten Lösungsalternative wird ein Maßnahmenkatalog für den Übergangsprozess aufgestellt. Flankierend werden vertrauensbildende Maßnahmen festgelegt. Auch sollte ein Notfallplan für den Fall aufgestellt werden, dass der Unternehmer vor Vollzug der eigentlichen Nachfolgeregelung verstirbt.

Vorweggenommene Erbfolge	• Erblasser überträgt zu seinen Lebzeiten Vermögen auf seine zukünftigen Erben • Vorteil u. a.: Steuern sparen durch mehrfache Ausschöpfung der Erbschaftssteuerfreibeträge
Übertragung durch Gründung einer Gesellschaft	• Schrittweise Übertragung eines Unternehmens an Familienmitglieder oder familienexterne Personen durch Gründung einer Personen- oder Kapitalgesellschaft • Nachfolger wird am Betrieb beteiligt und somit zum Mitgesellschafter • Vorteil: Übergabe kann in Etappen erfolgen
Verkauf gegen Einmalzahlung	• Verkauf des Unternehmens gegen einmalige Zahlung an einen Nachfolger • Käufer hat ab sofort freie Verfügungsgewalt • Vorteil: Verkäufer ist nicht von dem unternehmerischen Geschick des Nachfolgers abhängig
Verkauf gegen Ratenzahlung	• Aufteilung des Kaufpreises, die dem Nachfolger die Finanzierung erleichtert • Zahlungen erstrecken sich über einen im voraus eindeutig festgelegten Zeitraum
Verkauf gegen Rente	• Veräußerungsrente stellt angemessene Gegenleistung für das übertragende Unternehmen dar • Versorgungsrente dient dazu, den Lebensunterhalt des ausscheidenden Unternehmers zu sichern • Beide Formen können als Leibrente (Laufzeit hängt vom Leben einer oder mehrerer Personen ab) oder Zeitrente (feste Laufzeit) gestaltet werden
Verkauf gegen dauernde Lasten	• Eine dauernde Last besteht aus wiederkehrenden Aufwendungen über einen Mindestzeitraum von zehn Jahren • Orientierung z. B. an der Umsatzhöhe oder an den Lebenshaltungskosten des Verkäufers
Verpachtung	• Ist der Unternehmer nicht oder noch nicht bereit, das Eigentum sofort an den Nachfolger zu übertragen, besteht die Möglichkeit, das Unternehmen zu verpachten • Dem Unternehmer können somit laufende Einnahmen gesichert werden.
Vermietung	• Dem Nachfolger werden lediglich die Betriebsräume zur Nutzung gegen Entgelt überlassen • Im Unterschied zur Verpachtung kauft der Nachfolger z. B. die Einrichtung und die Maschinen
Management-Buy-Out (MBO)	• Wird kein Nachfolger innerhalb der Familie gefunden, besteht die Möglichkeit, das Unternehmen an das eigene Management zu veräußern • Vorteil: Der neue Eigentümer kennt sich bestens im Unternehmen aus
Management-Buy-In (MBI)	• Übernahme des Unternehmens von externen Managern • Vorteil: Mit dem neuen Eigentümer kommen neue Impulse in das Unternehmen • Nachteil: Die Einarbeitungszeit ist länger
Stiftung	• Charakteristisch ist die juristische Trennung des Stiftungsvermögens vom Stifter und dessen Nachkommen • Erben sind von Unternehmensnachfolge ausgeschlossen, also praktisch "enterbt" • Das Unternehmen zerfällt nicht in einzelne Erbteile, sondern bleibt durch die Stiftung erhalten • Die Stiftung ist eine vielfältig ausgestaltbare Rechtsform mit steuerlichen Vorteilen
Gang an die Börse (Going Public)	• Um im Zuge der Nachfolgeregelung die Einheit von Kapitaleigner und Geschäftsführung aufzulösen, bietet sich die Möglichkeit, das Unternehmen in eine Aktiengesellschaft umzuwandeln • Die Börseneinführung eines Unternehmens ist jedoch an Mindestvoraussetzungen geknüpft: Jahresumsatz bei produzierenden Unternehmen grundsätzlich höher als 25 Mio. Euro, gute Ertragssituation, etablierte Marktstellung, gute Perspektiven der Unternehmensentwicklung • Die Börseneinführung ist ein langwieriger Prozess • Voraussetzung u. a.: Es muss ein umfangreiches Informationssystem sowie eine klare Organisations- und Führungsstruktur geschaffen werden

Abb. 5-33: Varianten der Nachfolgeregelung

Die **Umsetzungsphase** ist geprägt von der Einarbeitung des Nachfolgers sowie vom Willen aller Beteiligten, die Unternehmensperformance und damit die Attraktivität des Unternehmens zu verbessern. Auf diese Weise lassen sich eine Verunsicherung und nachlassende Motivation der Mitarbeiter angesichts des bevorstehenden Inhaberwechsels vorbeugen. Schließlich erfolgt die Ablösung des Inhabers, der auf eine weitere Einflussnahme verzichtet.

In der letzten Phase des **Coaching/Nachbereitung** übernimmt der Berater eine reine Coachingfunktion. Auch sollte der Berater den Vorsitz des Beirats weiterhin wahrnehmen, um damit bei evtl. aufkommenden emotionalen Spannungen besser eingreifen bzw. schlichten zu können.

5.5.4 Mergers & Acquisitions

Im Falle des Eintritts in ein neues Geschäftsfeld oder der Ausweitung eines bestehenden Geschäftsfeldes stellt sich die Frage, ob diese Wachstumsstrategien aus eigener Kraft oder durch den Erwerb des bereits bestehenden Geschäfts eines anderen Unternehmens erfolgen sollen. Damit erlangen Fragestellungen, die den Kauf von oder die Fusion mit anderen Unternehmen oder deren Geschäftseinheiten betreffen, eine besondere Bedeutung. Spiegelbildlich gesehen gilt das Gleiche für den Fall, dass – falls es das eigene Portfolio nahe legt – eine vorhandene Geschäftseinheit aufgegeben bzw. veräußert werden soll. Alle Aspekte, die mit dem Erwerb, dem Verkauf oder dem Zusammenschluss von Unternehmen oder Unternehmenseinheiten zusammenhängen, werden dem angelsächsischen Begriff **Mergers & Acquisitions (M&A)** zugeordnet. Neben Unternehmensberatern sind hier vor allem Investmentbanken sowie Wirtschaftsprüfungs- und Steuerberatungsgesellschaften zur Unterstützung des jeweiligen Managements aktiv [vgl. FINK 2009a, S. 157].

Folgende **Transaktionsformen** werden unter dem Begriff *M&A* zusammengefasst [vgl. SCHRAMM 2011, S. 5]:

- Kauf oder Verkauf von Unternehmensteilen (z. B. im Rahmen einer Auktion oder eines Carve-outs bzw. Spin-offs)

- Erwerb aus einer Insolvenz

- Beteiligungserwerb mit Mehr- oder Minderheitsbeteiligung im weiteren Sinne

- Börsengang

- Joint Venture.

Ähnlich wie das Beratungsprodukt *Nachfolgeregelung* lassen sich auch die M&A-Aktivitäten durch einen standardisierbaren Prozess beschreiben. Folgende Phasen (siehe Abbildung 5-34) sind dabei relevant [vgl. WÖHLER/CUMPELIK 2006, S. 455 ff.; SCHRAMM 2011, S. 5 ff.]:

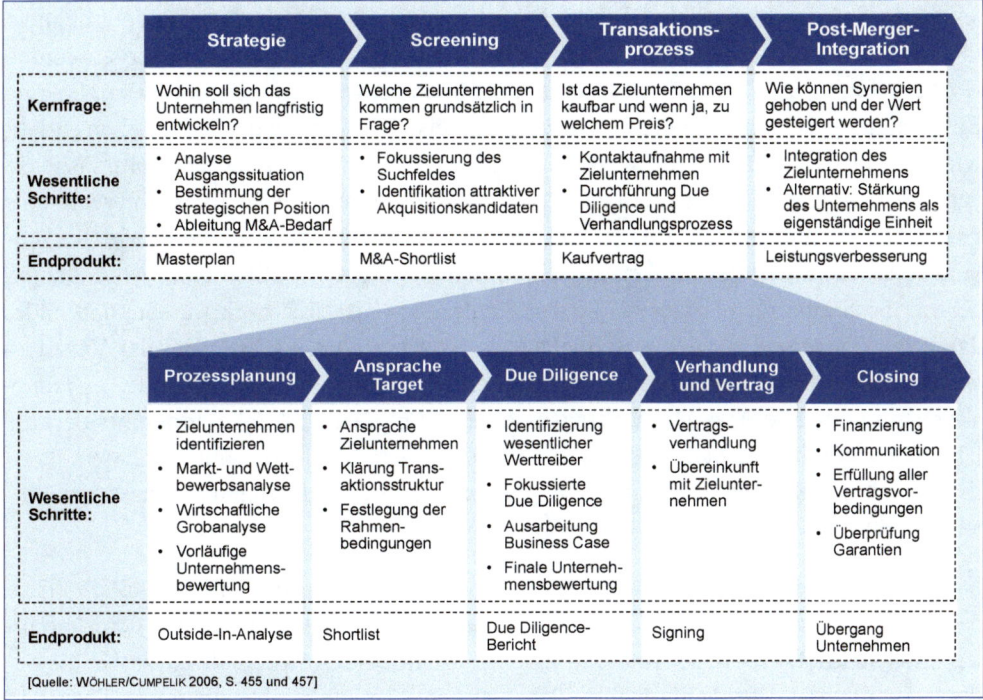

	Strategie	Screening	Transaktions-prozess	Post-Merger-Integration
Kernfrage:	Wohin soll sich das Unternehmen langfristig entwickeln?	Welche Zielunternehmen kommen grundsätzlich in Frage?	Ist das Zielunternehmen kaufbar und wenn ja, zu welchem Preis?	Wie können Synergien gehoben und der Wert gesteigert werden?
Wesentliche Schritte:	• Analyse Ausgangssituation • Bestimmung der strategischen Position • Ableitung M&A-Bedarf	• Fokussierung des Suchfeldes • Identifikation attraktiver Akquisitionskandidaten	• Kontaktaufnahme mit Zielunternehmen • Durchführung Due Diligence und Verhandlungsprozess	• Integration des Zielunternehmens • Alternativ: Stärkung des Unternehmens als eigenständige Einheit
Endprodukt:	Masterplan	M&A-Shortlist	Kaufvertrag	Leistungsverbesserung

	Prozessplanung	Ansprache Target	Due Diligence	Verhandlung und Vertrag	Closing
Wesentliche Schritte:	• Zielunternehmen identifizieren • Markt- und Wettbewerbsanalyse • Wirtschaftliche Grobanalyse • Vorläufige Unternehmensbewertung	• Ansprache Zielunternehmen • Klärung Transaktionsstruktur • Festlegung der Rahmenbedingungen	• Identifizierung wesentlicher Werttreiber • Fokussierte Due Diligence • Ausarbeitung Business Case • Finale Unternehmensbewertung	• Vertragsverhandlung • Übereinkunft mit Zielunternehmen	• Finanzierung • Kommunikation • Erfüllung aller Vertragsvorbedingungen • Überprüfung Garantien
Endprodukt:	Outside-In-Analyse	Shortlist	Due Diligence-Bericht	Signing	Übergang Unternehmen

[Quelle: WÖHLER/CUMPELIK 2006, S. 455 und 457]

Abb. 5-34: Ganzheitlicher M&A-Prozessansatz

Grundsätzliches Ziel einer M&A-Transaktion ist immer die nachhaltige Sicherung oder Steigerung des *Unternehmenswerte*s. Dazu können verschiedene Strategien (Wachstum, Kostenoptimierung, Risikoreduktion) verfolgt werden. Ausgangspunkt des M&A-Prozesses ist die Formulierung einer **Strategie**, die in einem *Masterplan* zur Weiterentwicklung des Unternehmensportfolios ihren Niederschlag findet. Aus dem Masterplan geht hervor, welche Geschäftseinheiten (engl. *Business Units*) verstärkt werden sollen und welche künftig nicht mehr zum Kerngeschäft gehören und zu veräußern sind. Dabei ist M&A neben dem organischen Wachstum oder einer Partnerschaft mit anderen Unternehmen immer nur eine Lösungsoption.

Im Mittelpunkt der nächsten Phase steht das **Screening** von attraktiven Kaufobjekten. Bei der Suche kann das Unternehmen aktiv und systematisch vorgehen oder eher – falls Investmentbanker oder Berater mit möglichen Kaufoptionen an das Unternehmen herantreten – eine passive Rolle einnehmen. Wichtig bei diesem Prozess ist, dass alle Akquisitionsideen erfasst, bewertet und die Höhe des Transaktionswertes überschlägig quantifiziert werden. Das Top-Management entscheidet letztlich darüber, welche Ideen abgelehnt werden und welche im Rahmen einer M&A-Shortlist weiterverfolgt werden sollen.

Mit der Entscheidung über die Weiterverfolgung bestimmter M&A-Ideen bzw. -Projekte beginnt der eigentliche **Transaktionsprozess**. Nachdem das Zielunternehmen identifiziert und eine grobe Schätzung des Wertsteigerungspotenzials vorgenommen wurde, erfolgt die Ansprache des Zielunternehmens bzw. dessen Eigentümern. Ist eine Einigung über die gemeinsame Fortsetzung und über das Timing der Transaktion erzielt, wird mit der Durchführung einer *Due Diligence*, die den Kern der Transaktionsphase darstellt, begonnen. Die Due Diligence ist eine fokussierte Analyse eines Unternehmens oder Unternehmensteils, um einen Gesamteindruck der wirtschaftlichen Lage, der Zukunftsaussichten und der Risiken zu bekommen. Sie dient vor allem einer Abschätzung der wertbestimmenden Faktoren, die den Kaufpreis wesentlich beeinflussen, und bildet damit die Grundlage für den anschließenden *Verhandlungsprozess*. Bei der Vertragsgestaltung werden die finanziellen, steuerrechtlichen und rechtlichen Aspekte der Transaktion zusammengeführt. Die Vertragsunterzeichnung (engl. *Signing*) dokumentiert die Übereinkunft mit dem Zielunternehmen. Mit dem rechtlichen Abschluss und dem juristischen Inkrafttreten des Vertrags (engl. *Closing*) wird schließlich ein Schlusspunkt hinter die Transaktion gesetzt.

Die Erkenntnisse, die in der Transaktionsphase gewonnen wurden, fließen in die Phase der **Post-Merger-Integration** ein. Damit können die Zeiträume, innerhalb derer die Integration stattfinden soll, die Integrationstiefe, die Integrationsreihenfolge sowie die begleitende Organisation leichter festgelegt werden. Das vielleicht wichtigste Thema in der Integrationsphase ist die *Analyse der Unternehmenskulturen*. Hierbei trägt insbesondere eine konsistente und zielgerichtete Kommunikation entscheidend zur Akzeptanz und Unterstützung der Transaktion durch die Führungskräfte und Mitarbeiter bei. Kulturelle Differenzen und Gemeinsamkeiten (z. B. bei Werten, Führungsverhalten oder Anreizstrukturen) sollten umgehend benannt und untersucht werden. Schließlich sind solche Führungskräfte auszuwählen, deren Verhalten im Einklang mit der gewünschten Zielkultur stehen und die maßgeblich zur erwünschten Veränderung beitragen können. Gerade in der Integrationsphase ist der Unternehmensberater besonders stark eingebunden. Andere Externe (Investmentbanker, Wirtschaftsprüfer, Steuerberater) sind in dieser Phase so gut wie keine Konkurrenz (siehe Abbildung 5-35).

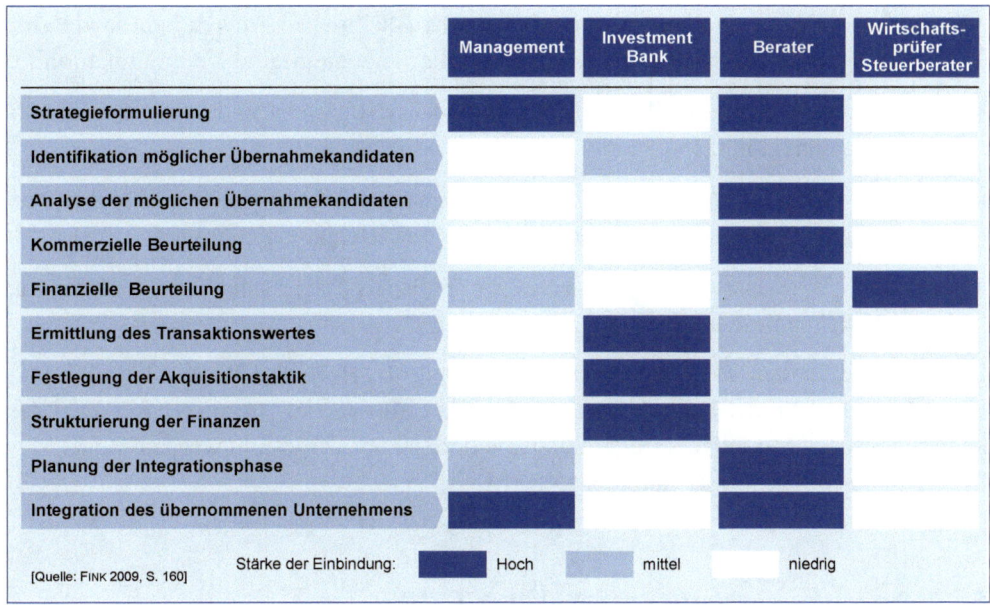

Abb. 5-35: Die Rolle des Unternehmensberaters im M&A-Transaktionsprozess

5.6   Modellierungstools im Geschäftsprozessmanagement

Im Rahmen des **Geschäftsprozessmanagements** (engl. *Business Process Management – BPM*) werden Abläufe in Unternehmen beschrieben, dokumentiert, optimiert und überwacht. Zur standardisierten Beschreibung von Prozessen werden grafische Modellierungsmethoden verwendet. Aufgrund des hohen Standardisierungsgrades werden diese Modellierungsmethoden hier den Beratungsprodukten zugeordnet. Sie haben den Vorteil gegenüber mathematischen Beschreibungssprachen, dass sie sich auch für Fachanwender aus betriebswirtschaftlichen Abteilungen leicht erschließen. Modellierungsmethoden geben zur Beschreibung der Realität eine spezifische Notation vor. Eine **Notation** legt fest, mit welchen Symbolen die verschiedenen Elemente von Prozessen dargestellt werden, was die Symbole bedeuten und wie sie kombiniert werden können. Ergebnis der Modellierung sind Prozessmodelle, aus denen sich die betriebswirtschaftliche Bedeutung auch für die sogenannten „business people" herauslesen lässt [vgl. KOCIAN 2011, S. 5 unter Bezugnahme auf SCHEER 1995, S. 16 und ALLWEYER 2009, S. 2 ff.].

Die standardisierte Beschreibung von Prozessen hat mehrere Vorteile bzw. Zielsetzungen [vgl. KOCIAN 2011, S. 5]:

- Grafische Prozessmodelle bieten insbesondere fachlichen Anwendern sowie Anwendungsentwicklern eine grafische Basis für die gemeinsame Kommunikation.

- Prozessdokumentationen lassen sich zur ISO-Zertifizierung und damit zum Qualitätsmanagement nutzen.

- Die Definition von Abläufen dient dazu, Gesetze und Vorschriften im Rahmen von Compliance Management (to comply = befolgen) Rechnung zu tragen.

- Schließlich ist es zukünftig vermehrt das Ziel, aus Prozessmodellen ausführbare, d.h. maschinenlesbare Prozesse zu generieren.

Im Folgenden sollen die beiden Notationen **ereignisgesteuerte Prozesskette (EPK)** (das „deutsche" Modell) sowie **Business Process Model and Notation (BPMN)** (das „amerikanische" Modell) als Darstellungsmethoden kurz vorgestellt werden. Beide Methoden haben ein großes Benutzerpotenzial.

5.6.1 Ereignisorientierte Prozesskette (EPK)

Die EPK-Methode wurde 1992 von einer Arbeitsgruppe unter Leitung von AUGUST-WILHELM SCHEER an der Universität des Saarlandes im Rahmen eines von der SAP finanzierten Forschungsprojektes zur Beschreibung von Geschäftsprozessen entwickelt und in das **ARIS-Framework** (ARIS = Architecture of Integrated Information Systems) integriert [Vgl. SCHEER 1998, S. 20].

Die Methode beschreibt den logischen Tätigkeitsfluss durch eine Folge von Funktionen und Ereignissen sowie durch logische Operatoren. Abbildung 5-36 gibt einen Überblick über die Hauptelemente – also Ereignis, Funktion, Organisationseinheit, Informationsobjekt und Operatoren – der EPK-Notation.

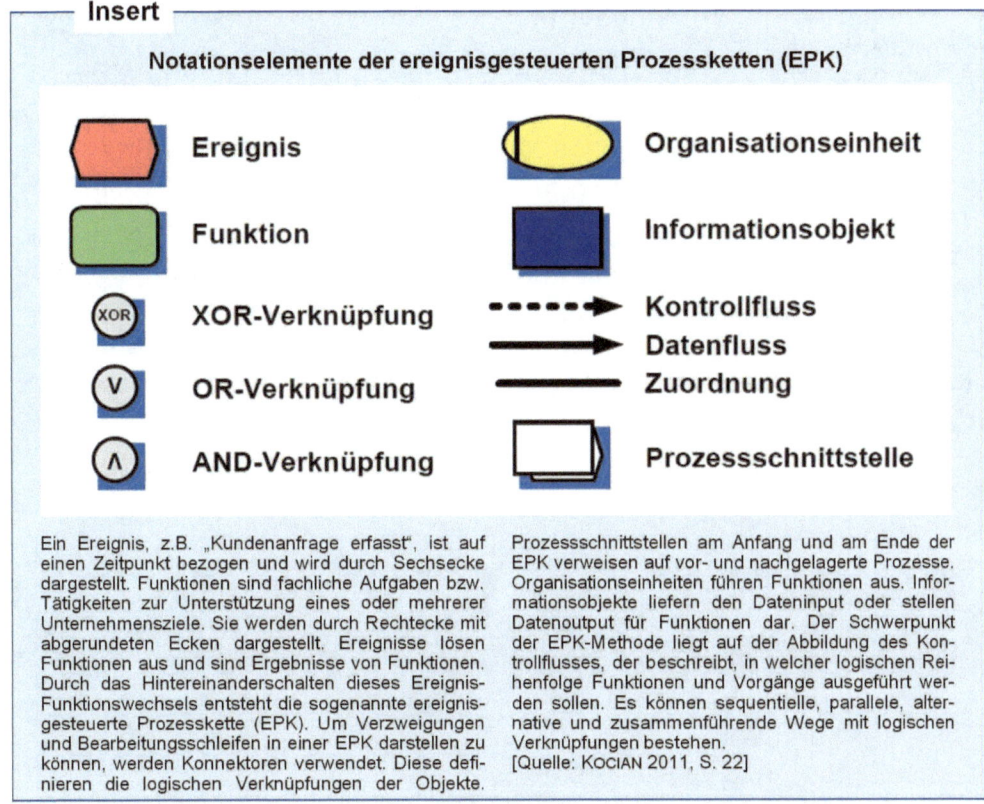

Abb. 5-36: Notationselemente der ereignisgesteuerten Prozessketten (EPK)

5.6.2 Business Process Model and Notation (BPMN)

Business Process Model and Notation (**BPMN 2.0**) wurde in der Version 2.0 offiziell im Januar 2011 durch die Object Management Group (OMG) veröffentlicht. Entwickelt wurde die „Business Process Modeling Notation" (Bezeichnung bis zur Version 1.2) maßgeblich von Stephen A. White, einem Mitarbeiter von IBM. BPMN ist eine sogenannte **Spezifikation**, die von der Webseite der OMG kostenfrei heruntergeladen werden kann (Open Source). Die Spezifikation zur BPMN definiert alle Symbole sowie die Regeln, nach denen sie kombiniert werden dürfen, um graphische Prozessmodelle zu erstellen. Sie regelt damit Syntax und Semantik. Die **Syntax** ist das System an Regeln, wie die Symbole kombiniert werden dürfen. Die **Semantik** legt die Bedeutung von Symbolen und ihren Beziehungen fest [vgl. KOCIAN 2011, S. 6].

Die grafischen Elemente der BPMN werden eingeteilt in:

- **Flow Objects** – die Knoten (Activity, Gateway und Event) in den Geschäftsprozessdiagrammen

- **Connecting Objects** – die verbindenden Kanten in den Geschäftsprozessdiagrammen

- **Pools und Swimlanes** – die Bereiche, mit denen Aktoren und Systeme dargestellt werden

- **Artifacts** – weitere Elemente wie *Data Objects*, *Groups* und *Notations* zur weiteren Dokumentation.

Eine entsprechende Übersicht über die grafischen Elemente der BPMN-Methode liefert Abbildung 5-37.

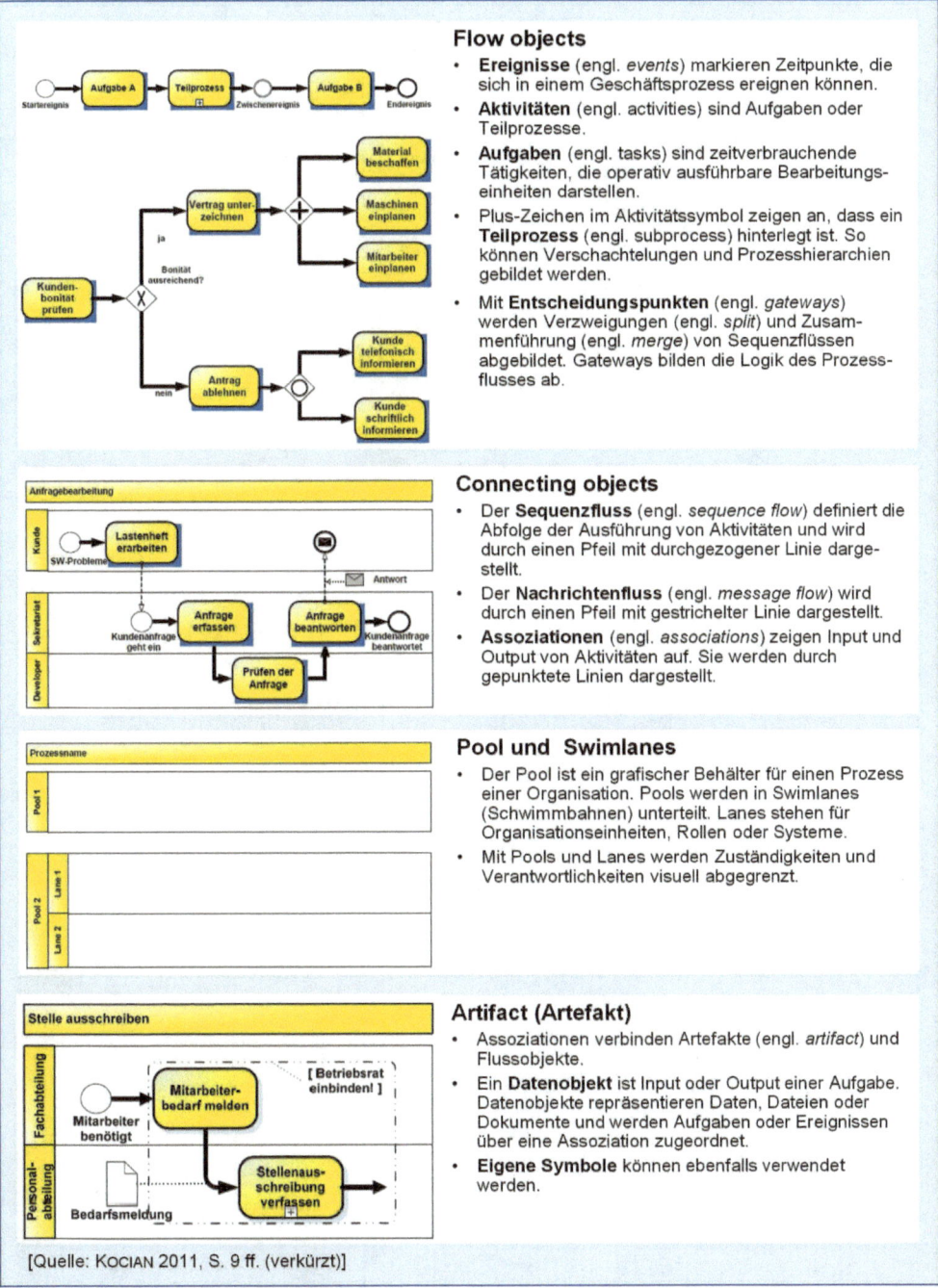

Flow objects

- **Ereignisse** (engl. *events*) markieren Zeitpunkte, die sich in einem Geschäftsprozess ereignen können.
- **Aktivitäten** (engl. *activities*) sind Aufgaben oder Teilprozesse.
- **Aufgaben** (engl. *tasks*) sind zeitverbrauchende Tätigkeiten, die operativ ausführbare Bearbeitungseinheiten darstellen.
- Plus-Zeichen im Aktivitätssymbol zeigen an, dass ein **Teilprozess** (engl. *subprocess*) hinterlegt ist. So können Verschachtelungen und Prozesshierarchien gebildet werden.
- Mit **Entscheidungspunkten** (engl. *gateways*) werden Verzweigungen (engl. *split*) und Zusammenführung (engl. *merge*) von Sequenzflüssen abgebildet. Gateways bilden die Logik des Prozessflusses ab.

Connecting objects

- Der **Sequenzfluss** (engl. *sequence flow*) definiert die Abfolge der Ausführung von Aktivitäten und wird durch einen Pfeil mit durchgezogener Linie dargestellt.
- Der **Nachrichtenfluss** (engl. *message flow*) wird durch einen Pfeil mit gestrichelter Linie dargestellt.
- **Assoziationen** (engl. *associations*) zeigen Input und Output von Aktivitäten auf. Sie werden durch gepunktete Linien dargestellt.

Pool und Swimlanes

- Der Pool ist ein grafischer Behälter für einen Prozess einer Organisation. Pools werden in Swimlanes (Schwimmbahnen) unterteilt. Lanes stehen für Organisationseinheiten, Rollen oder Systeme.
- Mit Pools und Lanes werden Zuständigkeiten und Verantwortlichkeiten visuell abgegrenzt.

Artifact (Artefakt)

- Assoziationen verbinden Artefakte (engl. *artifact*) und Flussobjekte.
- Ein **Datenobjekt** ist Input oder Output einer Aufgabe. Datenobjekte repräsentieren Daten, Dateien oder Dokumente und werden Aufgaben oder Ereignissen über eine Assoziation zugeordnet.
- **Eigene Symbole** können ebenfalls verwendet werden.

[Quelle: KOCIAN 2011, S. 9 ff. (verkürzt)]

Abb. 5-37: Basiselemente der BPMN 2.0

In Abbildung 5-38 ist ein einfaches Anwendungsbeispiel „Auftragsbearbeitung" mit beiden Methoden grafisch dargestellt.

Anwendungsbeispiel „Auftragsbearbeitung" mit EPK und BPMN (Vergleich)

Nachdem der Auftrag eingegangen ist, wird dieser analysiert. Durch die Analyse wird entschieden, ob der Auftrag entweder angenommen oder abgelehnt wird. Der Fall der Ablehnung wird im Ablauf nicht weiter verfolgt. Ist der Auftrag angenommen, erfolgt die Prüfung des Lagerbestandes. Befinden sich die Produkte auf Lager, kann sofort mit der Versendung der Produkte begonnen werden. Befinden sich die Produkte nicht auf Lager, so muss Rohmaterial eingekauft werden und parallel dazu ein Produktions-

plan erstellt werden. Sind die Rohmaterialien verfügbar und der Produktionsplan erstellt, so kann mit der Fertigung begonnen werden. Wenn die Produkte gefertigt sind bzw. schon im Lager vorhanden waren, werden diese versendet. Danach erfolgt die Versendung der Rechnung. Anschließend wird überprüft, ob noch offene Rechnungen vorhanden sind. Diese Prüfung kann sowohl positiv als auch negativ ausfallen. Wenn die Zahlung erfolgt, ist der Prozess komplett.

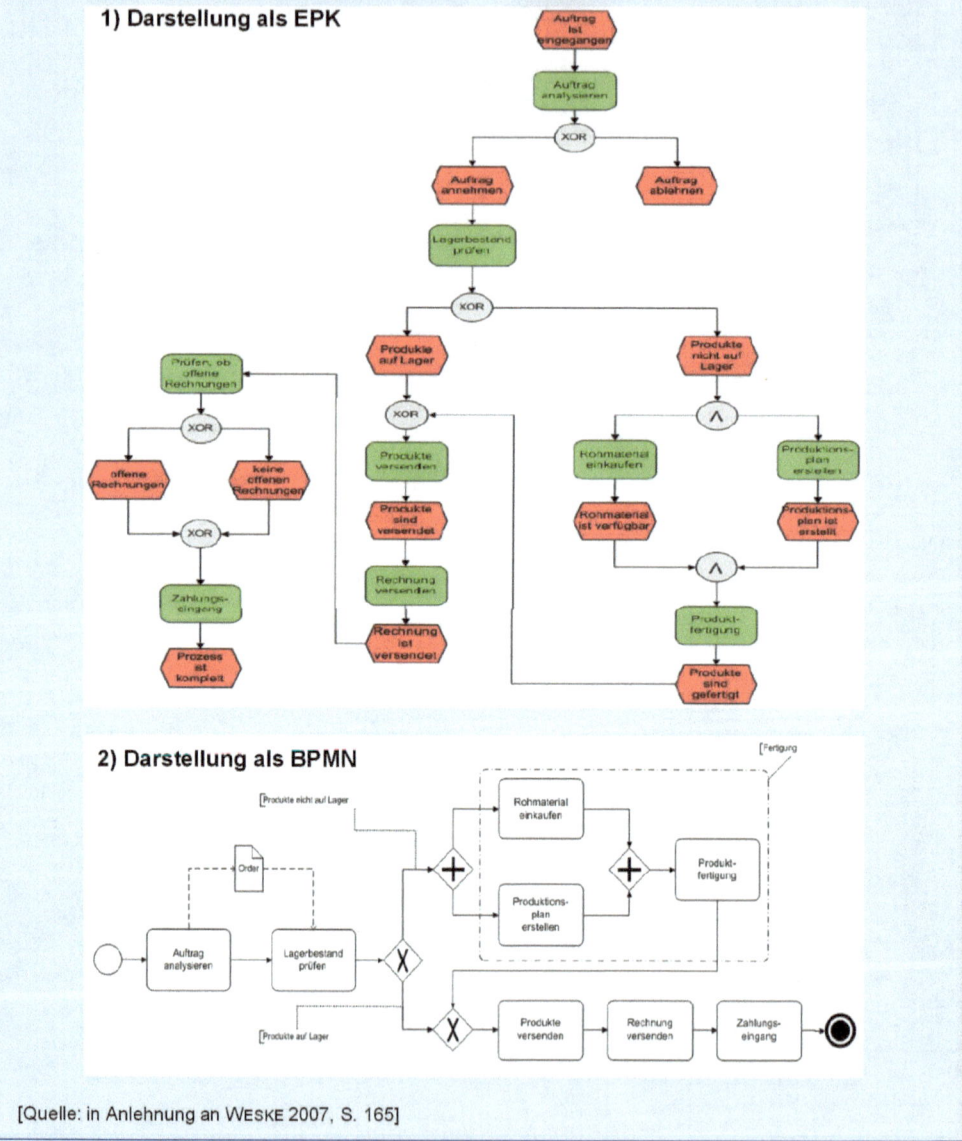

[Quelle: in Anlehnung an WESKE 2007, S. 165]

Abb. 5-38:   Anwendungsbeispiel „Auftragsbearbeitung" mit EPK und BPMN

Einen ausführlichen Vergleich der beiden Methoden hat CLAUDIA KOCIAN anhand folgender Kriterien vorgenommen [vgl. KOCIAN 2011, S. 25 ff.]:

- Ziel und Anspruch der Methode
- Verbreitung und Standardisierung der Methode
- Erlernbarkeit und Akzeptanz der Methode.

Ziel und Anspruch. Zielsetzung der EPK-Methode ist es, im Rahmen des Fachkonzeptes und der Anforderungsanalyse Prozessketten grafisch darzustellen. Der Schwerpunkt der EPK-Methode liegt auf der Abbildung des Kontrollflusses von Prozessen, der beschreibt, in welcher logischen Reihenfolge Vorgänge ausgeführt werden sollen. Die erste Ordnungsdimension ist die logische Abfolge der Funktionen. Organisationseinheiten werden als ausführende Verantwortliche den Funktionen zugeordnet. Die BPMN-Methode verwendet dagegen als erste Ordnungsdimension die Organisationseinheiten in Form der Swimlanes. Diesen Swimlanes werden dann die Aktivitäten bzw. Funktionen zugeordnet, die durch Sequenz- oder Nachrichtenflüsse verbunden werden. Die EPK-Methode wurde zur Zeit der monolithischen ERP-Systeme entwickelt und unterstützt vor allem unternehmensinterne Prozesse sehr gut. Unternehmensübergreifende, d. h. kollaborative Prozesse können durch den fehlenden Nachrichtenfluss schlecht abgebildet werden. Die BPMN-Methode bietet hier mehrere Modellierungsmöglichkeiten durch den Nachrichtenfluss zwischen Lanes in Business Process Diagrammen oder durch weitere Diagrammtypen wie Choreographiediagramm.

Verbreitung und Standardisierung. Die EPK-Methode hat sich in der Unternehmenspraxis im deutschsprachigen Raum als federführende Methode zur grafischen Modellierung von Prozessen etabliert. Zwar konnte sie sich nicht als formeller Standard durchsetzen, kann aber als wichtiger und angesehener de-facto-Standard betrachtet werden. Sicherlich hat die modellgestützte Konfiguration des SAP R/3-Systems zu ihrer schnellen Verbreitung in der Wirtschaftspraxis geführt. Dadurch liegen zahlreiche Prozessreferenzmodelle in Form der EPK vor. Mit der Übernahme durch die Object Management Group (OMG) im Jahre 2005 gewann die BPMN erstmals an Aufmerksamkeit, da die Unterstützung durch ein weltweit wirkendes Standardisierungsgremium ein wichtiger Erfolgsfaktor für eine Methode ist. Die Übernahme der BPMN durch die OMG ist ein Zeichen für die Relevanz einer industriellen und weltweiten Standardisierung im Bereich der Prozessbeschreibung. Die OMG hat mittlerweile 800 Mitglieder und entwickelt international anerkannte Standards. Die Standardisierung hat zahlreiche Veröffentlichungen in der Wissenschaft sowie Projekte in vielen Unternehmen bewirkt [vgl. GADATSCH 2008, S. 96 ff. und 202 ff.].

Erlernbarkeit und Akzeptanz. Die EPK-Methode ist leicht erlernbar und eignet sich gut für die Erstellung und Diskussion von Prozessmodellen zwischen Mitarbeitern von Fachabteilungen und IT-Spezialisten. Sie ist in unterschiedlichen Schwierigkeitsstufen darstellbar und verwendbar. Die EPK-Methode unterscheidet nicht streng zwischen

Leistungs-, Kontroll- oder Nachrichtenfluss. Diese Vereinfachungen haben zur Akzeptanz der Methode beigetragen. BPMN umfasst in der Version 2.0 mehr als 100 Modellierungselemente. Dadurch verleitet BPMN zum überdetaillierten Modellieren. Eine Folge des großen Symbolumfangs und der daraus resultierenden Modelle ist, dass die entstehenden Modelle umfangreich und schwer verständlich sind. Auch der Leser des Modells benötigt die Legende für die Bedeutung der Symbole. Dies widerspricht der Zielsetzung von semantischen Modellen: grafische Darstellung sollen anschaulich sein und das Verständnis des betriebswirtschaftlichen Sachverhalts erleichtern. Auch existieren kritische Stimmen zur Benutzerfreundlichkeit von BPMN [vgl. ALLWEYER 2010 und SCHEER 1998, S. 18 ff.].

Fazit: Während das BPMN-Modell eine *effektivere* Anwendung zulässt, steht beim EPK-Modell die Anwender*freundlichkeit* im Vordergrund.

6. Tools zur Implementierung

Die letzte Phase eines typischen Beratungsprozesses ist die *Implementierungsphase*, die sich aus den Prozessschritten *Realisierung/Umsetzung* und *Evaluierung/Kontrolle* zusammensetzt. Die Beratungstechnologien, die dem Berater für diese Phase zur Verfügung stehen, lassen sich demnach in *Projektmanagement- und Qualitätsmanagement-Tools sowie in Tools zur Evaluierung* unterteilen. In diesem Zusammenhang gewinnen besonders in jüngster *Zeit agile Tools und Techniken* zunehmend an Bedeutung.

Obgleich alle oben genannten Tools grundsätzlich *allen* Phasen des Beratungsprozesses zuzuordnen sind, sollen sie hier – dem Schwerpunktprinzip folgend – im Rahmen der Implementierungs- bzw. Realisierungsphase einer Problemlösung behandelt werden.

6.1   Projektmanagement-Tools

Das Projektmanagement befasst sich allgemein mit der Planung, Steuerung und Kontrolle von Projekten und ist damit eine zentrale Aktivität im Beratungsgeschäft. Somit sind Tools für das Projektmanagement zu wertvollen Instrumenten für jeden Projektmanager geworden. Mit ihrer Hilfe lassen sich Projekte so strukturieren, dass der Projektfortschritt jederzeit abrufbar ist und die individuellen Fortschritte aller Projektbeteiligten dokumentiert werden können. Verzögerungen und/oder Budgetüberschreitungen werden rechtzeitig sichtbar gemacht, so dass geeignete Gegenmaßnahmen eingeleitet werden können.

Angesichts der Vielzahl der zur Verfügung stehenden Projektmanagement-Tools, die von verschiedensten Unternehmen angeboten werden, soll hier jedoch auf eine Einzeldarstellung verzichtet werden. Stattdessen sollen im Folgenden ein weit verbreiteter methodischer Ansatz (PRINCE2) sowie eine Systematik (PMBOK), die eine *„Zusammenfassung des Wissens der Fachrichtung Projektmanagement"* enthält, herausgegriffen werden, um den derzeitigen Stand der Projektmanagement-Anwendung und -Forschung skizzieren zu können. In einem weiteren Unterabschnitt werden sodann noch einige wesentliche Aspekte aus der täglichen Projektmanagement-Praxis beleuchtet. Zuvor sollen aber die Projektmanagement-Phasen im Projektablauf kurz besprochen werden.

Der Prozess der Erstellung von Beratungsleistungen kann in einem Phasenablauf abgebildet werden, der von der Zusammenarbeit und Kommunikation zwischen Beratern und Mitarbeitern des Kundenunternehmens in einem Beratungsumfeld bestimmt wird. Diesen Ablauf unterstützt das Projektmanagement zeitlich und methodisch in den einzelnen Phasen. Ebenso wie man den Ablauf eines Projektes (also das *Was*) als Phasenmodell darstellen kann, so lässt sich auch das Projektmanagement (also das *Wie*) als Phasenablauf beschreiben.

https://doi.org/10.1515/9783110696226-007

Abbildung 6-01 liefert eine grafische Übersicht über die Ablaufphasen im Management von Beratungsprojekten. Unterstützt werden die einzelnen Phasen von projektbegleitenden und projektübergreifenden Maßnahmen wie Qualitäts-, Vertrags-, Risiko-, Änderungs- und Informationsmanagement.

Abb. 6-01: Ablaufphasen im Management von Beratungsprojekten

6.1.1 Prince2

PRINCE2 *(Projects in Controlled Environments)* ist eine der bekanntesten und am weitesten verbreiteten Projektmanagement-Methoden. So wurden bis Ende 2010 mehr als 750.000 PRINCE2-Zertifikate ausgestellt, davon allein 500.000 in Europa. In Großbritannien, wo die Methode 1989 mit dem Namen PRINCE im Auftrag der Regierung speziell für IT-Projekte entwickelt und 1996 als allgemeine Management-Methode mit der Bezeichnung PRINCE2 veröffentlicht wurde, hat sie sich zum De-facto-Standard für das Projektmanagement entwickelt. Die Weiterentwicklung der Methode erfolgt nach dem *Best-Practice*-Gedanken. Eigentümer der Methode ist das Office of Government Commerce (OGC), das auch die Akkreditierung für Prince2-Schulungsanbieter vornimmt. Die Verwendung der Methode steht jedem frei [vgl. OGC 2013].

PRINCE2 ist ein prozessorientiertes Vorgehensmodell innerhalb eines strukturierten Rahmens (engl. *Framework*), das den Mitgliedern des Projektmanagementteams konkrete Handlungsempfehlungen für jede Projektphase liefert. Es besteht aus vier integrierten Bausteinen [vgl. OGC 2009, S. 11 ff.]:

- **Sieben Grundprinzipien**, die das Fundament der Methode bilden und daher nicht verändert werden dürfen;

- **Sieben Themen**, die auch als Wissensbereiche zu verstehen sind und jene Aspekte des Projektmanagements beschreiben, die bei der Abwicklung eines Projekts kontinuierlich behandelt werden müssen;

- **Sieben Prozesse**, die alle Aktivitäten definieren, die für das erfolgreiche Lenken, Managen und Liefern eines Projekts erforderlich sind;

- **Anpassung an die Projektumgebung**, die als standardisierter Baustein deshalb erforderlich ist, weil PRINCE2 in allen Projekten (unabhängig von Größe und Branche) angewendet werden kann.

Abbildung 6-02 zeigt die vier integrierten PRINCE2-Bausteine im Zusammenhang.

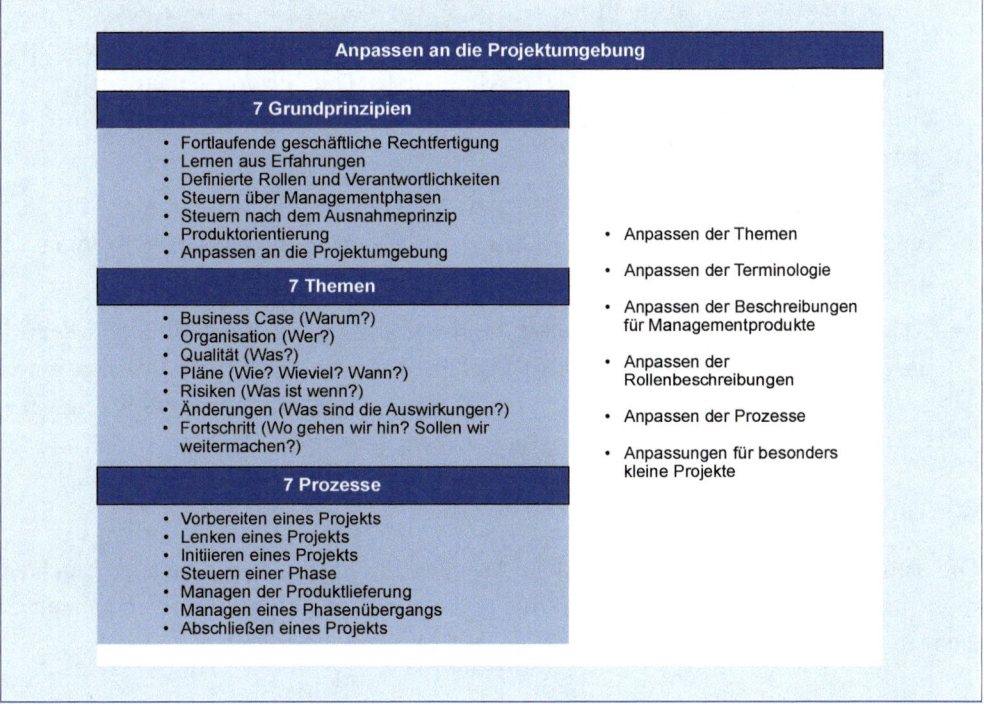

Abb. 6-02: Die vier integrierten Bausteine von PRINCE2

(1) Grundprinzipien

Die sieben Grundprinzipien, auf denen die gesamte Philosophie von PRINCE2 aufbaut, lassen sich wie folgt zusammenfassen [vgl. OGC 2009, S. 11 ff.]:

– **Fortlaufende geschäftliche Rechtfertigung**, d. h. ein PRINCE2-Projekt dokumentiert seine Rechtfertigung in einem Business Case, der während der Projektlaufzeit seine Gültigkeit behalten muss.

– **Lernen aus Erfahrungen**, d. h. während der gesamten Laufzeit eines PRINCE2-Projekts werden Erfahrungswerte gesammelt, aufgezeichnet und in diesem sowie in späteren Projekten umgesetzt.

– **Definierte Rollen und Verantwortlichkeiten**, d. h. ein PRINCE2-Projekt hat definierte und vereinbarte Rollen und Verantwortlichkeiten innerhalb einer Organisationsstruktur, in der die Interessen des Unternehmens, der Benutzer und der Lieferanten vertreten sind.

– **Steuern über Managementphasen**, d. h. die Planung, Überwachung und Steuerung eines PRINCE2-Projektes ist nach Phasen gegliedert.

– **Steuern nach dem Ausnahmeprinzip**, d. h. ein PRINCE2-Projekt definiert für jedes Projektziel bestimmte Toleranzen, die den Handlungsrahmen für delegierte Befugnisse festlegen, so dass bei Überschreiten der Toleranzgrenzen unverzüglich die nächst höhere Managementebene informiert wird und über das weitere Vorgehen entscheiden kann.

– **Produktorientierung**, d. h. ein PRINCE2-Projekt ist auf die Definition und Lieferung von Ergebnissen (=Projekt*produkte*) ausgerichtet, wobei der Schwerpunkt auf deren Qualitätsanforderungen liegt.

– **Anpassen an die Projektumgebung**, d. h. PRINCE2 wird jeweils an die Projektumgebung angepasst, um auf die speziellen Anforderungen eines Projekts hinsichtlich seiner Umgebung, des Umfangs, der Komplexität, der Wichtigkeit, der Leistungsfähigkeit und des Risikos eingehen zu können.

(2) Themen

Die sieben PRINCE2-Themen behandeln Aspekte, die jeder Projektmanager beachten muss, um den Anforderungen seiner Rolle gerecht zu werden. Im Einzelnen handelt es sich um folgende Themen [vgl. OGC 2009, S. 19]:

– **Business Case**, d. h. am Anfang des Projekts steht eine Idee, von der sich die Organisation einen bestimmten Nutzen erhofft.

– **Organisation**, d. h. dieses Thema beschreibt die Rollen und Verantwortlichkeiten im PRINCE2-Managementteam, das befristet für das effektive Management des Projekts eingerichtet wird.

- **Qualität,** d. h. die ersten, zumeist noch nicht klar umrissenen Ideen müssen immer weiter ausgearbeitet werden, bis allen Teilnehmern klar ist, welche Qualitätskriterien die zu liefernden Produkte erfüllen müssen.

- **Pläne,** d. h. dieses Thema beschreibt als Ergänzung zum Thema Qualität die einzelnen Schritte zur Planentwicklung und die anzuwendenden PRINCE2-Techniken. Dabei werden die Pläne an die unterschiedlichen Informationsbedürfnisse der Mitarbeiter auf den verschiedenen Hierarchiestufen der Organisation angepasst.

- **Risiken,** d. h. dieses Thema beschäftigt sich damit, wie das Projektmanagement mit den Unsicherheiten in den Plänen und der sonstigen Projektumgebung umgeht.

- **Änderungen,** d. h. hier geht es darum, wie das Projektmanagement offene Punkte und Änderungsanträge bewertet und behandelt, die potenziell Auswirkungen auf das Projekt haben können.

- **Fortschritt,** d. h. dieses Thema befasst sich mit der fortlaufenden Kontrolle der Durchführbarkeit der Pläne und somit im Endeffekt um die Frage, ob und wie das Projekt fortgeführt werden soll.

(3) Prozesse

Den eigentlichen Kern eines jeden Projektes bilden **sieben Prozesse**. Sie definieren die Aktivitäten, die für das erfolgreiche Lenken, Managen und Liefern eines Prozesses erforderlich sind:

- Vorbereiten eines Projekts
- Initiieren eines Projekts
- Lenken eines Projekts
- Managen eines Phasenübergangs
- Steuern einer Phase
- Managen der Produktlieferung
- Abschließen eines Projekts.

Wichtig ist nun die Trennung der o.a. sieben Prozesse von den **Projektphasen** (engl. *Stages*). Eine Phase besteht aus mehreren Prozessen. Ein PRINCE2-Projekt muss aus mindestens zwei Phasen bestehen: der *Initiierungsphase* und mindestens einer *Managementphase* (Ausführungsphase). Die Initiierungsphase besteht aus den Prozessen *Initiieren eines Projekts* und *Managen eines Phasenübergangs*, eine Managementphase aus den Prozessen *Steuern einer Phase*, *Managen der Produktlieferung* und *Managen eines Phasenübergangs*. Wenn die Managementphase die letzte ist, wird der Prozess *Managen eines Phasenübergangs* durch den Prozess *Abschließen eines Projekts* ersetzt. Der Prozess *Lenken eines Projekts* bezieht sich auf die gesamte Projektdauer. Typische Ma-

nagementphasen eines Projekts können z. B. eine „Konzeptphase" und eine „Implementierungsphase" sein. Abbildung 6-03 verdeutlicht diesen Zusammenhang [vgl. OGC
2009, S. 131 ff.].

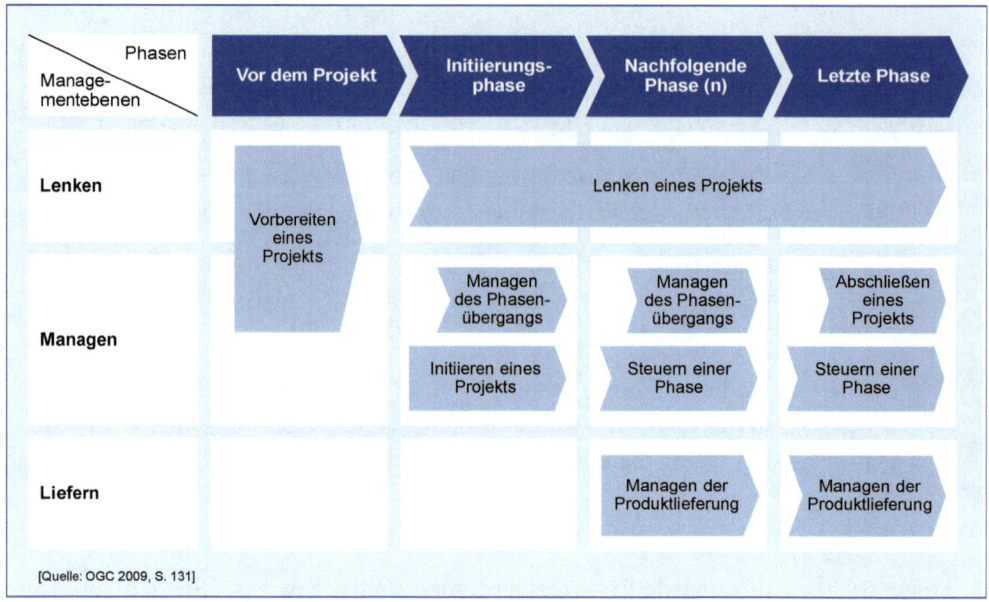

Abb. 6-03: Diagramm zu PRINCE2-Prozessen

Es mag etwas irritierend sein, dass immer wieder der Begriff „Produktlieferung" verwendet wird. Das liegt daran, dass PRINCE2 nach dem Grundprinzip der *Produktorientierung* arbeitet. Ein Produkt kann ein körperlicher Gegenstand wie ein Dokument oder
ein eher immaterieller Gegenstand wie ein Dienstleistungsvertrag sein. Tatsächlich dienen die von der Methode PRINCE2 definierten Produkte zur Steuerung des Projektes; es
sind also „Managementprodukte". Die Aktivitäten bspw. des Prozesses *Managen der
Produktlieferung* sind *Arbeitspaket annehmen*, *Arbeitspaket ausführen* und *Arbeitspaket
abliefern* [vgl. OGC 2009, S. 2007 ff.].

Der wesentliche **Vorteil** der Methode liegt darin, dass sie für einen kontrollierten Start,
Verlauf und Ende von Projekten sorgt, die sich zudem durch ein einheitliches Vorgehen,
einheitliches Vokabular und einheitliche Dokumente auszeichnen.

Als besondere **Schwäche** – insbesondere bei kleineren Projekten – wird der hohe Do-
kumentenballast der Methode angeführt, der zu einem überproportional hohen Anteil an
den Projektmanagementkosten führen kann.

6.1.2 PMBoK

Der **Project Management Body of Knowledge (PMBoK)** ist ein international weit verbreiteter Projektmanagement-Standard. Er wird vom amerikanischen Project Management Institute (PMI) herausgegeben und unterhalten. Seit der Erstausgabe von 1987 wurden von PMBoK in unregelmäßigen Abständen neue Versionen veröffentlicht. Die fünfte und jüngste Version erschien im Januar 2013 und bildet die Grundlage aller PMBoK-Zertifizierungsprüfungen. Vom *Guide to the Project Management Body of Knowledge* wurden über 3,5 Millionen Exemplare verkauft [vgl. PMI 2013].

PMBoK beschäftigt sich mit der Anwendung von Fachwissen, Fertigkeiten, Werkzeugen und Techniken, um Projektanforderungen zu erfüllen, und sieht sich als umfassende Wissenssammlung (engl. *Body of Knowledge*) auf dem Gebiet des Projektmanagements. Der PMBoK Guide ist in drei Abschnitte unterteilt [vgl. PMI 2004, S. 9 und 41]:

(1) Projektmanagementrahmen

Der erste Abschnitt wird als *Projektmanagementrahmen* (engl. *Project Management Framework*) bezeichnet. Der Projektmanagementrahmen bietet eine Grundstruktur zum Verständnis des Projektmanagements mit

- einer allgemeinen Einführung in die Struktur des PMBoK Guide,
- einer Beschreibung der allgemeinen Projektorganisation sowie
- einer Definition des Begriffs "Projektlebenszyklus".

(2) Projektlebenszyklus

Der zweite Abschnitt ist der *Standard für das Projektmanagementsystem eines Projekts* mit dem fünfstufigen **Projektlebenszyklus** im Mittelpunkt. Jede der fünf Stufen bildet eine **Prozessgruppe**:

- Die **Initiierungsprozessgruppe** definiert das Projekt und gibt dieses frei.

- Die **Planungsprozessgruppe** legt die Ziele fest und plant den Ablauf von Handlungen, die erforderlich sind, um die Ziele inhaltlich und umfänglich zu erreichen.

- Die **Ausführungsprozessgruppe** integriert das Personal und weitere Einsatzmittel, um den Projektmanagementplan für das Projekt auszuführen.

- Die **Überwachungs- und Steuerungsprozessgruppe** misst und überwacht regelmäßig den Fortschritt, um Abweichungen vom Projektmanagementplan zu identifizieren, so dass gegebenenfalls notwendige Korrekturmaßnahmen eingeleitet werden können, um die Projektziele einzuhalten.

- Die **Abschlussprozessgruppe** bestätigt formell die Abnahme des Produkts, der Dienstleistung oder des Ergebnisses und bringt das Projekt oder eine Projektphase zu einem ordnungsgemäßen Abschluss.

(3) Wissensgebiete im Projektmanagement

Der dritte Abschnitt befasst sich mit den *Wissensgebieten im Projektmanagement*. Es handelt sich dabei um insgesamt neun Wissensgebiete (engl. *Knowledge Areas*), auf die insgesamt 44 Managementprozesse verteilt werden:

- Integrationsmanagement (engl. *Integration Management*) in Projekten
- Inhalts- und Umfangsmanagement (engl. *Scope Management*) in Projekten
- Termin- bzw. Zeitmanagement (engl. *Time Management*) in Projekten
- Kostenmanagement (engl. *Cost Management*) in Projekten
- Qualitätsmanagement (engl. *Quality Management*) in Projekten
- Personalmanagement (engl. *Human Resources Management*) in Projekten
- Kommunikationsmanagement (engl. *Communications Management*) in Projekten
- Risikomanagement (engl. *Risk Management*) in Projekten
- Beschaffungsmanagement (engl. *Procurement Management*) in Projekten

Abbildung 6-04 liefert eine Zuordnung der einzelnen Prozesse zu den neun Wissensgebieten.

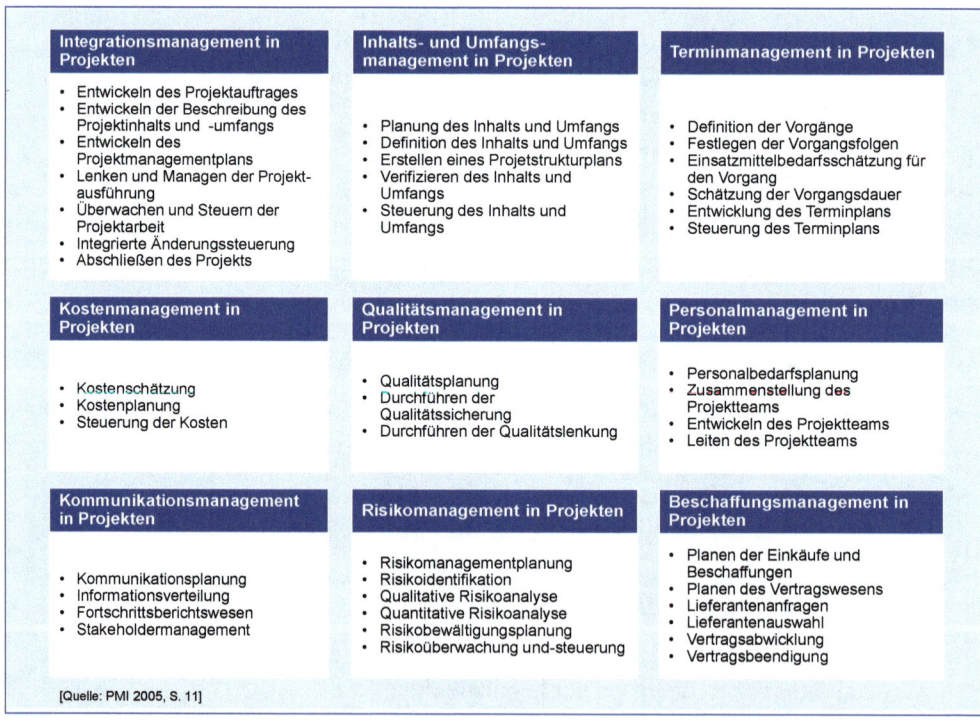

Abb. 6-04: Die neun Wissensgebiete und zugehörige Prozesse von PMBOK

Um den Unterschied zwischen Prozessgruppen und Managementprozessen, die zu Wissensgebieten zusammengefasst werden, zu verdeutlichen, wird in Abbildung 6-05 als Beispiel das Wissensgebiet *Inhalts- und Umfangsmanagement* herangezogen. Das Wissensgebiet besteht aus fünf Managementprozessen. Davon zählen drei Prozesse zur Planungsprozessgruppe und zwei Prozesse zur Überwachungs- und Steuerungsprozessgruppe. Das Beispiel macht deutlich, dass Prozessgruppen nicht dasselbe sind wie Prozessphasen. Prozessgruppen werden – im Gegensatz zu Phasen – mehrfach durchlaufen. Prozessgruppen sollen der Garant dafür sein, dass das Projektmanagement sachgerecht durchgeführt wird. Sie stellen die schnelle Identifizierung von Fokuspunkten in einem gegebenen Projekt zu einem festgelegten Zeitpunkt während des Projektlebenszyklus sicher und führen dadurch zu den richtigen und benötigten Projektmanagementprozessen [vgl. SNIJDERS et al. 2011, S. 48 und 70].

Stellt man die Stärken und Schwächen von PMBOK gegenüber, so lässt sich auf der **Habenseite** feststellen, dass es dem verantwortlichen Projektmanagement sämtliche Werkzeuge, Techniken und Verfahren zur Verfügung stellt, die es über den gesamten Lebenszyklus eines Projekts hinweg benötigt. Damit ist zugleich aber auch die entscheidende **Schwäche** von PMBOK angesprochen: Der Ansatz ist zu komplex für kleine Projekte.

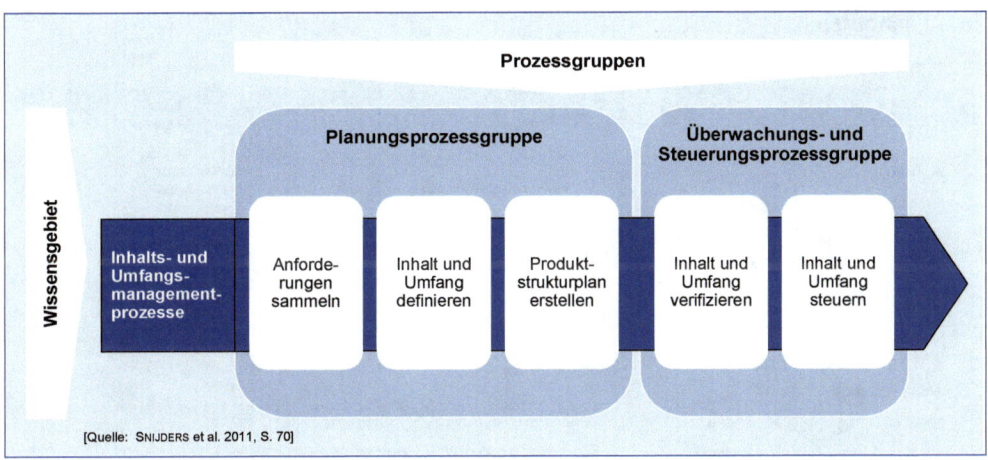

[Quelle: SNIJDERS et al. 2011, S. 70]

Abb. 6-05: Überblick der Inhalts- und Umfangsmanagementprozesse

(4) Besondere Aspekte des Projektmanagements

Betrachtet man die Organisation und Führung eines Projektes – und damit das Projektmanagement – unter dem besonderen Aspekt der Berater-Kunde-Beziehung, so lassen sich drei Grundmodelle darstellen (siehe Abbildung 6-06):

- **Führungsmodell**, d. h. in dieser Form der Projektorganisation übernimmt der Berater die Führung des Projekts und die Mitarbeiter des Kundenunternehmens setzen die Empfehlungen und Vorgaben des Beraters um.

- **Ressourcenmodell**, d. h. der Kunde entwickelt die Vorgaben und der Berater setzt diese um, weil das Kundenunternehmen nicht über ausreichende Umsetzungskapazitäten verfügt.

- **Partnerschaftsmodell**, d. h. das Kundenunternehmen und der Berater entscheiden und handeln gemeinsam. Diese Form der Zusammenarbeit gilt auf allen Ebenen der Projektorganisation.

In der Praxis setzt sich – nicht nur in der IT-Beratung – der kooperative Beratungsansatz zunehmend durch, d. h. Kunde und Berater entscheiden und handeln auf allen Projektebenen gemeinsam. Dieses Partnerschaftsmodell setzt gemischte Teams nicht nur auf der Arbeits-, sondern auch auf der Führungsebene voraus. Insbesondere bei größeren Projekten mit weitreichender Bedeutung hat sich eingebürgert, zusätzliche Verantwortliche z. B. aus dem Unternehmensmanagement mit einzubinden. So wird beispielsweise die Gesamtverantwortung für ein Projekt häufig durch einen Lenkungsausschuss getragen. Die Verantwortung für den Nutzen des Projektes trägt der Benutzervertreter aus dem Fachbereich.

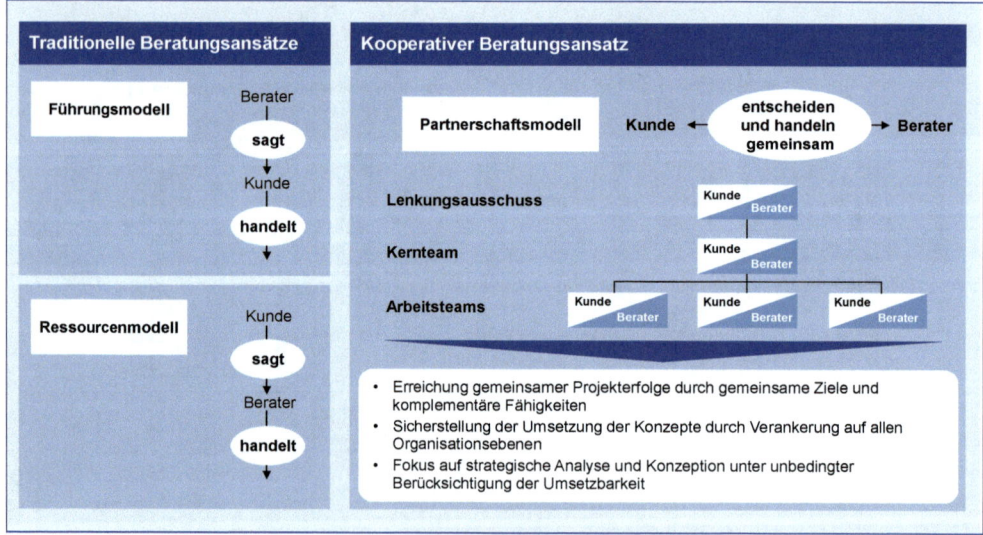

Abb. 6-06: Grundmodelle der Kunde-Berater-Beziehung

Eine der wichtigsten Aufgaben des Projektmanagements ist das Change Management, d. h. der sinnvolle Umgang mit Änderung von Leistungen, von Mengengerüsten, von

Kosten oder Terminen. Solche Änderungen müssen als **Change Request** rechtzeitig erfasst, kommuniziert und zur Genehmigung vorgelegt werden. Ggf. führt ein Change Request auch zu entsprechenden vertraglichen Anpassungen.

6.2 Agile Tools

Agile Methoden – und damit auch agile Tools – haben stark an Bedeutung gewonnen. Ging man vor wenigen Jahren noch von der Frage aus, ob agile Methoden überhaupt angewendet werden, stellt sich heute nur noch die Frage, wie und in welcher Kombination sie anzuwenden sind. In der Softwareentwicklung gehören agile Methoden längst zum Standard. Auch im IT-nahen Umfeld, wie bei der Einführung von ERP-Systemen, spielen agile Methoden und Prinzipien eine immer wichtigere Rolle. Agile Tools wie **Scrum**, **IT-Kanban** und **Design Thinking** stellen Werte und Prinzipien in den Vordergrund, wo bisher klassische Projektmanagement-Methoden und -Techniken im Fokus waren. Auf anderen Gebieten sind sie allerdings weniger bekannt, obwohl inzwischen viele Beispiele zeigen, dass agile Werte, Prinzipien, Methoden und Methodenelemente auch außerhalb der Softwareentwicklung ihren Nutzen entfalten können. Eine Abgrenzung agiler Methoden von den klassischen Projektmanagement-Methoden ist schwierig, denn im Gegensatz zum Projektmanagement gibt es für agile Methoden keine beschreibenden und abgrenzenden Normen, Kompetenzrichtlinien, Books of Knowledge oder Ähnliches. Anhaltspunkt für die Zuordnung einer Methode zu den agilen Methoden ist in den meisten Fällen ein Bezug zum sogenannten „Agilen Manifest", das die Leitgedanken zum agilen Vorgehen zusammenfasst. Es fällt aber auf, dass beide Methoden (-familien) in der Praxis eng miteinander verwoben sind. Einer Studie der Gesellschaft für Projektmanagement (GPM) zur Folge, lösen agile Methoden oft klassische Projektmanagement-Methoden in bestimmten Aufgabenfeldern ab oder sie erweitern die möglichen Methodenelemente und finden Eingang in das Projektmanagement – oft auch als Ergänzung oder Erweiterung in Form eines sogenannten „hybriden Ansatzes", also einer vermischten bzw. kombinierten Form agiler und klassischer Methoden [vgl. GPM-Studie 2017, S. 7].

Die **Leitgedanken des Agilen Manifestes** wurden im Jahr 2001 von einer Gruppe internationaler Softwareentwickler publiziert. Sie umfassen vier Werte und 12 Prinzipien [www.agilemanifesto.org]. Gegenstand des Manifestes ist explizit die „Softwareentwicklung". Die **vier Werte** im Agilen Manifest sind [zur Interpretation siehe auch RADOMSKY 2019, S. 126 f.]:

- **Menschen und Interaktionen** zählen mehr als Prozesse und Werkzeuge.
- **Funktionierende Software** ist wichtiger als umfassende Dokumentation.
- **Zusammenarbeit mit Kunden** bedeutet mehr als nur Vertragsverhandlung.
- **Reagieren auf Veränderung** ist wichtiger als das Befolgen eines Plans.

Die **12 Prinzipien** im Agilen Manifest sind:

- Unsere höchste Priorität ist es, den Kunden durch **frühe und kontinuierliche Auslieferung wertvoller Software** zufrieden zu stellen.

- Heiße **Anforderungsänderungen** selbst spät in der Entwicklung willkommen! Agile Prozesse nutzen Veränderungen zum Wettbewerbsvorteil des Kunden.

- Liefere funktionierende Software **regelmäßig innerhalb weniger Wochen oder Monate** und bevorzuge dabei die kürzere Zeitspanne.

- Fachexperten und Entwickler müssen während des Projektes **täglich zusammenarbeiten**.

- Errichte Projekte rund um **motivierte Individuen**. Gib ihnen das Umfeld und die Unterstützung, die sie benötigen und vertraue darauf, dass sie die Aufgabe erledigen.

- Die effizienteste und effektivste Methode, Informationen an und innerhalb eines Entwicklungsteams zu übermitteln, ist im **Gespräch von Angesicht zu Angesicht**.

- **Funktionierende Software** ist das wichtigste Fortschrittsmaß.

- Agile Prozesse fördern nachhaltige Entwicklung. Die Auftraggeber, Entwickler und Benutzer sollten ein **gleichmäßiges Tempo auf unbegrenzte Zeit** halten können.

- Ständiges Augenmerk auf **technische Exzellenz und gutes Design** fördert Agilität.

- **Einfachheit** -- die Kunst, die Menge nicht getaner Arbeit zu maximieren -- ist essenziell.

- Die besten Architekturen, Anforderungen und Entwürfe entstehen durch **selbstorganisierte Teams**.

- In regelmäßigen Abständen **reflektiert** das Team, wie es effektiver werden kann und passt sein Verhalten entsprechend an.

Die agilen Werte und Prinzipien bedeuten einen Paradigmenwechsel in der Softwareentwicklung. Die klassische Softwareentwicklung setzt auf **Wasserfall-Methoden**, also auf Lösungs- und Entwicklungsverfahren, die in einem linearen Schritt-für-Schritt-Prozess von der Ebene der Bedarfs- und Problemanalyse „hinab"-steigen in die Ebene der Lösungen. Wie beim fließenden Wasser gibt es nach jedem Arbeitsschritt nur eine mögliche Bewegungsrichtung: nach vorne. Nachdem das Ziel definiert ist (Wie soll mein Produkt aussehen?) arbeitet man sich in klar abgegrenzten Analyse-, Entwicklungs- und Testphasen nach einem vorgegebenen Plan in Richtung Ergebnis (siehe Abbildung 6-07).

Die Kritik an diesem Vorgehen fasst das Agile Manifest in folgendem Leitsatz zusammen: „Je mehr du nach Plan arbeitest, desto mehr bekommst du das, was du geplant hast, aber nicht das, was du brauchst."

In der agilen Softwareentwicklung ist das Vorgehen dagegen iterativ. Der Prozess ist unterteilt in kurze, überschaubare Phasen, in denen Zwischenergebnisse überprüft und am Endnutzer getestet werden. Damit baut sich der Entwicklungsprozess mit geringem bürokratischem Aufwand schrittweise auf. Menschliche Aspekte wie Teamgeist und Verantwortungsgefühl gewinnen stärker an Bedeutung. Auch die Rolle der Führung wird hier neu gedacht [vgl. ALBERT/KRUMBIER 2014].

Lange Zeit galt das Wasserfallmodell durch lineare, also aufeinanderfolgende Projektphasen als Idealtyp im Bereich der Anwendungsentwicklung. Nur zögerlich wurde der Ansatz gegen agile Methoden ausgetauscht. Ursprünglich aus dem Produktionsprozess stammend, hat sich das Wasserfallmodell sehr schnell in der Softwareentwicklung etablieren können. Es ist ein lineares Modell für Entwicklungsprozesse, welches eine klare Kontrolle der jeweils erreichten Aktivitäten und Meilensteine erlaubt und somit die Kontrolle über das Projekt äußerst streng regelt. Als lineares Modell wird es deshalb bezeichnet,

weil die einzelnen Phasen innerhalb des Modells zeitlich aufeinander folgen. Somit ist grundsätzlich ein paralleles Arbeiten kaum möglich und in der Regel auch nicht notwendig. Das gesamte Modell ist in verschiedene aufeinanderfolgende Phasen unterteilt. Jeder Phase wird zu Beginn ein Startpunkt, verschiedene zu erreichende Meilensteine und ein Endpunkt zugewiesen. Somit ist die Planung im Vorfeld bei einem neuen Projekt von entscheidender Bedeutung für die Sicherheit des gesamten Modells.
[Quelle: AUGSTEN 2018]

Abb. 6-07: Die Wasserfall-Methode der klassischen Softwareentwicklung

Zumindest in der IT-Welt spricht der Erfolg für agile Planung. Führen klassische „Wasserfall-Methoden" in der Softwareentwicklung nur bei 14 Prozent der Projekte zum gewünschten Ergebnis, so sind es bei agilen Methoden immerhin 42 Prozent. Und auch deutlich über zwei Drittel der mehr als 700 Teilnehmer der GPM-Studie „Status Quo Agile" sehen Ergebnis- und Effizienzverbesserungen durch die Anwendung agiler Methoden (siehe Abbildung 6-08).

Die Vorteile der agilen Softwareentwicklung gegenüber der klassischen Softwareentwicklung können mit mehr Transparenz, Flexibilität und Schnelligkeit beschrieben werden. Es existieren aber auch Nachteile der agilen Softwareentwicklung:

Da sich die Anforderungen oft genug verändern, sind Kosten-, Budget- und Terminplanung ebenfalls nur in kleinen Schritten möglich. Somit sind die Gesamtkosten des Projektes nur sehr schwer zu schätzen. Agiles Projektmanagement reduziert die Kontrolle
und basiert auf mehr Vertrauen. Außerdem steigen die Anforderungen an die Fähigkeiten der Entwickler hinsichtlich Selbstständigkeit und Eigenverantwortung [vgl. DZU-
KOU/BROZMANM 2015].

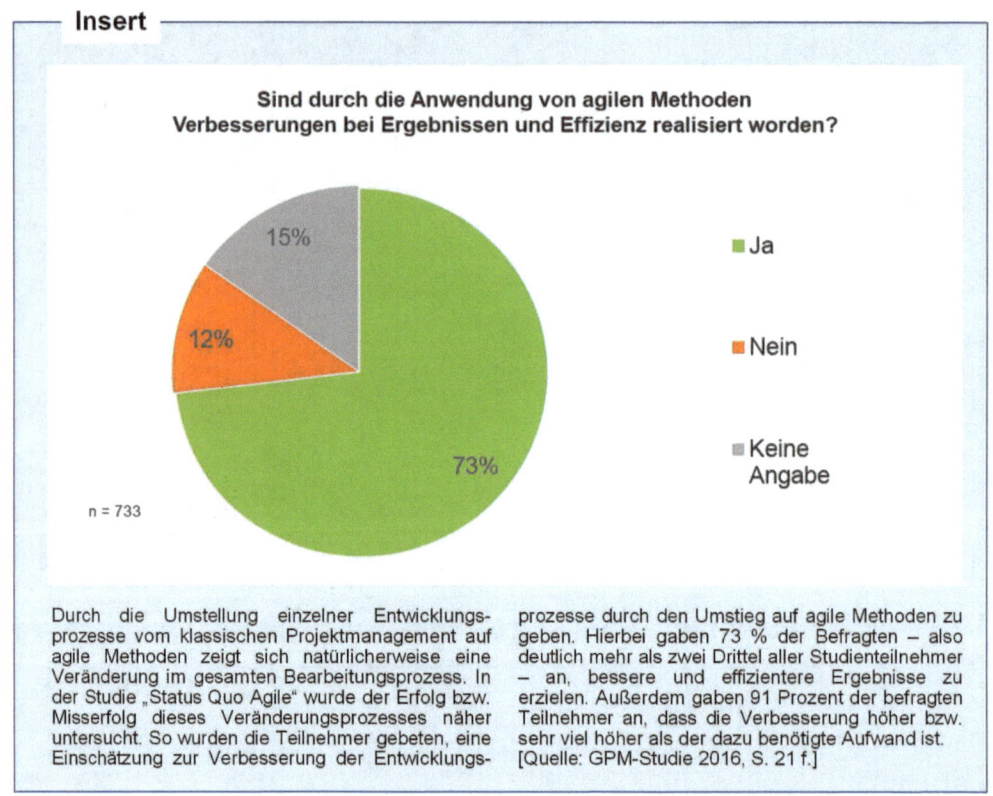

Insert

**Sind durch die Anwendung von agilen Methoden
Verbesserungen bei Ergebnissen und Effizienz realisiert worden?**

15%

12%

73%

n = 733

■ Ja

■ Nein

■ Keine
Angabe

Durch die Umstellung einzelner Entwicklungsprozesse vom klassischen Projektmanagement auf
agile Methoden zeigt sich natürlicherweise eine
Veränderung im gesamten Bearbeitungsprozess. In
der Studie „Status Quo Agile" wurde der Erfolg bzw.
Misserfolg dieses Veränderungsprozesses näher
untersucht. So wurden die Teilnehmer gebeten, eine
Einschätzung zur Verbesserung der Entwicklungsprozesse durch den Umstieg auf agile Methoden zu
geben. Hierbei gaben 73 % der Befragten – also
deutlich mehr als zwei Drittel aller Studienteilnehmer
– an, bessere und effizientere Ergebnisse zu
erzielen. Außerdem gaben 91 Prozent der befragten
Teilnehmer an, dass die Verbesserung höher bzw.
sehr viel höher als der dazu benötigte Aufwand ist.
[Quelle: GPM-Studie 2016, S. 21 f.]

Abb. 6-08: Einschätzung der Verbesserung durch den Einsatz agiler Methoden

6.2.1 Scrum

Unter allen agilen Methoden und Tools zählt Scrum nicht nur zu den bekanntesten
Tools, sondern Scrum ist auch die Methode, die von den Teilnehmern der GPM-Studie
am häufigsten eingesetzt wird (siehe Abbildung 6-09). JEFF SUTHERLAND und KEN
SCHWABER sind die Erfinder der Scrum-Methodik, die sie in den frühen 90er-Jahren

entwickelt und im Rahmen der OOPSALA-Konferenz 1995 in Texas erstmalig vorgestellt haben.

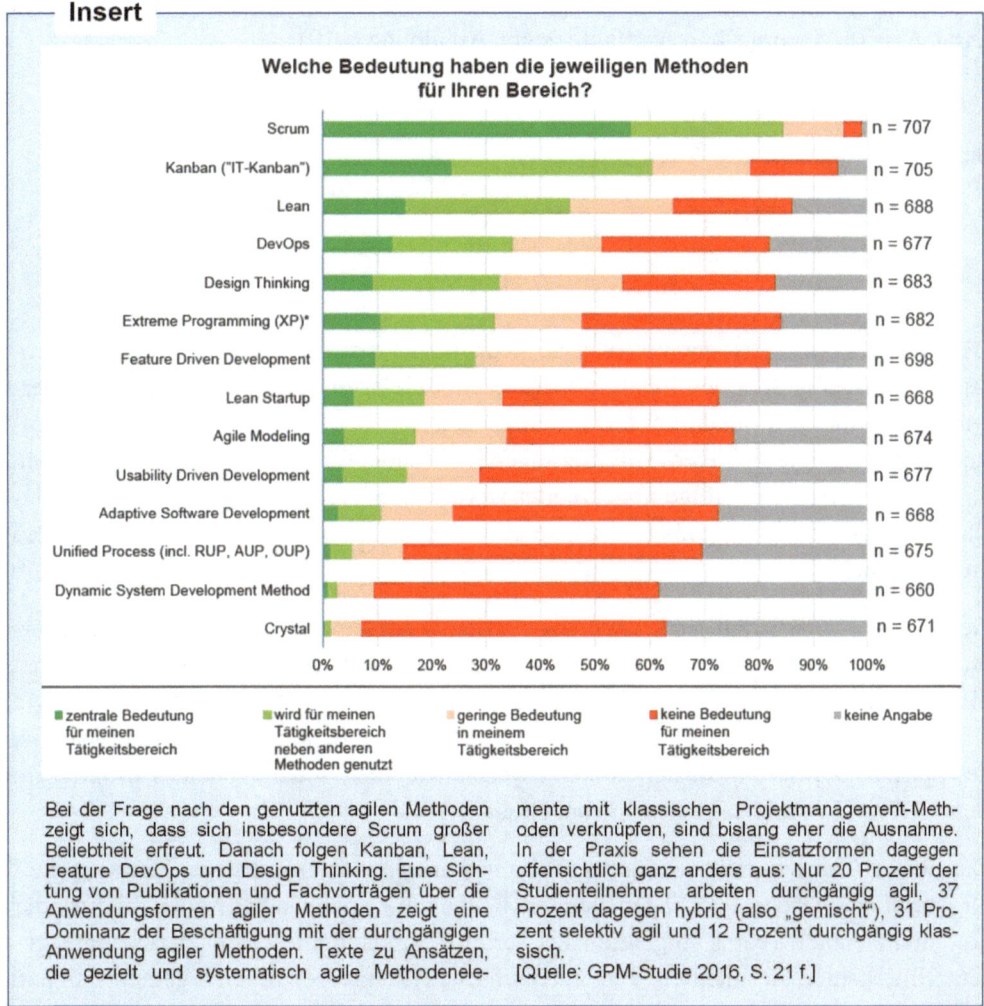

Insert

Welche Bedeutung haben die jeweiligen Methoden für Ihren Bereich?

Legende:
- ■ zentrale Bedeutung für meinen Tätigkeitsbereich
- ■ wird für meinen Tätigkeitsbereich neben anderen Methoden genutzt
- ■ geringe Bedeutung in meinem Tätigkeitsbereich
- ■ keine Bedeutung für meinen Tätigkeitsbereich
- ■ keine Angabe

Bei der Frage nach den genutzten agilen Methoden zeigt sich, dass sich insbesondere Scrum großer Beliebtheit erfreut. Danach folgen Kanban, Lean, Feature DevOps und Design Thinking. Eine Sichtung von Publikationen und Fachvorträgen über die Anwendungsformen agiler Methoden zeigt eine Dominanz der Beschäftigung mit der durchgängigen Anwendung agiler Methoden. Texte zu Ansätzen, die gezielt und systematisch agile Methodenele-mente mit klassischen Projektmanagement-Methoden verknüpfen, sind bislang eher die Ausnahme. In der Praxis sehen die Einsatzformen dagegen offensichtlich ganz anders aus: Nur 20 Prozent der Studienteilnehmer arbeiten durchgängig agil, 37 Prozent dagegen hybrid (also „gemischt"), 31 Prozent selektiv agil und 12 Prozent durchgängig klassisch.
[Quelle: GPM-Studie 2016, S. 21 f.]

Abb. 6-09: Bedeutung der angewendeten agilen Methoden

Das Grundprinzip von Scrum sind kurze Entwicklungsiterationen – sogenannte „Sprints" –, die sich durch klare Zielvorgaben und regelmäßige Feedbackschleifen auszeichnen. Zu Beginn einer Projektphase werden im „Sprint Planning" gemeinsam mit dem Kunden Ziele definiert und daraus Aufgaben abgeleitet, priorisiert und für alle sichtbar aufgehängt („Scrumboard"). Das gesamte Entwicklerteam macht sich anschließend daran, diese Aufgaben zu bearbeiten – jede/r weiß jederzeit um den aktuellen Entwicklungsstand und arbeitet eigenverantwortlich. Täglich werden in „Daily Standups" Zwischenergebnisse präsentiert und Probleme besprochen. Am Ende eines „Sprints" werden Ergebnis, Prozess und Zusammenarbeit reflektiert – und ein neues Intervall beginnt (siehe Abbildung 6-10).

Letztlich sind es drei Hauptkomponenten, die das Scrum Framework ausmachen: Rollen (*engl. Roles*), Meetings und Artefakte (siehe Abbildung 6-10).

(1) Scrum Roles

Scrum unterscheidet drei Arten von Rollen:

- Scrum Product Owner,
- Scrum Master und das
- Scrum Team.

Der **Product Owner** ist der Vertreter des Kunden. Er definiert die Funktionen des Produkts, entscheidet über den Inhalt, priorisiert Module nach dem Marktwert und ist verantwortlich für die Rentabilität des Produkts. Der Product Owner trägt die Verantwortung dafür, dass die richtigen Anforderungen im Product Backlog stehen und dass sie in einer sinnvollen Reihenfolge abgearbeitet werden. Dadurch hat er maßgeblichen Einfluss auf das Arbeitsergebnis und ist, so gesehen, wirklich diejenige Person, die „den Hut auf" hat.

Der **Scrum Master** trägt Verantwortung für den Scrum-Prozess. Er sorgt für den Informationsfluss zwischen Product Owner und Team. Er moderiert Scrum-Meetings und hat die Aktualität der Scrum-Artefakte (Product Backlog, Sprint Backlog, Burndown Charts) im Blick. Zudem schützt er das Team vor unberechtigten Eingriffen während des Sprints. Der Scrum Master ist somit Coach, Mentor, Moderator und Vermittler im Scrum-Boot. Er führt das Scrum-Team situativ.

Das **Scrum Team** besteht aus fünf bis zehn Personen und ist sein eigener Manager (Self Organisation). Größere Gruppen werden in mehrere unabhängige, aber miteinander kommunizierende Teams aufgeteilt. Das Scrum Team ist interdisziplinär zusammengesetzt (Entwickler, Architekten, Tester, technische Redakteure), arbeitet gemeinsam und teilt sich die Verantwortung. Das Team entscheidet selbständig über das Zerlegen der Anforderungen (Epics, Stories) in Tasks und deren Verteilung an einzelne Mitglieder (Erstellung des Sprint Backlog aus dem aktuell anstehenden Teil des Product Backlog). Es trifft sich täglich zum Daily Scrum, in dem sich die Team Mitglieder jeweils einander einen kurzen Statusbericht geben. Nach jedem Sprint liefert das Scrum Team ein „Increment of Potentially Shippable Functionality" ab und präsentiert dieses im Sprint Review Meeting. Jedes Team Mitglied kennt das Big Picture des Projekts und aktualisiert täglich die Restaufwände seiner Tasks im Sprint Backlog.

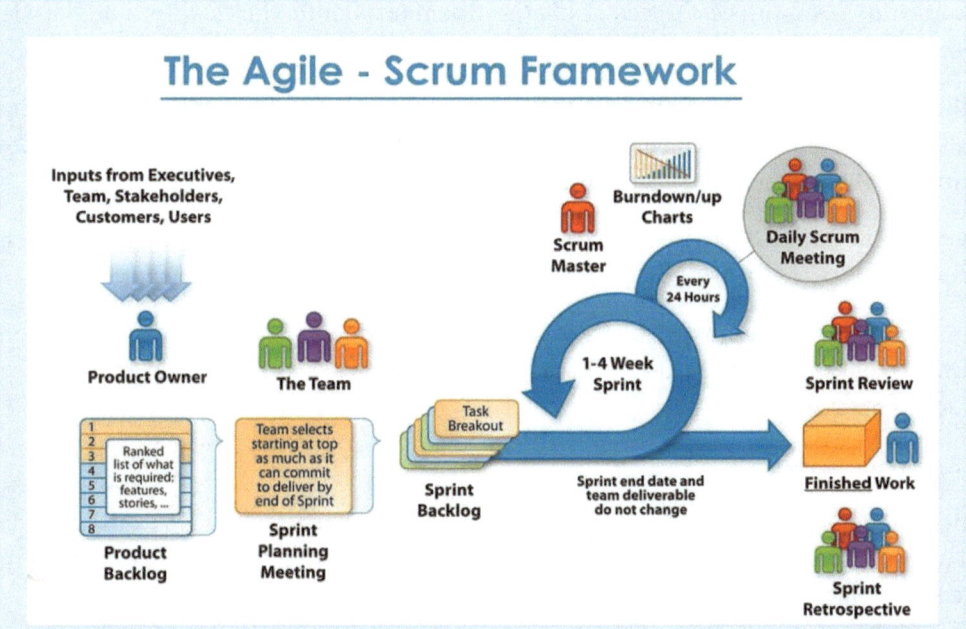

The Agile - Scrum Framework

Ausgangspunkt der Scrum-Methode ist der Kunde. Er wird von Anfang an und kontinuierlich in den Prozess eingebunden. Im einleitenden „Sprint Planning" gibt es daher eine klare Rollenverteilung: Der Kunde gibt eine Liste von Entwicklungszielen vor – die Entwickler bewerten diese nach ihrem Aufwand und legen erste Arbeitsschritte fest. Anschließend entscheiden Kunde und Entwickler gemeinsam über die Ziele der ersten Iteration. Statt langfristige große Ziele festzulegen, konzentriert sich Scrum auf kurze Planungs- und Umsetzungsintervalle. Damit kann jederzeit flexibel auf Veränderungen von Kundenwünschen und/oder technischen Neuerungen eingegangen werden. Im Scrum gibt es keine festen Zuteilungen von Aufgaben. Aus dem gemeinsam definierten Aufgabenpool („Scrumboard") holen sich die Entwickler nach dem Pull-Prinzip die zu erledigenden Aufgaben. Im Grunde wird eine priorisierte To-Do-Liste gemeinschaftlich abgearbeitet. Sobald ein Ziel erreicht ist, wird es direkt dem Kunden zur Abnahme vorgelegt. Entspricht etwas nicht seinen Vorstellungen, kann sofort nachgesteuert werden. Die Führungsaufgabe ist hier auf den Moderationsteil reduziert – jedes Teammitglied kann selbstständig Aufgaben aus dem Aufgabenpool übernehmen. Zuständig für die Umsetzung ist ein Entwicklerteam und ein „Scrum Master". Dieser ist weder „Chef" noch „Projektmanager" im herkömmlichen Sinn. Seine Aufgabe ist es, das Team bei Problemen zu unterstützen sowie die Einhaltung von Zeiten, Zielen und Scrumregeln sicherzustellen. In einem gut laufenden Team agiert der „Scrum Master" im Hintergrund und wird nur bei Bedarf aktiv. Die nebeneinander an einem Projekt arbeitenden Teammitglieder tauschen sich täglich aus: In kurzen „Standup Meetings" werden in maximal 20 Minuten Probleme besprochen und gegebenenfalls vom „Scrum Master" am selben Tag gelöst. Am Ende jeder Woche steht dann ein ausführlicherer „Sprint Review", an dem der aktuelle Zwischenstand präsentiert wird. Hier nehmen nicht nur Entwickler und Kunde teil – wenn möglich werden die Zwischenergebnisse auch direkt von Anwendern getestet. So wird die Entwicklung transparent – die typische Falle der „dienstleistenden, aber alltagsfernen Entwickler" entsteht nicht. Schlussendlich wird auch am Ende jedes Sprints erneut reflektiert und ausgewertet. Hier liegt der Fokus auf der Arbeitsweise im Team – der „Scrum Master" ist als Führungskraft und Moderator gefragt.

[Quelle: ALBERT/KRUMBIER 2014]

Abb. 6-10: Scrum-Framework

(2) Scrum Meetings (Events)

Bei den Meetings unterscheidet Scrum zwischen Sprints, Sprint Planning, Daily Scrum, Sprint Review und Sprint Retro.

Der **Sprint** ist im Rahmen der Scrum-Methode eine fest definierte Zeitspanne. In der Regel umfasst diese eine zwei bis vierwöchige Arbeitsphase des Scrum Teams.

Im **Sprint Planning** bestimmen das Scrum Team und der Product Owner auf Basis des Product Backlogs Ziel und Inhalt des nächsten Sprints.

Daily Scrum ist das tägliche Update-Meeting, in dem jedes Teammitglied seinen Statusbericht abgibt und auch darauf hinweist, was ihn bei der Arbeit behindert. Außerdem wird die Planung bis zum nächsten Daily Scrum mitgeteilt.

Im **Sprint Review** werden die Ergebnisse des Sprints vor dem Product Owner präsentiert. Der Product Owner gibt entsprechend Feedback.

In der **Sprint Retroperspektive** wird die Arbeitsweise des Entwicklerteams evaluiert. Dabei steht die Effizienz und Effektivität im Sinne eines kontinuierlichen Verbesserungsprozesses (KVP) im Vordergrund.

(3) Scrum Artefakte

Bei den Scrum Artefakten handelt es sich um drei Dokumente, die im Wesentlichen der Transparenz dienen: der Product Backlog, der Sprint Backlog und das lieferfähige Product Increment.

Der **Product Backlog** ist die dynamische und priorisierte Anforderungsliste des Kunden und beschreibt somit das gesamte Endprodukt.

Der **Sprint Backlog** beschreibt die Anforderungen aus dem Product Backlog, die im jeweiligen Sprint erledigt werden müssen.

Das **Product Increment** ist der fertige und potenziell produktiv einsetzbarer Anwendungsteil.

6.2.2 Design Thinking

Design Thinking ist eine nutzerzentrierte und iterative Methode zur Förderung kreativer Ideen und zur Lösung komplexer Probleme. Dabei besteht der Anspruch, eine aus Kundensicht überlegene wirtschaftliche und machbare Lösung zu entwickeln. Hierzu greift Design Thinking auf die Arbeits- und Vorgehensweise von Designern zurück, die im Kern auf Beobachtung und hoher Nutzerzentrierung basiert. Design Thinking wurde von LARRY LEIFER, TERRY WINOGRAD, bei dem der GOOGLE Gründer LARRY PAGE in Ausbildung war und von DAVID KELLER unter dem Dach der Design- und Innovationsagentur IDEO begründet. Seit 2007 fördert das HASSO PLATTNER Institut (HPI) in Potsdam die Erforschung und Umsetzung von Design Thinking [vgl. dazu und im Folgenden DIEHL 2019].

Die Design Thinking Methode ist im Kern ein Prozess, bei dem der Teilnehmer mit einem "Beginners Mind" und der Haltung, dass man nichts weiß, startet. Das Prozessende ist erst dann erreicht, wenn eine Idee materialisiert und konkret implementiert ist. Dazwischen liegt ein iterativer Prozessverlauf mit sechs Schritten (siehe Abbildung 6-11).

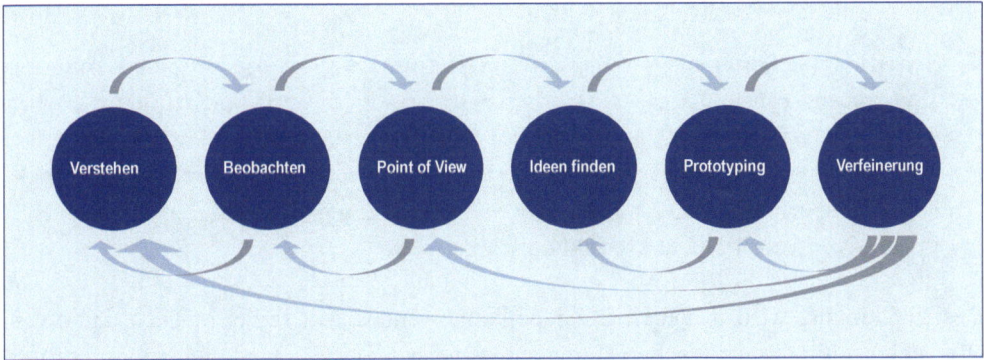

Abb. 6-11: Iterativer Prozess im Design Thinking

– **Schritt 1: Verstehen – Das Problem definieren.** In diesem ersten Schritt geht es um das gemeinsame Verständnis des Problems bei allen am Prozess beteiligten Personen. Ziel ist es, eine geeignete Fragestellung zu finden, die die Bedürfnisse und Herausforderungen des Projekts definiert. Dieses gemeinsame Problemverständnis ist das Fundament, auf dem der Design Thinking Prozess steht.

– **Schritt 2: Beobachten – Kundenbedürfnisse verstehen.** Es folgt eine Phase des Beobachtens und Zuhörens. Es wird beobachtet, welche improvisierten Lösungen der Kunde heute nutzt, um das Problem zu lösen. Ziel ist es, Annahmen aus der ersten Phase zu bestätigen, vor allem aber Hypothesen zu streichen, die sich nicht aufrechterhalten lassen.

– **Schritt 3: Point-of-view – Standpunkt definieren.** Hier erfolgt die Synthese der beiden ersten Schritte. Im Vordergrund steht die Entwicklung eines konzeptionellen Rahmens, der den Lösungsraum absteckt und der den „idealen Kunden" definiert. Der erste ideale Kunde ist ein Kreis von Nutzern, die in besonderem Maße von dem Problem betroffen und damit aufgeschlossen für die noch zu entwickelnde Lösung sind. Diese Personengruppe wird als „Persona" bezeichnet und dient im weiteren Prozessverlauf als feste Größe für die Lösungsentwicklung.

– **Schritt 4: Ideenfindung – Lösungen skizzieren und priorisieren.** Diese vierte Phase ist das Kernelement des Design Thinking Prozesses. Das Team entwickelt Ideen, wie das Problem für die Persona gelöst werden soll. Dazu sind drei Aktivitäten erforderlich: Ideensammlung, Ideenbewertung und Ideenpriorisierung. Das

Ergebnis ist schließlich die gemeinsame Vorstellung der ersten zu realisierenden Idee.

– **Schritt 5: Prototyping – Modellierung der besten Ideen.** Hierbei steht die Aufgabe im Vordergrund, die präferierten Ideen in einen Prototyp zu übersetzen. Wichtig dabei ist, dass sich der Kunde in die Lösung rein versetzen kann, damit er entsprechendes Feedback geben kann.

– **Schritt 6: Verfeinerung – Was sagt der Kunde?** Auf Basis der durch Prototypen gewonnenen Einsichten wird das Konzept weiter verbessert und solange verfeinert, bis ein optimales, nutzerorientiertes Produkt entstanden ist. Dieser Iterationsschritt kann sich auf alle bisherigen Schritte beziehen. **Die konkrete Umsetzung der Lösung erfolgt dann mit Tools wie Scrum, mit deren Hilfe aus dem Prototypen in iterativen Schritten ein Produkt entwickelt wird.**

Design Thinking wird in vielen Bereichen angewendet. Mit seiner offenen, kreativen aber gleichzeitig systematischen Herangehensweise bietet die Methode ein strukturiertes Vorgehensmodell für unterschiedliche Fragestellungen und Problembereiche. Design Thinking eignet sich besonders, um digitale Produkte, Services und Geschäftsmodelle zu entwickeln.

6.2.3 IT-Kanban

Das aus der japanischen Automobilindustrie stammende Vorgehensmodell hat mit großem Erfolg auch in die IT-Operations und Softwareentwicklung Einzug gehalten. Ursprünglich ist Kanban eine Methode aus der Produktionsprozesssteuerung, die vom japanischen Automobilhersteller TOYOTA in den 1950er Jahren im Zuge der „Just-in-Time"-Produktion entwickelt worden war. Es handelt sich um ein Planungssystem, dessen Ziel es ist, jede Fertigungs-/Produktionsstufe optimal zu steuern. Der Ansatz basiert auf einem Pull-System. Die Produktion wird dabei an der Kundennachfrage ausgerichtet und nicht wie bei Push-Systemen üblich auf bestimmte Mengen festgesetzt, die sich an der Produktionskapazität orientiert.

Dabei wird ein großes Augenmerk auf die Vermeidung von Engpässen gelegt, die den Produktionsprozess verlangsamen könnten. Ziel ist es, schnellere Durchlaufzeiten zu erreichen. Im Japanischen bedeutet Kanban „Signalkarte" [vgl. hierzu und im Folgenden www.projektmanagement-definitionen.de/glossar/kanban].

DAVID ANDERSON hat das Konzept 2007 auf die IT übertragen und so den Weg geebnet, nicht nur Produktionsprozesse, sondern auch Projekte mit Hilfe von Kanban schneller und effizienter zu machen.

Kanban hilft dabei, den Fluss der Arbeit zu visualisieren. Im klassischen Modell gibt es drei Spalten [www.kanbanize.com/de/kanban-ressourcen/kanban-erste-schritte/]:

- **To Do (Requested):** In die Spalte ganz links werden die Aufgaben eingeordnet, die noch nicht begonnene Tätigkeiten bezeichnen.

- **Doing (In Progress):** Wird mit der Bearbeitung einer Aufgabe begonnen, so wird sie in die mittlere Spalte verschoben.

- **Done:** Sobald die Aufgabe erledigt ist, wandert sie in die rechte Spalte mit den erledigten Arbeitspaketen.

Die Grundlagen von Kanban können in Grundprinzipien und Praktiken unterteilt werden. Die **vier Grundprinzipien** von Kanban lauten:

- Prinzip 1: Beginnen mit dem, was man jetzt gerade tut
- Prinzip 2: Inkrementelle, evolutionäre Veränderungen verfolgen
- Prinzip 3: Aktuelle Prozesse, Rollen & Verantwortlichkeiten berücksichtigen
- Prinzip 4: Zu Führungsverantwortung auf allen Ebenen ermutigen.

DAVID ANDERSON nennt darüber hinaus **sechs wesentliche Praktiken**, die über den Erfolg einer Implementierung entscheiden:

- **Den Workflow visualisieren.** Um Ihren Prozess in Kanban zu visualisieren, wird ein Board mit Karten und Spalten benötigt. Jede Spalte auf dem Board stellt einen Schritt im Workflow dar. Jede Kanban-Karte repräsentiert ein Arbeitselement. Mit Arbeitsbeginn wird die Aufgabe aus der „To Do" Spalte gezogen und wenn sie fertig ist, auf „Done" bewegt. Auf diese Weise können problemlos Fortschritt verfolgt und Engpässe aufgespürt werden.

- **Laufende Arbeit begrenzen.** Der Schwerpunkt der zweiten Kanban-Praktik liegt auf der Begrenzung der laufenden Arbeit (WIP). Ohne Work-in-Progress-Limits ist es kein Kanban. Zur Begrenzung der WIP wird ein Pull-System für Teile des oder den gesamten Workflow eingeführt. Durch Maximalwerte für die Anzahl der Elemente pro Phase wird sichergestellt, dass eine Karte nur dann in den nächsten Schritt „gezogen" wird, wenn Kapazität zur Verfügung steht.

- **Workflow-Management.** Die Grundidee bei der Einführung eines Kanban-Systems besteht in der Etablierung eines reibungslosen Flusses von Arbeitselementen durch den Produktionsprozess. Angestrebt wird ein schneller und gleichmäßiger Fluss, so dass das Risiko minimiert und Kosten durch Verzögerungen vermieden werden.

– **Prozessrichtlinien ausformulieren.** Der Prozess muss klar definiert und öffentlich und gemeinsam besprochen werden. Wenn alle auf das gemeinsame Ziel eingeschworen sind, können sie so arbeiten und Entscheidungen treffen, dass positive Veränderungen ermöglicht werden.

– **Feedbackschleifen.** Regelmäßige Meetings dienen dem Wissenstransfer. Eine besondere Rolle spielen dabei die täglichen Stand-Up-Meetings (10 bis 15 Minuten) für die Team-Synchronisierung. Sie werden vor dem Kanban-Board gehalten und jedes Mitglied berichtet, was es am Vortag getan hat und was es heute tun wird.

– **Die Zusammenarbeit verbessern** (mithilfe von Modellen und wissenschaftlichen Methoden). Der Weg zu kontinuierlicher Verbesserung und nachhaltigem Wandel innerhalb eines Unternehmens führt über die gemeinsame Vision. Teams, die gemeinsame Theorien zu Arbeit, Workflows, Prozessen und Risiken haben, entwickeln eher ein gemeinsames Verständnis eines Problems und kommen leichter zu nachhaltigen Verbesserungen. So jedenfalls das Credo der Kanban-Philosophie.

Kanban ist mehr als nur Haftnotizen an der Wand. Über die Beschäftigung mit der Philosophie und der täglichen Anwendung erhält man am leichtesten den Zugang zu Kanban. Die Visualisierung von Workflows, WIP-Limits, das Workflow-Management und die Etablierung ausformulierter Richtlinien geben hierzu eine wesentliche Unterstützung (siehe Abbildung 6-12).

Fazit: Digitale und agile Transformationen sind Lernprozesse, an denen Mitarbeiter, Teams und Organisationen beteiligt sind. Der damit zusammenhängende Lernbedarf kann allerdings mit klassischen Standardtrainings und Entwicklungsgesprächen nicht gedeckt werden. Wissenschaftlich fundierte Antworten und praktische Hinweise für die konkrete Umsetzung eines **agilen Lernansatzes** geben GEHLEN-BAUM/ILLI 2019.

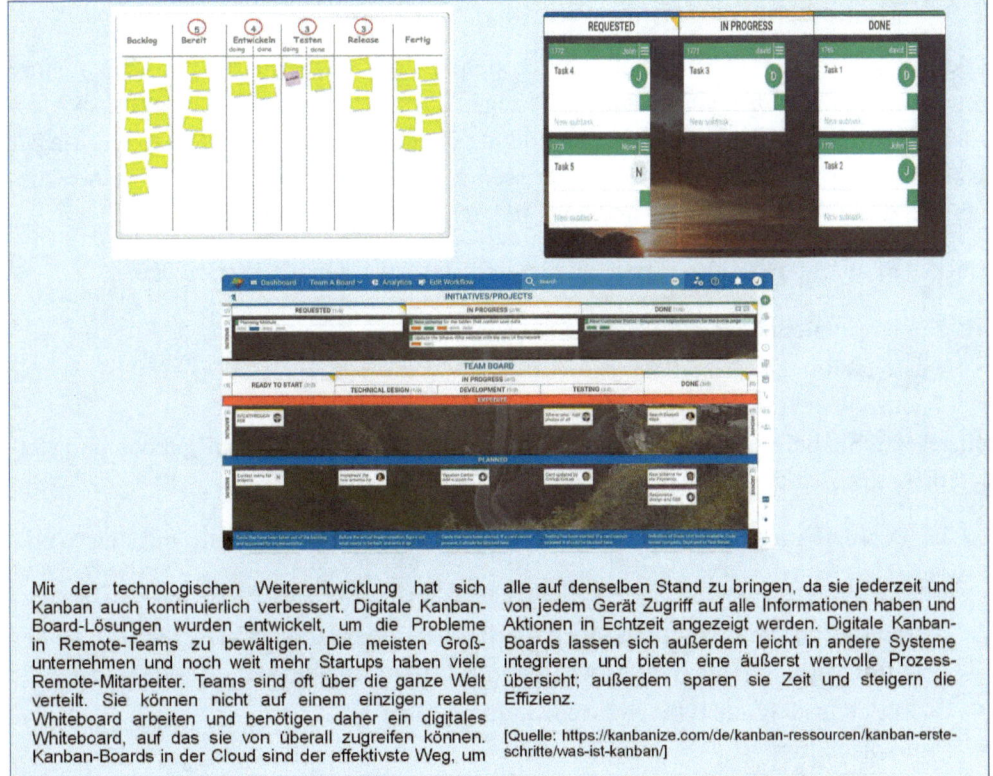

Mit der technologischen Weiterentwicklung hat sich Kanban auch kontinuierlich verbessert. Digitale Kanban-Board-Lösungen wurden entwickelt, um die Probleme in Remote-Teams zu bewältigen. Die meisten Großunternehmen und noch weit mehr Startups haben viele Remote-Mitarbeiter. Teams sind oft über die ganze Welt verteilt. Sie können nicht auf einem einzigen realen Whiteboard arbeiten und benötigen daher ein digitales Whiteboard, auf das sie von überall zugreifen können. Kanban-Boards in der Cloud sind der effektivste Weg, um alle auf denselben Stand zu bringen, da sie jederzeit und von jedem Gerät Zugriff auf alle Informationen haben und Aktionen in Echtzeit angezeigt werden. Digitale Kanban-Boards lassen sich außerdem leicht in andere Systeme integrieren und bieten eine äußerst wertvolle Prozessübersicht; außerdem sparen sie Zeit und steigern die Effizienz.

[Quelle: https://kanbanize.com/de/kanban-ressourcen/kanban-erste-schritte/was-ist-kanban/]

Abb. 6-12:   Von der Haftnotiz an der Wand zum digitalen Kanban-Board

6.3   Qualitätsmanagement-Tools

Die Auswahl und Zusammenstellung der **sieben Techniken der Qualitätssicherung** (engl. *Seven Tools of Quality*, auch Q7) gehen auf den Japaner KAORU ISHIKAWA zurück. Es handelt sich dabei um eine Sammlung elementarer Qualitätswerkzeuge, die zur Unterstützung von Problemlösungsprozessen eingesetzt werden kann. Zum einen dienen sie zur Problemerkennung und zum anderen zur Problemanalyse.

Bei der **Problemerkennung** (bzw. Fehlererfassung) werden die Werkzeuge

- Fehlersammelliste (auch Strichliste),
- Histogramm und
- Kontrollkarte (auch Regelkarte)

eingesetzt. Sie liefern Informationen über Fehlerarten, -orte und -häufigkeiten und stellen diese grafisch dar.

In der **Problemanalyse** (bzw. Fehleranalyse) wird schwerpunktmäßig mit den Werkzeugen

- Ursache-Wirkungsdiagramm (auch Fischgräten- oder Ishikawa-Diagramm),
- Pareto-Diagramm (auch ABC-Analyse oder 80:20-Regel),
- Korrelationsdiagramm (auch Streudiagramm) und
- Flussdiagramm

gearbeitet. Mit diesen Tools werden Aussagen über Bedeutung und Ursachen von Fehlern, deren Wechselwirkungen sowie über die Reihenfolge von Prozessabläufen ermöglicht.

6.3.1 Fehlersammelliste

In der Praxis werden verschiedene Begriffe für die **Fehlersammelliste** verwendet: *Fehlersammelkarte*, *Datensammelblatt* oder *Strichliste*. Mit ihrer Hilfe können betriebliche Daten wie Fehleranzahl, -arten und -häufigkeiten oder die Anzahl fehlerhafter Produkte leicht erkannt, erfasst und übersichtlich dargestellt werden. Für die Festlegung der Fehlerarten kommen Produkte, eingesetzte Technologien und allgemeine betriebliche Gegebenheiten während des Herstellungsprozesses (z. B. Ausschuss) bis zur Anlieferung beim Kunden (z. B. Reklamationen) in Betracht.

In Abbildung 6-13 ist ein allgemeines Beispiel einer Fehlersammelliste dargestellt. Die Gestaltung der Fehlersammelliste wird in der Regel in den QM-Unterlagen festgelegt.

Fehlersammelliste

Identnummer des Produktes:		W 21 480			Ort: Platz 171
Produktbezeichnung:		Maschine 401			Prozess: Montage Maschine
Nr.:	**Fehlerart**	Datum 01.09 2005	Datum 02.09.2005		Summe
1	Kratzer am Gehäuse	‖‖‖‖	‖‖‖		56
2	Verschmutzung	‖‖‖ ‖‖‖ ‖‖	‖‖‖		78
3	Anschlußschlauch fehlt	‖	‖		5
4	Abwasserschlauch fehlt		‖		1
5	Zusatzpaket fehlt				0

Prüfart: Nach Verfahrensanweisung 6413.0

Uhrzeit nach Prüfplan 6413.1	10 Uhr - 11 Uhr	6 Uhr 30 - 7 Uhr 30	
Zeitraum 1. 09. 2004 bis 30. 09. 2004			

[Quelle: SCHNÖCKEL 2012, S. 13]

Abb. 6-13: Beispiel einer Fehlersammelliste

Neben Fehlerarten können auch Klassen von Messwerten in übersichtlicher Form dargestellt werden. Die Klasseneinteilung lässt sich dann später dazu nutzen, die Verteilung der Messwerte in einem Histogramm (siehe nächster Abschnitt) grafisch zu dokumentieren. Abbildung 6-14 fasst die wichtigsten Fakten der Fehlersammelliste noch einmal zusammen.

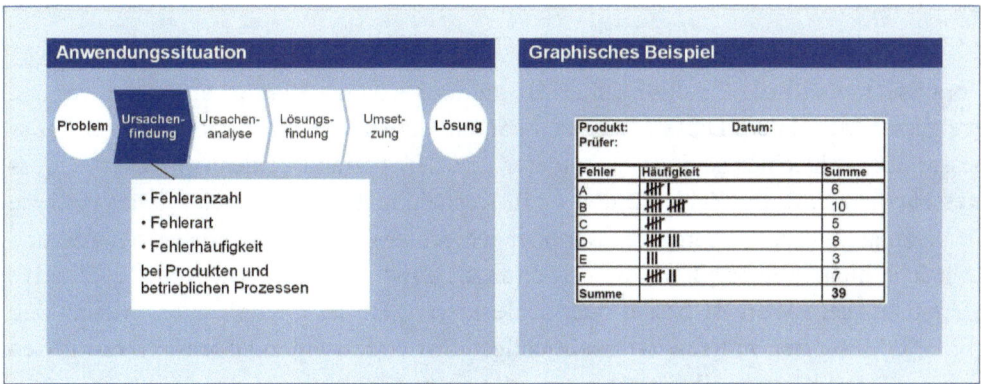

Abb. 6-14: Anwendungssituation und Beispiel für die Fehlersammelliste

6.3.2 Histogramm

In einem **Histogramm** werden gesammelte Daten der Größe nach geordnet, zu Klassen zusammengefasst und als Säulen dargestellt. Die Höhe der Säule entspricht dabei dem Wert der Klasse. Die Säulen müssen nicht notwendig gleich breit sein. Anders als im Stab- oder Balkendiagramm werden bei der grafischen Darstellung der Verteilungen in den Klassen die relativen Klassenhäufigkeiten nicht durch die Höhen der Säulen, sondern durch die Flächeninhalte der Rechtecke beschrieben (siehe Abbildung 6-15).

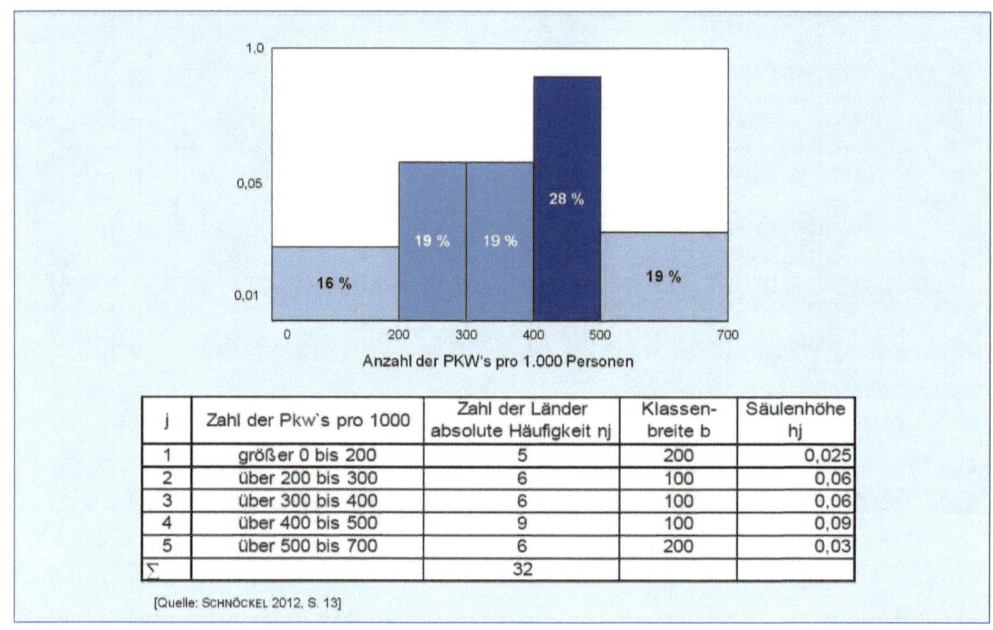

Abb. 6-15: Beispiel für ein Histogramm

Voraussetzung für die Erstellung eines Histogramms ist die Vorlage ausreichender und geeigneter Messdaten. Diese Messdaten sollten *metrisch skaliert* sein (ein Wert muss besser oder schlechter sein als ein anderer und der Abstand beider voneinander muss messbar sein; z. B. die Zahlen 2 und 4). In Ausnahmefällen sind auch ordinal skalierte Daten zulässig (ein Wert muss besser oder schlechter sein als ein anderer, der Abstand ist jedoch nicht messbar; z. B. die Bewertungen „gut" und „sehr gut") oder qualitative Merkmale (kein Wert ist besser oder schlechter; z. B. die Geschlechter „Mann" und „Frau"). Messdaten müssen die beabsichtige *Klassenbildung* zulassen und es müssen sich genügend Klassen bilden lassen (mindestens mehr als eine).

Abbildung 6-16 fasst Anwendungssituation und Beispiel für das Histogramm noch einmal zusammen.

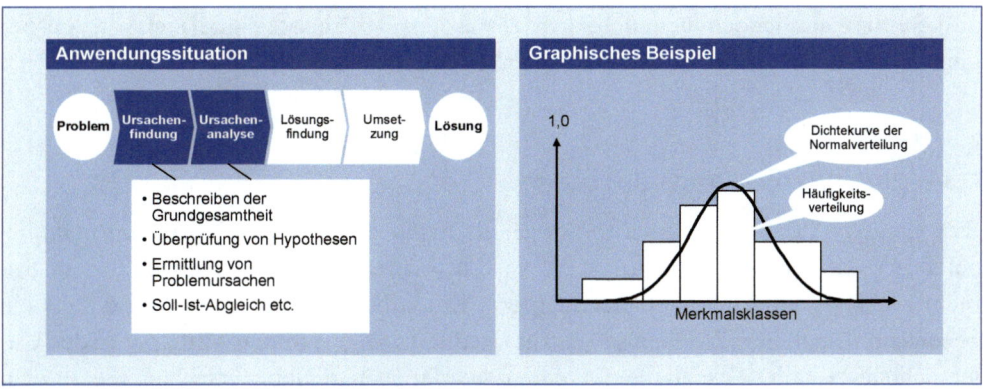

Abb. 6-16: Anwendungssituation und Beispiel für das Histogramm

6.3.3 Kontrollkarte

Die **Kontrollkarte** (Kurzbeschreibung für *Qualitätsregelkarte – QRK*) oder auch einfach *Regelkarte* (engl. *[quality] control chart*) wird vorwiegend im Qualitätsmanagement zur grafischen Darstellung und Auswertung von Prüfdaten eingesetzt. Auf ihr werden statistische Stichprobenkennzahlen (z. B. Stichprobenmittelwert und Standardabweichung) grafisch dargestellt. Ebenso sind auf der Kontrollkarte Warn- und Eingriffsgrenzen eingezeichnet (siehe Abbildung 6-17). Ziel ist es, Leistungsabweichungen zu erkennen und zu lokalisieren und damit Problemstellen im Prozess zu identifizieren. Voraussetzung zur Kontrollkartenerstellung sind eine auf Wiederholung angelegte Erhebungsmethode sowie umfangreiche, konsistente Messdaten.

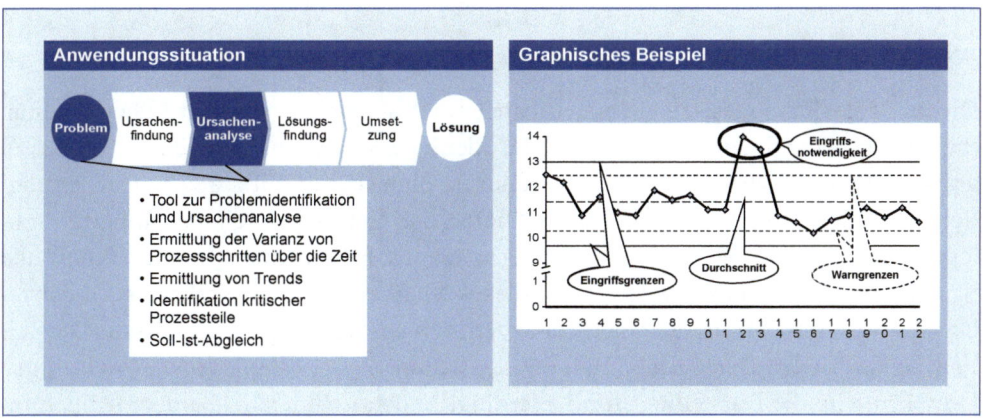

Abb. 6-17: Anwendungssituation und Beispiel für die Kontrollkarte

Die Kontrollkarte liefert ein datengestütztes Qualitätsbild eines Prozesses und verdeutlicht kritische Problemfelder und Tendenzen. Der Aufwand zur Datengenerierung und -

aufbereitung darf jedoch nicht unterschätzt werden. Der Einsatz eignet sich ganz besonders bei Verdacht großer Leistungsschwankungen innerhalb eines Prozesses.

6.3.4 Ursache-Wirkungsdiagramm

Das **Ursache-Wirkungsdiagramm** (auch als *Fishbone*- oder *Ishikawa-Diagramm* bezeichnet), das von ISHIKAWA selbst entwickelt wurde, ist ein grafisches Analyseinstrument zur systematischen Untersuchung von Kausalbeziehungen. Dabei wird stets ein besonders dringliches Problem (z. B. ein Qualitätsmangel) in den Mittelpunkt der Untersuchung gestellt. Anschließend werden die Haupt- und Nebenursachen, die zu dem definierten Problem bzw. Effekt führen, herausgearbeitet und in Form einer „fischgrätenähnlichen" Grafik visualisiert (siehe Abbildung 6-18, rechts).

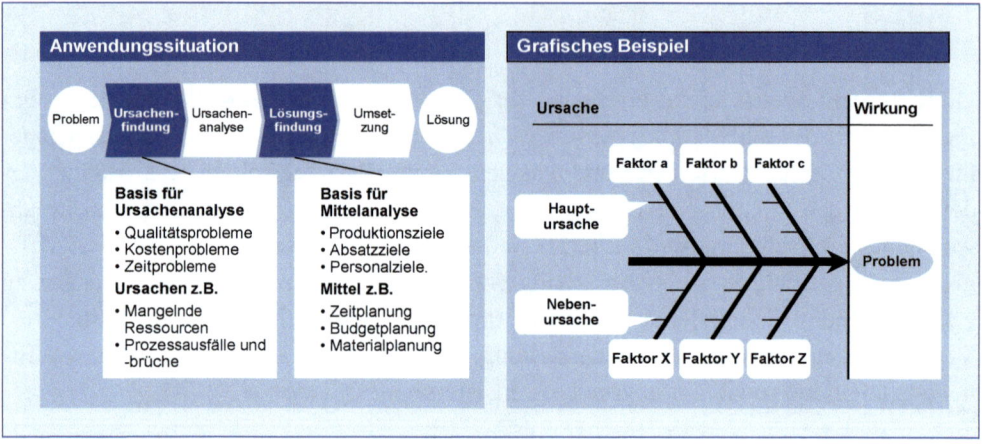

Abb. 6-18:   Anwendungssituation und Beispiel für Ursache-Wirkungsdiagramm

Dieses Tool wird eingesetzt, um ein vorhandenes Problem in einem sehr frühen Stadium (bei der Ursachenfindung) zu untersuchen, oder bei der Lösungsfindung noch „tiefer zu graben". Das Ursache-Wirkungs-Diagramm ist einfach, vielseitig anwendbar, ermöglicht ein besseres Kausalverständnis und liefert den Einstieg für eine detaillierte Problemanalyse. Sie ist eine gute Diskussionsgrundlage zur Problemanalyse für Team- und Kundengespräche. Ein weiterer Vorteil dieses leicht erlernbaren Werkzeugs ist der relativ geringe Beschaffungsaufwand der Daten, denn es werden für die grafische Darstellung keine „harten" Daten benötigt. Bei Fragestellungen mit komplexen und vielseitigen Ursachen wird die Darstellungsform allerdings unübersichtlich. Außerdem können Interdependenzen und zeitliche Abhängigkeiten von Faktoren und Ursachen nicht erfasst werden. Zu berücksichtigen ist ferner, dass es sich beim Ursache-Wirkungsdiagramm um ein subjektives Verfahren handelt, d. h. Vollständigkeit, Gewichtung und Überprüfung der Ursachen hängt von den Erfahrungen und Fähigkeiten der erstellenden Person ab [vgl. ANDLER 2008, S. 109].

Abbildung 6-19 zeigt ein konkretes Anwendungsbeispiel für die Struktur des Ursache-Wirkungsdiagramms.

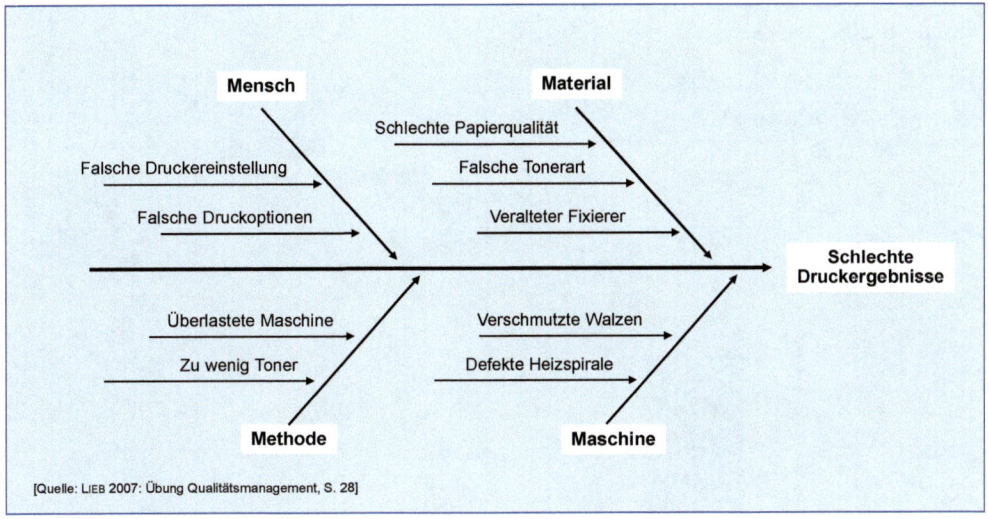

Abb. 6-19: Beispiel für ein Ursache-Wirkungsdiagramm

6.3.5 Pareto-Diagramm

Das **Pareto-Diagramm** dient im Rahmen des Qualitätsmanagements zur Lokalisierung von Ursachen, die am stärksten zu einem Problem beitragen und damit zur Trennung von kleinen Problemen bzw. Ursachen. Die grafische Darstellungsform beruht auf dem sog. Pareto-Prinzip, das auf den italienischen Ökonom VILFREDO PARETO (1848-1923) zurückgeht und allgemein als *80:20-Regel* oder *ABC-Analyse* bekannt ist. Es besagt, dass ein großer Teil eines Problems (ca. 80 Prozent) von nur wenigen wichtigen Ursachen (ca. 20 Prozent) beeinflusst wird oder auch – positiv ausgedrückt – dass mit 20 Prozent der eingesetzten Ressourcen 80 Prozent des Gesamterfolges erzielt werden kann. Als Ordnungsverfahren zur Klassifizierung großer Datenmengen zeigt das Pareto-Diagramm, welche Elemente eines Problems die größte Auswirkung haben. Die Voraussetzung zur Erstellung des Diagramms ist die Vorlage vollständiger, konsistenter und klassifizierbarer Daten.

Das Pareto-Diagramm wird zur Fokussierung auf wesentliche Faktoren des Problems eingesetzt, wobei komplexe Daten nach ihrem Ergebnisbeitrag in Klassen zusammengefasst werden. Um das Diagramm erstellen zu können, wird aus der absoluten Häufigkeit (beziehungsweise der entsprechenden Messgröße) jeder Kategorie deren prozentualer Anteil ermittelt. Die Kategorien werden absteigend nach ihrer Bedeutung sortiert und dann auf der waagerechten Achse von links nach rechts abgetragen. Über jeder Feh-

lerkategorie wird eine Säule gezeichnet, deren Höhe der Häufigkeit des Auftretens entspricht. Werden die Säulen von links nach rechts aufeinandergestapelt, ergibt sich die
Pareto-Kurve, über die der summierte Prozentwert abgelesen werden kann (siehe Abbildung 6-20).

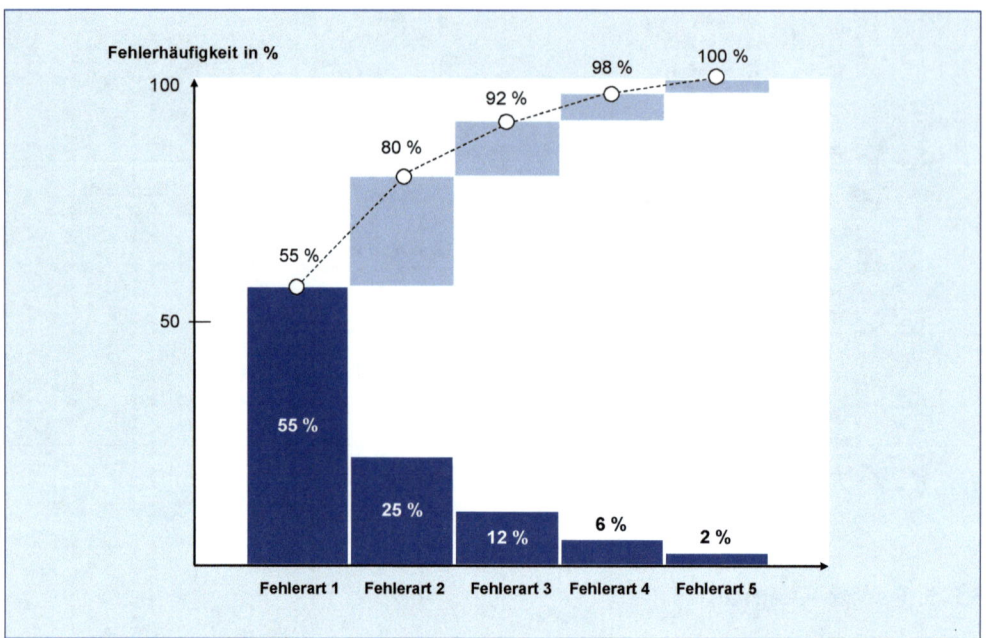

Abb. 6-20: Beispiel für ein Pareto-Diagramm

Ebenso wie in diesem Beispiel die Häufigkeit von Fehlerarten untersucht wird, so können in gleicher Weise auch Kosten oder Zeiten im Rahmen eines Pareto-Diagramms
analysiert werden. Das Pareto-Diagramm ist einfach anwendbar, vom Untersuchungsgegenstand unabhängig und liefert eine leicht verständliche, übersichtliche Darstellung
der Ergebnisse. Darüber hinaus ermöglicht das Diagramm eine Analyse komplexer
Probleme, indem es sich auf die wesentlichen Faktoren beschränkt. Nachteilig kann die
hohe Anforderung an die Datenkonsistenz sein. Außerdem liefert das Pareto-Diagramm
lediglich sehr grobe Ergebnisse.

Abbildung 6-21 zeigt die Anwendungssituation sowie ein weiteres Beispiel des Pareto-
Diagramms.

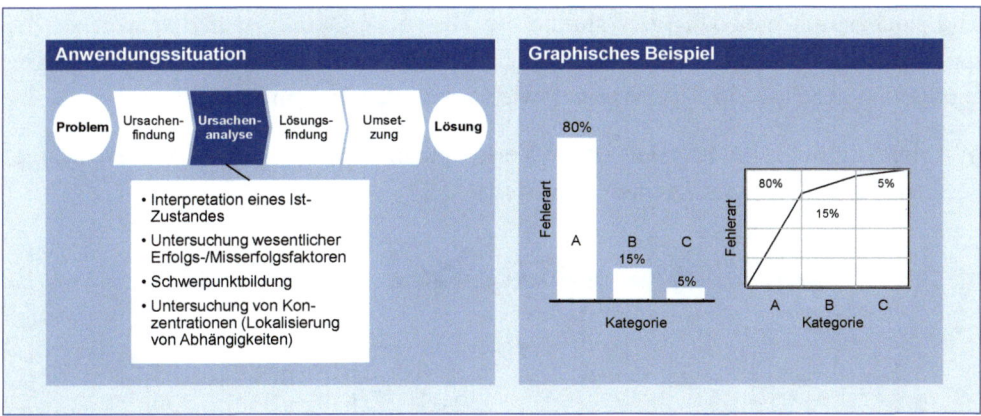

Abb. 6-21: Anwendungssituation und Beispiel für Pareto-Diagramm

6.3.6 Korrelationsdiagramm

Das **Korrelationsdiagramm** ist ein **Streudiagramm**, das grafisch die Abhängigkeit zweier Größen darstellt. Dabei werden Datenpaare in einem Koordinatensystem als Punkte dargestellt. Die Korrelation gibt somit die Beziehung zwischen zwei (oder mehreren) quantitativen statistischen Variablen an. Das funktioniert immer dann besonders gut, wenn beide Größen durch eine „je … desto"-Beziehung miteinander zusammenhängen und eine der Größen nur von der anderen Größe abhängt. Beispielsweise kann man unter bestimmten Bedingungen nachweisen, dass der Umsatz eines Produktes steigt, wenn man die Werbeaufwendungen erhöht. Hängt die Höhe des Produktumsatzes aber noch von anderen Einflussfaktoren ab (z. B. Qualität des Produkts, Werbeanstrengungen des Wettbewerbs, saisonale Nachfrage etc.), dann verwischt der kausale Zusammenhang in der Statistik immer mehr, falls nicht auch die anderen Einflussvariablen gleichzeitig untersucht werden. Im Gegensatz zur Proportionalität ist die Korrelation immer nur ein stochastischer Zusammenhang.

Das Maß für die Stärke und Richtung des Zusammenhangs zweier Größen ist der **Korrelationskoeffizient r**, der sich (nach BRAVAIS und PEARSON) nach folgender Formel berechnet:

$$r = \frac{s_{xy}}{s_x \, s_y} = \frac{\sum_{i=1}^{n}(x_i - \bar{x})(y_i - \bar{y})}{\sum_{i=1}^{n}(x_i - \bar{x})^2 \sum_{i=1}^{n}(y_i - \bar{y})^2}$$

Der Korrelationskoeffizient nimmt den Wert $r = 1$ bzw. $r = -1$ an, wenn alle Punkte auf einer Geraden liegen. Je kleiner $|r|$ wird, desto weniger wird eine Trendlinie erkennbar. Die Gerade löst sich bei $r = 0$ zu einer strukturlosen Punktwolke auf, d. h. die Merkmale sind stochastisch unabhängig. Während die **Regressionsanalyse** angibt, welcher Zusammenhang zwischen zwei Größen besteht, steht bei der **Korrelationsanalyse** die Beantwortung der Frage im Vordergrund, wie stark dieser Zusammenhang ist.

In Abbildung 6-22 sind beispielhaft die Verteilungen zweier Variablen mit den dazugehörigen Korrelationskoeffizienten dargestellt.

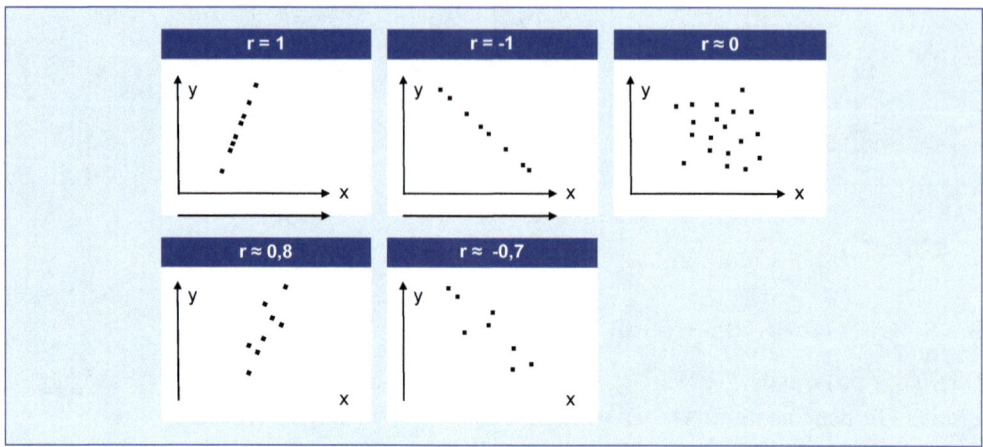

Abb. 6-22: Beispiele für Verteilungen zweier Variablen

Das Korrelationsdiagramm eignet sich zur Gewinnung eines ersten Eindrucks über Stärke und Form des Zusammenhangs zweier Faktoren. Mit niedrigem Aufwand können so weiterführende statistische Verfahren angestoßen und unnötige Analysearbeit vermieden werden. Das Instrument ist jedoch nur bei metrisch skalierten Daten aussagekräftig.

Fazit: Das Korrelationsdiagramm liefert einen ersten Eindruck über die Beziehung zweier Faktoren zueinander und regt zu komplexeren Folgeuntersuchungen an. In Abbildung 6-23 sind Anwendungssituationen und ein grafisches Beispiel zum Korrelationsdiagramm dargestellt.

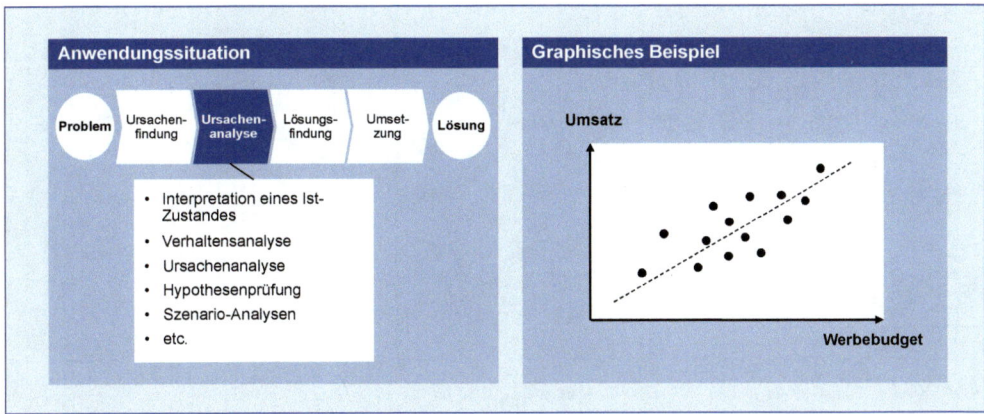

Abb. 6-23: Anwendungssituation und Beispiel für Korrelationsdiagramm

6.3.7 Flussdiagramm

Ein weiteres grafisches Analyseinstrument zur systematischen Untersuchung von Prozessen ist das **Flussdiagramm**. Es strukturiert und bildet Prozesse ab und zeigt kausale Zusammenhänge in Form eines Ablaufdiagramms. Im Rahmen der standardisierten Darstellungsform wird der Ablauf – angefangen vom Initialisierungsereignis über Handlungsabfolgen, Entscheidungspunkten, involvierten Stellen, Funktionen und Medien bis zum Lösungsereignis – aufgezeigt (siehe Abbildung 6-24).

Mit dem Flussdiagramm wird das Prozessverständnis gestärkt, so dass Prozessbrüche leichter erkannt, Schwachstellen identifiziert und Engpässe lokalisiert werden können. Das Diagramm ist einfach anzuwenden, leicht zu erlernen und bietet eine gute Diskussionsgrundlage für die gemeinsame Lösungsfindung. Auf der anderen Seite entsteht ein relativ hoher Aufwand, wenn komplexe Prozesse dargestellt werden sollen. Auch nimmt die Unübersichtlichkeit in solchen Fällen stark zu.

Fazit: Das Flussdiagramm wird zur Stärkung des Prozessverständnisses eingesetzt und liefert den Einstieg in eine detaillierte Prozessanalyse (Warum-Fragestellung). Bei komplexen Prozessen und unter Einbindung von Funktionen, Stellen und Medien ist die Darstellungsform allerdings nur bedingt geeignet.

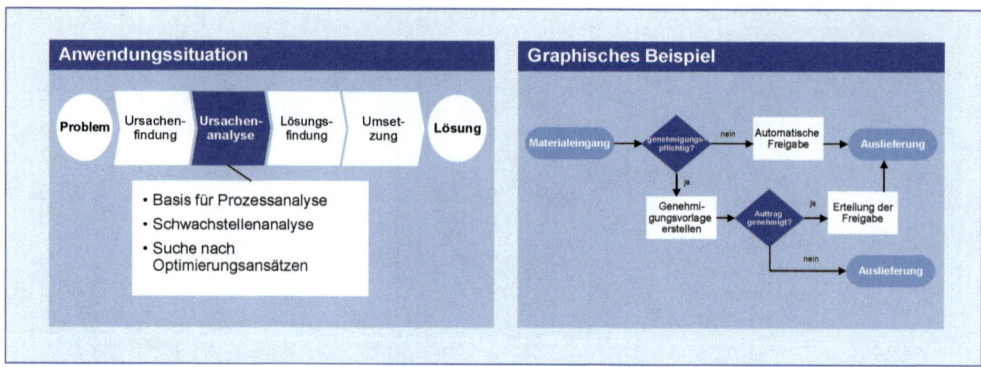

Abb. 6-24: Anwendungssituation und Beispiel für das Flussdiagramm

6.4 Tools zur Evaluierung

Ebenso wie der eigentliche Beratungsprozess sollte auch der Auftragsabschluss professionell geplant und durchgeführt werden. Die abschließende Evaluierung eines Beratungsauftrags sollte eine Antwort auf folgende *drei Fragen* geben:

- War der Kunde mit uns und unserer Leistung zufrieden?
- Waren wir selbst mit der Durchführung und den Ergebnissen des Auftrags zufrieden?
- Bieten sich Möglichkeiten für Anschluss- bzw. Folgeaufträge?

Es liegt auf der Hand, dass die zur Evaluierung verfügbaren Tools ausschließlich aus Fragebögen bzw. Checklisten bestehen.

6.4.1 Kundenzufriedenheitsanalyse

Im Beratungsgeschäft ist die **Kundenzufriedenheitsanalyse** in mehrfacher Hinsicht von Bedeutung. Sie dient zunächst allgemein der Ermittlung der Zufriedenheit der Kundenunternehmen mit den Beratungsleistungen des jeweiligen Anbieters. Darüber hinaus wird sie von vielen Unternehmensberatungen als Instrument eingesetzt, um die Bedürfnisse bzw. Erwartungen der Kundenunternehmen besser zu verstehen und Probleme frühzeitig zu erkennen.

Kundenzufriedenheit wird immer dann erreicht, wenn die Erwartungshaltung des Kunden vom Erfüllungsgrad der angebotenen Leistung ge- oder sogar übertroffen wird. Dabei spielt nicht die objektive Qualität der Beratungsleistung eine Rolle, sondern die vom Kunden subjektiv empfundene bzw. wahrgenommen Leistung. Kundenzufriedenheit ist die beste Voraussetzung für Nachfolgeaufträge und für Referenzen. Werden die Erwartungen des Kunden nicht erfüllt, entsteht Kundenunzufriedenheit, die zu einem Anbieterwechsel führen kann.

Eine Kundenzufriedenheitsanalyse wird auf der Grundlage einer Kundenbefragung vorgenommen. Diese kann mündlich, schriftlich oder auch online erfolgen, wobei die Ergebnisse in jedem Fall in einem Fragebogen erfasst werden sollten. Der Untersuchungsgegenstand – also die angebotene Beratungsleistung – kann in mehrere **Kriterien** unterteilt werden:

- Leistungsportfolio – Breite und Tiefe der angebotenen Leistung
- Lösungskompetenz des Unternehmens
- Fachliche Kompetenz der involvierten Mitarbeiter
- Engagement der involvierten Mitarbeiter
- Erreichbarkeit der involvierten Mitarbeiter
- Soziale Kompetenz der involvierten Mitarbeiter
- Zuverlässigkeit der involvierten Mitarbeiter
- Geschwindigkeit der Umsetzung
- Methodische Unterstützung
- Preis-/Leistungsverhältnis.

Diese und ähnliche Kriterien sind zunächst nach dem *Zufriedenheitsgrad* zu beantworten. Aufschlussreich ist darüber hinaus, für wie *wichtig* diese Kriterien für die Auftragsbewertung angesehen werden. Neben der reinen Beurteilung der Kriterien sind aber noch weitere Fragen von Bedeutung wie z. B.

- Würden Sie uns uneingeschränkt weiterempfehlen?
- Würden Sie bei entsprechendem Bedarf wieder ein Beratungsunternehmen beauftragen?
- Würden Sie in einem solchen Fall erneut mit uns zusammenarbeiten?

Schließlich bietet es sich an, im Rahmen einer Kundenzufriedenheitsanalyse zusätzlich eine **Bedarfsanalyse** durchzuführen. Hierzu sollten Fragen zu zukünftigen Themen- und Problemstellungen, Einführungszeitpunkten von bestimmten IT-Lösungen gestellt werden.

Von grundlegender Bedeutung für die Kundenzufriedenheitsanalyse ist eine Vorüberlegung, die sich aus der **Multipersonalität** in B2B-Beziehungen ergibt: Wer sollte eigentlich befragt werden? Wer ist Träger der Kundenzufriedenheit? Ist es nur eine Person und wenn ja, welche? Oder sollten mehrere Personen befragt werden? Eine richtige Antwort kann es hierzu nicht geben. Zu unterschiedlich sind die jeweiligen Rahmenbedingungen eines Beratungsprojektes. Entscheidend ist in jedem Fall, dass eine faire Evaluierung durch den/die Kundenmitarbeiter stattfindet, so dass entsprechende Rückschlüsse für die Zukunft daraus geschlossen werden können.

6.4.2 Auftragsbeurteilung

Die Auftragsbeurteilung ist das Synonym für eine Zufriedenheitsanalyse aus Sicht des Beratungsunternehmens selbst. Mit einem Satz von Checklisten wird der abgeschlossene Auftrag zeitnah und umfassend sowohl in quantitativer als auch in qualitativer Hinsicht beurteilt [vgl. NIEDEREICHHOLZ 2008, S. 350 ff.].

Dabei steht zunächst die **Wirtschaftlichkeit** des Projekts auf dem Prüfstand. Gab es einen selbstverschuldeten Mehraufwand (engl. *Overrun*) oder konnte der Auftrag im Rahmen der Vorkalkulation zeit- und qualitätsgerecht durchgeführt werden? In der Gesamtbeurteilung eines durchgeführten Auftrags spielen ferner die Qualität der abgelieferten Ergebnisse, die Kompetenz der Projektleitung (Projektmanagement) und der eingesetzten Mitarbeiter sowie das Engagement des verantwortlichen Partners bzw. Fachbereichsleiters eine Rolle. Darüber hinaus können – insbesondere bei größeren Projekten – auch bestimmte Einzelaspekte für die Evaluierung herangezogen werden [vgl. NIEDEREICHHOLZ 2008, S. 352 ff.]:

- Beurteilung der Angebotsphase
- Beurteilung der Problemlösung
- Beurteilung der Mitarbeiter
- Beurteilung der Projektabrechnung
- Beurteilung der Projektkommunikation und -dokumentation
- Beurteilung der Auftragsdurchführung
- Beurteilung der Qualitätssicherung
- Beurteilung des Projektabschlusses.

Ein weiterer wichtiger Evaluierungsaspekt ist, dass wichtige Ergebnisse, Erkenntnisse, Bausteine und Strukturen in einer Projektdatenbank festgehalten werden und anderen Teams für spätere Angebote, Benchmarks etc. zur Verfügung stehen, damit ggf. das Rad nicht immer wieder neu erfunden werden muss. Selbstverständlich ist dabei darauf zu achten, dass keine vertraulichen Kundeninformationen weitergegeben werden.

6.4.3 Anschlussakquisition

Die Anschlussakquisition ist kein Tool im eigentlichen Sinn. Sie ist aber ein wichtiger Baustein im Rahmen des Akquisitionsprozesses, da Anschlussaufträge – selbst bei nicht ganz zufriedenen Altkunden – wesentlich leichter zu bekommen sind, als einen neuen

Kunden zu gewinnen. Hinzu kommt der inhaltliche Informationsvorsprung, den man im Zuge der Auftragsdurchführung gegenüber dem Wettbewerb zwangsläufig gewonnen hat. Im Übrigen sei hier auf die vielfältigen Kundenbindungsprogramme verwiesen, die dem Beratungsvertrieb heutzutage zur Verfügung stehen.

Mit Hinweis auf die bereits erwähnte **Multipersonalität** im B2B-Marketing ist es dabei wichtig, nicht nur eine Person des Kundenunternehmens, sondern mehrere Zielpersonen in solche Kundenbindungsprogramme aufzunehmen.

Literatur

ALBERT, J-G./KRUMBIER, L.: Mit agiler Planung zum Erfolg – Inspirationen aus der Softwareentwicklung, in: https://www.denkmodell.de/hintergrund/agile-methoden/

ALLWEYER, T. (2009): BPMN 2.0. Business Process Model and Notation. Einführung in den Standard für die Geschäftsprozessmodellierung. 2. Aufl., Norderstedt 2009.

ALLWEYER, T. (2010): Eignet sich BPMN für das Business? Blog abrufbar unter URL:http://www.kurze-prozesse.de/2010/03/19/eignet-sich-bpmn-fur-das-business/

ANDLER, N. (2008): Tools für Projektmanagement, Workshops und Consulting. Kompendium der wichtigsten Techniken und Methoden, Erlangen 2008.

ANSOFF, H. I. (1966): Management-Strategie, München 1966.

BAMBERGER, I./WRONA, T. (2012): Konzeptionen der strategischen Unternehmensberatung, in: BAMBERGER, I./WRONA, T. (Hrsg.): Strategische Unternehmensberatung. Konzeptionen – Prozesse – Methoden, 6. Aufl., Wiesbaden 2012.

BEA, F. X./HAAS, J. (2005): Strategisches Management, 4. Aufl., Stuttgart 2005.

BECKER, J. (1993): Marketing-Konzeption. Grundlagen des strategischen Marketing-Managements, 5. Aufl., München 1993.

BECKER, J. (2009): Marketing-Konzeption. Grundlagen des ziel-strategischen und operativen Marketing-Managements, 9. Aufl., München 2009.

BRAUCHLIN, E. (1978): Problemlösungs- und Entscheidungsmethodik, Bern 1978.

COENENBERG, A. (2003): Jahresabschluss und Jahresabschlussanalyse: Betriebswirtschaftliche, handelsrechtliche, steuerrechtliche und internationale Grundlagen – HGB, IAS, US-Gaap. 19. Aufl., Stuttgart 2003.

DGFP e.V. (Hrsg.) (2004): Wertorientiertes Personalmanagement – ein Beitrag zum Unternehmenserfolg. Konzeption – Durchführung – Unternehmensbeispiele, Düsseldorf 2004.

DIEHL, A. (2019): Design Thinking – Mit Methode komplexe Aufgaben lösen und neue Ideen entwickeln, in: https://digitaleneuordnung.de/blog/design-thinking-methode/

DOPPLER, K./LAUTERBURG, C. (2005): Change Management. Den Unternehmenswandel gestalten, 11. Aufl., Frankfurt/Main 2005.

DUNST, K. W. (1983): Konzeption für die strategische Unternehmensplanung, 2. Aufl., Berlin, New York 1083.

DZUKOU, M.-C./BROZMANN, N.: Grundprinzipien der agilen Softwareentwicklung, in: http://image.informatik.htw-aalen.de/Thierauf/Seminar/Ausarbeitungen-14WS/agil.pdf

FAHRNI, F./VÖLKER, R./BODMER, C. (FAHRNI et al. 2002): Erfolgreiches Benchmarking in Forschung und Entwicklung, Beschaffung und Logistik, München 2002.

https://doi.org/10.1515/9783110696226-008

FINK, G. (2004): Managementansätze im Überblick, in: FINK, D. (Hrsg.): Management Consulting Fieldbook. Die Ansätze der großen Unternehmensberater, 2. Aufl., München 2004.

FINK, D. (2009a): Strategische Unternehmensberatung, München 2009.

FINK, D. (2009b): Geschichte und Struktur der Managementberatung: 1886-2009, in: NIEDEREICHHOLZ et al. (Hrsg.): Handbuch der Unternehmensberatung, Bd. 1, 1410, Berlin 2010.

GADATSCH, A. (2008): Grundkurs Geschäftsprozess-Management. Methoden und Werkzeuge für die IT-Praxis. Eine Einführung für Studenten und Praktiker, 5. Aufl., Wiesbaden 2008.

GEHLEN-BAUM, V./ILLI, M. (2019): Lern doch, was Du willst! Agiles Lernen für zukunftsorientierte Unternehmen, Norderstedt 2019.

GERHARD, J. (1987): Dienstleistungsproduktion. Eine produktionstheoretische Analyse der Dienstleistungsprozesse, Bergisch-Gladbach/Köln 1987.

GLÄSER, M. (2008): Medienmanagement, München 2008.

GLASS, N. (1996): Management Masterclass – a practical guide to the new realities of business, Nicolas Brealey Publishing, London 1996.

GOMEZ, P./PROBST, G. (1999): Die Praxis des ganzheitlichen Problemlösens: vernetzt denken, unternehmerisch handeln, persönlich überzeugen, 3. Aufl., Bern, Stuttgart, Wien 1999.

GPM-Studie 2017: Status Quo Agile. Studie zu Verbreitung und Nutzen agiler Methoden Eine empirische Untersuchung der Hochschule Koblenz 2017.

HAEDRICH, G./TOMCZAK, T. (1996): Produktpolitik, Stuttgart u. a. 1996.

HAMAL, G./PRAHALAD, C. K. (1990): The core competence and the corporation, Harvard Business Review, 68, May-June, S. 79-91.

HAMMER, M./CHAMPY, J. (1994): Business Reengineering. Die Radikalkur für das Unternehmen, Frankfurt-New York 1994.

HAX, A.C./MAJLUF, N.S. (1991): The Strategy Concept and Process: A Pragmatic Approach, Upper Saddle River, NJ: Prentice Hall 1991.

HINTERHUBER, H. (1996): Strategische Unternehmensführung I: Strategisches Denken: Vision, Unternehmenspolitik, Strategie, 6. Aufl., Berlin, New York 1996.

HOFER, C. W./SCHENDEL, D. (1978): Strategy Formulation – Analytical Concepts, St. Paul et al. 1978.

HOLLAND, R. R. (1972): Sequential Analysis, Handbuch McKinsey & Company, London 1972.

HORVÁTH, P. (2002): Controlling, 8. Aufl., München 2002.

HR-BAROMETER 2011: Bedeutung, Strategien, Trends in der Personalarbeit (hrsg. v. CAPGEMINI CONSULTING).

HUNGENBERG, H./WULF, T. (2011): Grundlagen der Unternehmensführung, 4. Aufl., Heidelberg-Dordrecht-London-New York 2011.

JESCHKE, K. (2004): Marketingmanagement der Beratungsunternehmung. Theoretische Bestandsaufnahme sowie Weiterentwicklung auf der Basis der betriebswirtschaftlichen Beratungsforschung, Wiesbaden 2004.

KAAS, K. P. (2001): Zur „Theorie des Dienstleistungsmanagements", in: Bruhn, M./Meffert, H.: Handbuch Dienstleistungsmanagement. Von der strategischen Konzeption zur praktischen Umsetzung, Wiesbaden 2001, S. 103-121.

KAPLAN, R. S./NORTON, D. P. (1992): The Balanced Scorecard - Measures that Drive Performance. In: Harvard Business Review. 1992, January - February, S. 71-79.

KERTH, K./ASUM, H./STICH, V. (KERTH et al. 2011): Die besten Strategietools in der Praxis. Welche Werkzeuge brauche ich wann? Wie wende ich sie an? Wo liegen die Grenzen? 5. Aufl., München 2011.

KOCIAN, C. (2011): Geschäftsprozessmodellierung mit BPMN 2.0. Business Process Model and Notation im Methodenvergleich, HNU Working Paper, 07/2011.

KOTLER, P./KELLER, K. L./BLIEMEL, F. (KOTLER et al. 2007): Marketing-Management. Strategien für wertschaffendes Handeln, 12. Aufl., München 2007.

KOTLER, P./ARMSTRONG, G./WONG, V./SAUNDERS, J. (KOTLER et al. 2011): Grundlagen des Marketing, 5. Aufl., München 2011.

LIEB, H. (2007): Übung Qualitätsmanagement, URL: www.wzl.rwth-aachen.de/de/.../ 01_ü_deu.pdf

LIPP, U./WILL, H. (2008): Das große Workshop-Buch. Konzeption, Inszenierung und Moderation von Klausuren, Besprechungen und Seminaren, 8. Aufl., Weinheim und Basel 2008.

LIPPOLD, D. (2014): Die Personalmarketing-Gleichung. Einführung in das wert- und prozessorientierte Personalmanagement, 2. Aufl., München 2014.

LIPPOLD, D. (2015a): Die Marketing-Gleichung. Einführung in das prozess- und wertorientierte Marketingmanagement, 2. Aufl., Berlin/Boston 2015.

LIPPOLD, D. (2015b): Perspektiven und Dimensionen der Unternehmensberatung. Eine grundlegende Betrachtung, Wiesbaden 2015.

LIPPOLD, D. (2015c): Marktorientierte Unternehmensplanung. Eine Einführung, Wiesbaden 2015.

LIPPOLD, D. (2017): Marktorientierte Unternehmensführung und Digitalisierung. Management im digitalen Wandel, Berlin/Boston 2017.

LIPPOLD, D. (2019): Personalmanagement im digitalen Wandel. Die Personalmarketing-Gleichung als Prozess- und wertorientierter Handlungsrahmen, 3. Aufl., Berlin/Boston 2019.

LIPPOLD, D. (2020): Grundlagen der Unternehmensberatung. Strukturen – Konzepte – Methoden, 2. Aufl., Berlin/Boston 2020.

MACHARZINA, K./WOLF, J. (2010): Unternehmensführung. Das internationale Managementwissen. Konzepte – Methoden – Praxis, 7. Aufl., Wiesbaden 2010.

MEFFERT, H./BURMANN, C./KIRCHGEORG, M. (MEFFERT et al. 2008): Marketing. Grundlagen marktorientierter Unternehmensführung. Konzepte – Instrumente – Praxisbeispiele, 10. Aufl., Wiesbaden 2008.

MÜLLER-STEWENS, G./LECHNER, C. (2001): Strategisches Management. Wie strategische Initiativen zum Wandel führen, Stuttgart 2001.

NIEDEREICHHOLZ, C. (2008): Unternehmensberatung, Band 2, Auftragsdurchführung und Qualitätssicherung, 5. Aufl., München 2008.

Office of Government Commerce (OGC 2009): Erfolgreiche Projekte managen mit PRINCE2, (Official PRINCE2 publication), Norwich 2009.

Office of Government Commerce (OGC 2013): Best Management Practice – PRINCE2 News: PRINCE2® - A Global Project Management Method, URL.: http://www.best-management-practice.com/Knowledge-Centre/News/PRINCE2-News/?DI= 629649.

Project Management Institute (Hrsg.) (PMI 2004): A Guide to the Project Management Body of Knowledge (PMBOK® Guide), 3. Ausgabe, Four Campus Boulevard, Newtown Square, PA 2004

Project Management Institute (Hrsg.) (PMI 2013): Library of PMI Global Standards, URL: http://www.pmi.org/PMBOK-Guide-and-Standards/Standards-Library-of-PMI-Global-Standards.aspx

PORTER, M. E. (1986): Wettbewerbsvorteile, Frankfurt-New York 1986.

PORTER, M. E. (1995): Wettbewerbsstrategie, 8. Aufl., Frankfurt-New York 1995.

RADOMSKY, C. (2019): Willkommen in der Welt der Digital Natives. Wie Sie als erfahrene Arbeitskraft Ihre Stärken ausspielen, München 2019.

RECKLIES, D.: (2001): Porters fünf Wettbewerbskräfte. URL: http://www.themanagement.de/Resources/P5F.htm

ROEVER, M. (1985): Gemeinkosten-Wertanalyse, in: Kostenrechnungspraxis, o. Jg., Heft 1, 1985, S. 19-22.

ROHRBACH, B. (1969): Kreativ nach Regeln – Methode 635, eine neue Technik zum Lösen von Problemen. Absatzwirtschaft 12 (1969) 73-76, Heft 19, 1. Oktober 1969.

RÜSCHEN, T. (1990): Consulting-Banking: Hausbanken als Unternehmensberater, Wiesbaden 1990.

RUNIA, P./WAHL, F./GEYER, O./THEWIßEN, C. (RUNIA ET AL. 2011): Marketing. Eine prozess- und praxisorientierte Einführung, 3. Aufl., München 2011.

SCHADE, C. (2000): Marketing für Unternehmensberatung. Ein institutionenökonomischer Ansatz, 2. Aufl., Wiesbaden 2000.

SCHAMBERGER, I. (2006): Differenziertes Hochschulmarketing für High Potentials, Schriftenreihe des Instituts für Unternehmensplanung (IUP), Band 43, Norderstedt 2006.

SCHÄFER, E./KNOBLICH, H. (1978): Grundlagen der Marktforschung, 5. Aufl., Stuttgart 1978.

SCHEER, A.-W. (1995): Wirtschaftsinformatik. Referenzmodelle für industrielle Geschäftsprozesse. 6. Aufl., Berlin – Heidelberg – New York 1995.

SCHEER, A.-W. (1998): ARIS – Vom Geschäftsprozess zum Anwendungssystem, 3. Aufl., Berlin – Heidelberg – New York 1998.

SCHERER, J. (2007): Kreativitätstechniken. In 10 Schritten Ideen finden, bewerten und umsetzen, Offenbach 2007.

SCHERR, M./BERG, A./KÖNIG, B./RALL, W. (SCHERR et. al. 2012): Einsatz von Instrumenten der Strategieentwicklung in der Beratung, in: BAMBERGER, I./WRONA, T. (Hrsg.): Strategische Unternehmensplanung. Konzeptionen – Prozesse – Methoden, 6. Aufl., Wiesbaden 2012.

SCHMELZER, H. J./SESSELMANN, W. (2006): Geschäftsprozessmanagement in der Praxis. Kunden zufrieden stellen – Produktivität steigern – Wert erhöhen, 5. Aufl., München, Wien 2006.

SCHNIEDER, A. (2004): Business Transformation: Ein umfassendes Modell zur Unternehmenserneuerung, in: FINK, D. (Hrsg.): Management Consulting Fieldbook. Die Ansätze der großen Unternehmensberater, 2. Aufl., München 2004.

 SCHNÖCKEL, G. (2012): 7 QM-Werkzeuge,
URL: http://www.wso.de/Download/files/7%20QM%20Werkzeuge.pdf

SCHRAMM, M. (2011): Unternehmenstransaktionen, in: SCHRAMM, M./HANSMEYER, E. (Hrsg.): Transaktionen erfolgreich managen. Ein M&A-Handbuch für die Praxis, München 2011.

SCHWARZ, W. (1983): Die Gemeinkosten-Wertanalyse nach McKinsey & Company, Inc. Eine Methode des Gemeinkosten-Managements. Hrsg.: IHS - Institut für Höhere Studien. Forschungsbericht/Research Memorandum No.190, Wien Okt. 1983.

SIMON, H./WILTINGER, K./SEBASTIAN, K.-H./TACKE, G. (SIMON et al. 1995): Effektives Personalmarketing. Strategien, Instrumente, Fallstudien, Wiesbaden 1995.

SNIJDERS, P./WUTTILE, T./ZANDHUIS, A. (SNIJDERS et al. 2011): „Eine Zusammenfassung des PMBOK® Guide – Kurz und Bündig", 1. Auflage, Haren Van Publishing Verlag, Zaltbommel (NL), 2011

STELLING, J. N. (2005): Kostenmanagement und Controlling, 2. Aufl., München 2005.

WAGNER, R. (2007): Strategie und Management-Werkzeuge, Teil 9 der Handelsblatt Mittelstands-Bibliothek, Stuttgart 2007.

WELGE, M. K./ AL-LAHAM, A. (1992): Planung. Prozesse - Strategien - Maßnahmen, Wiesbaden 1992.

WESKE, M. (2007): Business Process Management. Concepts, Languages, Architectures, Berlin – Heidelberg – New York 2007.

WEWEL, M. C. (2011): Statistik im Bachelor-Studium der BWL und VWL. Methoden, Anwendung, Interpretation, München 2011.

WIMMER, F./ZERR, K./ROTH, G. (WIMMER et al. 1993): Ansatzpunkte und Aufgaben des Software-Marketing, in; WIMMER, F./BITTNER, L. (Hrsg.): Software-Marketing; Grundlage, Konzepte, Hintergründe, Wiesbaden 1993.

WISS-Autorenteam (WISS 2001): Prozessorganisation, URL: http://bwi.shell-co.com/03-01-01.pdf.

WÖHLER, C./CUMPELIK, C. (2006): Orchestrierung des M&A-Transaktionsprozesses in der Praxis, in: WIRTZ, B. W.: Handbuch Mergers & Acquisitions, Wiesbaden 2006.

210

Abbildungsverzeichnis

https://doi.org/10.1515/9783110696226-009

Sachwortverzeichnis

https://doi.org/10.1515/9783110696226-010

Alle 75 Tools im alphabetischen Überblick

https://doi.org/10.1515/9783110696226-011